国家出版基金项目
NATIONAL PUBLICATION FOUNDATION

"十三五"国家重点出版物出版规划项目·重大出版工程规划

5G 关键技术与应用丛书

5G 信道编译码：算法与实现

张 川 申怡飞 周文岳 季厚任 著

科学出版社

北 京

内 容 简 介

本书深入阐述了 5G 信道编译码算法与实现的基础理论、设计方法与应用范例。算法部分基于信道编译码理论，实现部分关注信道编译码硬件。内容既立足 5G 标准相关，也面向普适通信应用。全书共 11 章：第 1 章为全书绪论，总览全书，帮助读者把握本书内容；第 2 章介绍 LDPC 码与 5G 标准化构造；第 3 章介绍 5G 标准 LDPC 码的译码算法与实现；第 4 章介绍极化码与 5G 标准化构造；第 5、6 章分别介绍极化码的 SC 大类译码算法、BP 大类译码算法；第 7 章介绍极化码编码器的硬件实现；第 8、9 章分别介绍极化码 SC 大类译码算法、BP 大类译码算法的硬件实现；第 10 章介绍极化码新兴研究课题；第 11 章总结全书。

本书专注于解决 5G 信道编译码的高效算法与实现这一重要问题，旨在为高等院校教师与研究人员、研究生、高年级本科生，以及相关领域的专业技术人员提供一套行之有效的算法理论体系和硬件实现方法，可作为对应教科书或者参考书。

图书在版编目(CIP)数据

5G 信道编译码：算法与实现/张川等著. —北京：科学出版社，2021.12
(5G 关键技术与应用丛书)

"十三五"国家重点出版物出版规划项目·重大出版工程规划
国家出版基金项目
ISBN 978-7-03-071280-6

I. ①5… II. ①张… III. ①第五代移动通信系统-信道译码
IV. ①TN911.22

中国版本图书馆 CIP 数据核字（2021）第 274245 号

责任编辑：赵艳春 / 责任校对：胡小洁
责任印制：师艳茹 / 封面设计：迷底书装

科 学 出 版 社 出版
北京东黄城根北街 16 号
邮政编码：100717
http://www.sciencep.com
三河市春园印刷有限公司 印刷
科学出版社发行 各地新华书店经销
*
2021 年 12 月第 一 版 开本：720 × 1000 B5
2021 年 12 月第一次印刷 印张：18 1/2 插页：3
字数：373 000
定价：**138.00** 元
(如有印装质量问题，我社负责调换)

"5G 关键技术与应用丛书"编委会

序

由科学出版社出版的"5G 关键技术与应用丛书"经过各编委长时间的准备和各位顾问委员的大力支持与指导，今天终于和广大读者见面了。这是贯彻落实习近平同志在 2016 年全国科技创新大会、两院院士大会和中国科学技术协会第九次全国代表大会上提出的广大科技工作者要把论文写在祖国的大地上指示要求的一项具体举措，将为从事无线移动通信领域科技创新与产业服务的科技工作者提供一套有关基础理论、关键技术、标准化进展、研究热点、产品研发等全面叙述的丛书。

自 19 世纪进入工业时代以来，人类社会发生了翻天覆地的变化。人类社会 100 多年来经历了三次工业革命：以蒸汽机的使用为代表的蒸汽时代、以电力广泛应用为特征的电气时代、以计算机应用为主的计算机时代。如今，人类社会正在进入第四次工业革命阶段，就是以信息技术为代表的信息社会时代。其中信息通信技术（information communication technologies，ICT）是当今世界创新速度最快、通用性最广、渗透性最强的高科技领域之一，而无线移动通信技术由于便利性和市场应用广阔又最具代表性。经过几十年的发展，无线通信网络已是人类社会的重要基础设施之一，是移动互联网、物联网、智能制造等新兴产业的载体，成为各国竞争的制高点和重要战略资源。随着"网络强国"、"一带一路"、"中国制造 2025"以及"互联网＋"行动计划等的提出，无线通信网络一方面成为联系陆、海、空、天各区域的纽带，是实现国家"走出去"的基石；另一方面为经济转型提供关键支撑，是推动我国经济、文化等多个领域实现信息化、智能化的核心基础。

随着经济、文化、安全等对无线通信网络需求的快速增长，第五代移动通信系统（5G）的关键技术研发、标准化及试验验证工作正在全球范围内深入展开。5G 发展将呈现"海量数据、移动性、虚拟化、异构融合、服务质量保障"的趋势，需要满足"高通量、巨连接、低时延、低能耗、泛应用"的需求。与之前经历的 1G~4G 移动通信系统不同，5G 明确提出了三大应用场景，拓展了移动通信的服务范围，从支持人与人的通信扩展到万物互联，并且对垂直行业的支撑作用逐步显现。可以预见，5G 将给社会各个行业带来新一轮的变革与发展机遇。

我国移动通信产业经历了 2G 追赶、3G 突破、4G 并行发展历程，在全球 5G 研发、标准化制定和产业规模应用等方面实现突破性的领先。5G 对移动通信系统进行了多项深入的变革，包括网络架构、网络切片、高频段、超密集异构组网、新空口技术等，无一不在发生着革命性的技术创新。而且 5G 不是一个封闭的系统，它充分利用了目前互联网技术的重要变革，融合了软件定义网络、内容分发网络、网络功能虚拟化、云计算和大数据等技术，为网络的开放性及未来应用奠定了良好的基础。

为了更好地促进移动通信事业的发展、为 5G 后续推进奠定基础，我们在 5G 标准化制定阶段组织策划了这套丛书，由移动通信及网络技术领域的多位院士、专家组成丛书编委会，针对 5G 系统从传输到组网、信道建模、网络架构、垂直行业应用等多个层面邀请业内专家进行各方向专著的撰写。这套丛书涵盖的技术方向全面，各项技术内容均为当前最新进展及研究成果，并在理论基础上进一步突出了 5G 的行业应用，具有鲜明的特点。

在国家科技重大专项、国家科技支撑计划、国家自然科学基金等项目的支持下，丛书的各位作者基于无线通信理论的创新，完成了大量关键工程技术研究及产业化应用的工作。这套丛书包含了作者多年研究开发经验的总结，是他们心血的结晶。他们牺牲了大量的闲暇时间，在其亲人的支持下，克服重重困难，为各位读者展现出这么一套信息量极大的科研型丛书。开卷有益，各位读者不论是出于何种目的阅读此丛书，都能与作者分享 5G 的知识成果。衷心希望这套丛书能为大家呈现 5G 的美妙之处，预祝读者朋友在未来的工作中收获丰硕。

中国工程院院士
网络与交换技术国家重点实验室主任
北京邮电大学　教授
2019 年 12 月

序 言 一

自首个信道编码方案——汉明码,于 20 世纪 50 年代被提出以来,信道编码经历了长足的发展,并在数据存储和传输领域得到了极为广泛的应用。通过在发送原始数据的同时发送与原始数据相关的额外信息,信道编码赋予了信息接收方检测和纠正错误的能力,从而保证了在不可靠或有噪声信道上的高效数据传输。因此,信道编码的相关研究一直是学术界和工业界所关注的重点。

移动通信作为计算机与移动互联网结合发展的重要成果,已经成为改变世界的主要技术之一。移动通信系统的传输可靠性受到信道噪声、信道容量和接收机时延、功耗和吞吐率等诸多因素的影响和制约,必不可少地需要采用信道编码来提升系统的传输可靠性。相应地,信道编码的发展演进也极大地促进了移动通信从 1G 到 5G 的发展。

最新一代的移动通信系统 5G 采用了极化(Polar)码和低密度奇偶检验(LDPC)码作为信道编码方案。相比于 4G、5G 对数据速率、传输延迟、系统容量、连接设备数、系统可靠性等诸多指标提出了更高的要求。因此,应用于5G 的信道编译码设计与实现也面临更大的挑战。为满足更高的性能指标,一方面,我们需要更为先进的编译码算法达到更优的抗干扰能力;另一方面,我们需要深度优化的电路与架构对算法进行高效的实现。因此,学术界和工业界亟需一本能够全面、并重地从算法理论和硬件实现的角度阐述 5G 信道编译码的著作。

《5G 信道编译码:算法与实现》一书的出版无疑契合了上述需求。该书对 5G信道编译码最新的研究成果进行了详细总结和深入阐述,内容安排合理、思路清楚、详略得当,可以帮助研究者全面、及时获取领域研究动态。更重要的是,该书内容兼顾 5G 信道编译码的算法理论和硬件实现,这在国内外相关著作中是不多见的。相信读者阅读此书后,一定有不一样的收获。

该书的第一作者张川教授从事信道编译码的研究已有十余年,在 Polar 码和 LDPC 码的相关领域有着深厚的积累。见证该书的出版,我非常地欣慰。不仅仅是因为该书凝聚了张川教授及其团队的研究成果和编纂心血,更是因为该书的内容契合了 5G 信道编译码算法与实现的研究趋势,指明了该领域未来的研究方向。

该书作为一部系统介绍 5G 信道编码算法与实现的著作,对于期望进入、了解该领域的研究者和专业技术人员而言，既可作为该领域课程的教科书也可作为一本重要的技术参考书。我很乐意向读者推荐此书，同时也希望该书作者再接再厉，在该领域取得更多、更高的成就！

南京大学　教授

2021 年 12 月

序 言 二

随着移动通信系统的飞速发展，自 2020 年起，5G 移动通信标准化工作进入尾声并开始在全球部署。5G 以"增强宽带、万物互联"为发展理念，旨在为移动互联网提供更强的连接能力，并为各行各业提供万物互联的基础服务能力。5G 首次将垂直行业应用纳入公众移动通信系统的范畴，5G 技术的诞生标志着移动通信系统服务对象的一次根本性转变。针对应用范畴的扩展与技术性能的提升，5G 技术比已有的移动通信技术适用面更为广泛、系统设计也更加复杂。作为移动通信传输可靠性和频率利用率的必要保证，信道编译码技术是 5G 技术的核心组成。

为了达成覆盖范围更广、传输速率更高、可靠性更高、时延更低等性能指标，5G 对信道编译码的译码性能、灵活性、吞吐率、复杂度、实现效率提出了更高的要求，也对相关研究提出了新的挑战。第一，各垂直行业应用场景丰富、应用需求千差万别，5G 信道编译码需要解决成本高、功耗大、难以深度贴合客户需求、技术复杂等难题。譬如，5G 增强型移动宽带（eMBB）场景的数据信道和控制信道分别采用了 LDPC 码和极化码。第二，5G 信道编译码性能和复杂度的良好折中有赖于算法和实现的协同发展。5G 基站和终端的核心是基带电路及相关芯片，而信道编译码电路是基带电路的核心组成部分。如何设计出性能好、面积小、速率高、灵活性强的 5G 信道编译码电路，是学术界和工业界共同关注的热点问题。

张川教授是信道编译码领域的优秀青年学者，长期致力于 LDPC 码和极化码算法和实现的科研工作，具有持续的积累和深入的研究。他带领团队提出了预计算交织、分段 CRC 构建与早停算法，后者已成为 5G 极化码的基本配置方式。同时，他在极化码电路研究领域深耕，在国际上率先发展了电路自动生成技术，获 IEEE TCAS-I 亮点论文等荣誉。相关研究成果具有较高的学术价值和产业意义。《5G 信道编译码：算法与实现》一书是他所在团队多年研究成果的总结和结晶。

该书专注于介绍 5G 信道编译码，落脚点为对应的算法与实现的最新成果。该书包含 LDPC 码和极化码两部分内容，侧重点为极化码部分。虽然国内外介绍 5G 信道编译码的著作已有若干，但是从移动通信层面并重介绍算法和实现的，该书是首次。该书选题恰当、内容合理、详略得当、条理清楚，适用于信息与通信专业研究生、本科生，和相关领域的专业技术人员。对于初学者，该书也具有较好的参考价值。

最后，希望作者在面向移动通信应用的信道编译码领域继续努力，在教学科研和产业应用方面不断完善、提升，为我国通信事业的发展多做贡献！

移动通信国家重点实验室主任

东南大学　教授

2021 年 12 月

前　言

　　本书写作的时代大背景是移动通信和集成电路的不断演进和发展。移动通信和集成电路作为新一代信息技术的两大重要支柱，在经济增长和社会进步中发挥着日益重要的作用。

　　20世纪70年代以来，移动通信经历从1G到5G的跨越式发展。而今，移动通信已经成为国家新型基础设施的核心组成部分，具备向各垂直行业深度融合、渗透的巨大潜力。因此，5G移动通信系统需满足"大带宽、大连接、高可靠与低时延"等要求。作为移动通信的核心技术之一，信道编译码也将面临新的机遇和挑战。5G移动通信增强型移动宽带（enhanced mobile broadband，eMBB）场景将低密度奇偶校验（low-density parity-check，LDPC）码和极化码分别选为数据信道和控制信道的信道编码。随之兴起的相关研究主要关注两方面内容：算法与实现。

　　算法研究主要从编译码理论层面出发，探究信道编码所能达到的译码性能以及相关的算法复杂度。实现研究则重点关注信道编译码的硬件实现，致力于平衡译码性能、实现复杂度、数据吞吐率、处理时延等实现指标。同时，也要求对应的硬件具有灵活性、可配置性和可扩展性，以满足不同的应用场景需求。有白宝明教授、牛凯教授等学者的珠玉在前，本书定位为从算法和实现两方面并重介绍5G信道编译码的中文书籍。希望通过相关内容的介绍，能够帮助广大来自学术界和工业界的研究者和技术人员较快地熟悉相关知识，更好地研究、开发5G移动通信系统的信道编译码部分。

　　为了更好地服务于广大读者，本书在内容设计上有特定的考量。因为LDPC码具有较为成熟的研究和应用基础，本书不再花费较多篇幅介绍相关内容。感兴趣的读者，可以参阅已有的成熟文献。对于LDPC码，本书主要介绍同5G标准相关的构造、算法与实现。而对于读者更为关心的极化码，我们不仅会介绍5G标准相关的内容，而且还会详细介绍对应的算法和实现细节，并更进一步地给出新兴研究课题。对于无论是LDPC码还是极化码的介绍，本书都力求做到算法和实现并重。

　　全书共11章。第1章作为全书的绪论章节，开门见山地介绍本书的写作背景、内容选题、基本思路等，便于读者更好地把握全书内容。第2章介绍5G标准LDPC码的结构与性质，给出5G标准LDPC码的基本矩阵和速率匹配的相关技术细节。在此基础上，第 3 章介绍 5G 标准 LDPC 码的译码算法与实现，重点介绍对应的算法优化和实现环节。第 4 章介绍极化码的相关背景知识和 5G 标准化的构造细节。第 5 章介绍极化码的 SC 大类译码算法。第 6 章介绍极化码的 BP 大类译码算法。第 7 章介绍极化码编码器的硬件实现。第 8 章介绍极化码 SC 大类译码的硬件实现。第 9 章介绍极化码 BP 大类译码的硬件实现。第 10 章介绍极化码新兴研究课题。第 11 章对本书进行总结，并给出相关研究方向的展望。

对于关注 LDPC 码的读者，推荐阅读第 2 章和第 3 章。对于关注极化码的读者，推荐阅读第 4 章至第 10 章。其中，第 5 章和第 6 章主要介绍极化码算法，第 7 章至第 9 章主要介绍极化码实现。第 5 章和第 8 章主要介绍极化码 SC 大类译码算法和实现。第 6 章和第 9 章主要介绍极化码 BP 大类译码算法和实现。本书章节之间的逻辑依赖关系如图 0-1 所示。读者可以根据自己所需选择对应的章节阅读。

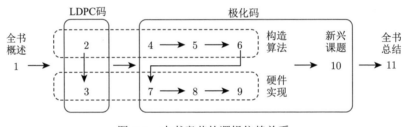

图 0-1　本书章节的逻辑依赖关系

本书第一作者自 2006 年来，一直专注于信道编译码算法和实现的研究。本书凝聚了东南大学数字通信和信号处理高效架构实验室（Lab of Efficient Architectures for Digital-Communication and Signal-Processing, LEADS）八年多的集体智慧。本书的完成，首先要感谢我们的导师尤肖虎教授和王中风教授。两位恩师是我们在科研道路上的引路人。在面向移动通信的信道编译码研究道路上，得到了他们无微不至的指导、鼓励和支持。他们的崇高理想、学术品格、创新精神、乐观态度永远激励着我们。本书的成功完稿离不开两位恩师的大力支持。

本书的写作历经两年有余，从大纲的制定到内容的权衡，从算法的筛选到实现的优化，都经历了多轮反复讨论和迭代。本书的选题和写作，得到了东南大学高西奇教授的悉心指导。本书的完成，要感谢 LEADS 团队成员在撰写过程中给予的大量无私的帮助，包括钟志伟、周华羿、杨俊梅、梁霄、李慕浩、宋文清、孙玉泰、王辉征、庞旭、任雨青、吉超、徐允昊、张乐宇、赵舞穹、刘雅婷、薛宇飞、田宇、周啸峰、龚子豪、江笑然、俞安澜等。同时，本书的内容也包含了他们学位论文工作的部分成果。上述成果部分已经在相关领域学术期刊和学术会议上发表。在此对他们表示衷心的感谢。

作者通过本书向 Keshab K. Parhi 教授的经典著作《VLSI 数字信号处理系统：设计与实现》致敬，感谢恩师一直以来的教育和指导。作者同时感谢我们的长期合作者：牛凯教授、李莉萍教授、李丽教授、沙金教授、林军教授、傅玉祥教授、陈杰男教授、钱炜慷教授、徐树公教授、张舜卿教授、曹姗教授、张在琛教授、黄永明教授、Warren J. Gross 教授、Andreas Burger 教授、Christoph Studer 教授、Yair Be'ery 教授、Bo Yuan 教授、Yingjie Lao 教授、An-Yeu（Andy）Wu 教授、Yeong-Luh Ueng 教授、Yuan-Hao Huang 教授、Zhiyuan Yan 教授等。本书的部分内容包含了与上述各位教授的合作研究成果。

本书的出版得到了国家重点研发计划（2020YFB2205503）、国家自然科学基金（62122020 和 61501116）、江苏省自然科学基金（BK20211512 和 BK20140636）和国家出版基金的支持，特此一并感谢。作者也要衷心感谢东南大学移动通信国家重点实验室和网络通信与安全紫金山实验室对我们信道编译码研究工作的一贯支持与鼓励。

作者还要感谢于永润所编写的《极化码讲义》对本书撰写的启发，以及 Q-book 书籍模板对我们写作排版的帮助。

鉴于作者水平有限、写作时间仓促，本书难免存在不妥和疏漏之处，恳请读者在阅读过程中给予关注，不吝批评指正。

张川

2021 年 12 月

目　　录

第 1 章　绪　　论

本章介绍全书写作的相关背景、写作选题、基本思路等内容，方便读者对本书有开门见山的认识，并更好地把握全书内容。

1.1　移动通信发展为基带处理提出新挑战

20 世纪中叶以来，通信技术的飞速进步推动人类社会迈入信息时代。无线移动通信技术的不断演进为全球信息化进程提供了强大动力。移动通信从 1G 发展到 5G，一共历经了三次重要转折，分别是：从模拟到数字（从 1G 到 2G），从窄带到宽带（从 3G 到 4G），以及从移动互联网到移动信息基础设施（从 1G/2G/3G/4G 到 5G/B5G/6G）[1]。

目前，移动通信已步入 5G 产业化和商用化阶段。5G 系统在广泛推进的同时，也面临全新的挑战。随着智能终端的普及应用以及移动通信新业务的需求持续增长，5G 传输速率需求将在未来 10 年内呈指数增长。同时，5G 移动通信系统需要具备"大带宽、大连接、高可靠与低时延"等技术能力，需要向各行各业深度渗透，助推"新基建"。为了满足上述需求，学术界和工业界都全面着眼于 5G 核心创新的研究，力求通过引入变革性的新技术，使移动通信系统的性能和产业规模产生新的飞跃。

5G 及之后的 B5G 和 6G 移动通信致力于连接成千上万的设备，并为之提供每秒吉比特量级的数据传输速率和毫秒级的传输时延。然而，要达成上述令人振奋的目标，只有通过无线通信算法、平台、架构，以及电路多层面协同创新这一必由之路。从前期研究中可以看到，若干创新的概念陆续被提出用以满足上述需求。它们包括毫米波通信、人工智能（artificial intelligence，AI）无线通信、智能反射面、分布式通信、认知与协作、核心网络虚拟化等。但是，随着移动通信标准化进程的不断推进，未来移动通信的概念日趋明晰。相关算法、硬件和平台优化对于实现高频谱效率、低功耗、小面积和低代价移动通信系统的重要性日益凸显。挑战与机遇并存，其中一个最具挑战性的研究方向是移动通信的基带信号处理问题。具体研究方向包括先进信道编码、大规模多输入多输出（multiple input multiple out，MIMO）、智能通信、认知与协作的基带处理平台，以及可配置的无线空口等 [2]。

不难看出，上述方向已经得到了学术界和工业界的广泛重视。在大量研究投入的推动下，理论层面的研究首先获得了可喜的进展。对应的标准化进程值得瞩目：3GPP 目前正在研究更大规模 MIMO 应用于长期演进（long term evolution，LTE）后续演化的可行性，而低密度奇偶校验（low-density parity-check，LDPC）码和极化码则已经在 release 14 和 15 中被增强型移动宽带（enhanced mobile broadband，eMBB）数据信道和控制信道分别采纳。相比于 4G，5G 移动通信基带信号处理致力于实现更高能耗效率和更高频谱效率的双重目标。然而，对应的面向能耗效率的基带系统的算法设计与实现优化，相比于模拟射频前端所得到的关注，仍显得过少。

图 1-1 给出了移动通信基带信号处理的基本示意图。考虑到 5G 系统的大尺度、巨连接特性，简单直接的基带系统实现会带来实际应用难以承受的系统复杂度，从根本上阻碍 5G 系统的高效应用和部署。举例而言，对于 5G 大规模 MIMO 系统，一个严峻的挑战就是如何实现低复杂度的 MIMO 检测。尽管现有的最小均方误差（minimum mean square error，MMSE）检测方法可以提供可被接受的检测性能，但对应的矩阵求逆操作复杂度 $O(K^3)$ 是实际应用完全无法接受的，因为大规模 MIMO 系统的 K（发射天线数量）通常较大。由此可见，为了助力 5G 系统的实现和部署，同时持续协助推进对应的标准化进程，无线基带处理将面临算法与实现等方面的新挑战。

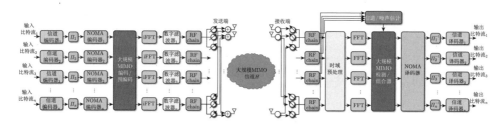

图 1-1 移动通信基带信号处理示意图

版权来源：© [2021] IEEE. Reprinted, with permission, from Ref. [2]

1.2 信道编译码是迎接挑战的关键

由于不可靠噪声信道的始终存在，信道编码是移动通信系统不可或缺的重要组成部分，是信息可靠、准确、有效传输的根本保障。图 1-2 给出了移动通信系统和信道编码的协同演化示意。如图中所示，任何新一代移动通信标准的制定和确立，必定伴随着信道编码领域的大量投入与研究新进展。举例而言，正是在具有容量逼近特性的 Turbo 码和 LDPC 码出现之后，移动通信系统才实现了由 2G 到

3G、4G 和 5G 的阶段性跨越，相应的数据传输速率才实现了数量级的大幅提升。

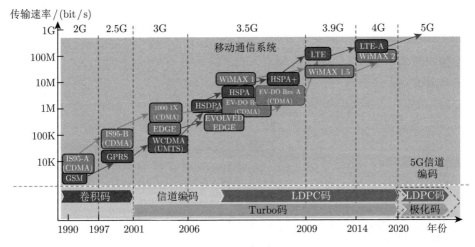

图 1-2 移动通信系统和信道编码的协同演化示意图
横坐标未严格按照比例尺

5G 的主要目标可概括为"增强宽带、万物互联"，包含三个典型场景，即 eMBB、海量连接的机器通信（massive machine-type communications，mMTC）以及超可靠低时延通信（ultra-reliable and low-latency communications，URLLC），并规定了多个维度的关键性能指标（key performance indicator，KPI），包括峰值速率、频谱效率、时间延迟、网络可靠性、连接密度及用户体验速率等。5G 应用范围的扩展使得其系统设计和优化更为复杂。传统移动通信系统的优化目标主要体现在系统的传输速率和移动性能力方面。5G 将其应用特性的支持能力进一步扩展至时间延迟、网络可靠性、连接密度及用户体验速率等多个 KPI。5G 系统设计需要在这些 KPI 之间进行折中。而这对于 5G 信道编码提出了更高的要求[3]。

基于上述要求，5G 同时采用 LDPC 码和极化码，分别用于数据信道和控制信道。LDPC 码和极化码在信道编译码发展历程中的示意见图 1-3。值得注意的是，极化码方案由中国企业主推。5G 标准同时采用两种信道编码，对算法和硬件实现提出了更高的要求。例如，鉴于信道编译码本就是基带系统重要且复杂度较大的组成部分，如何在一个系统中同时高效地实现两种复杂的译码模块，充满了挑战和困难。然而，这还不是挑战的全部，研究者还需要考虑如何给出更为全面的信道编译解决与实现方案。众所周知，业务流量 10 年提升 1000 倍是 5G 移动通信技术与产业发展的内在基本需求。这一核心需求派生出**连续广域覆盖、热点高容量、低时延高可靠、终端大连接、设备低功耗**等五个具有挑战性的指标需求。从而，也对 5G 信道编码实现提出了前所未有的高要求与新挑战。

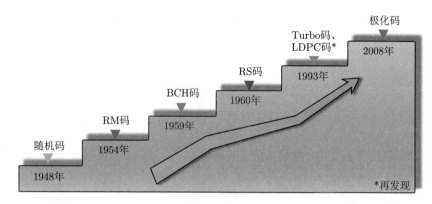

图 1-3 信道编码演化示意图

RM 码：Reed-Muller code；BCH 码：Bose-Chaudhuri-Hocquenghem code；RS 码：Reed-Solomon code

（1）在无线频谱资源日趋紧张的情况下，**连续广域覆盖**要求 5G 移动通信的频谱效率在 4G 的基础上提升一个量级，从而能够随时随地（包括小区边缘、高速移动等恶劣环境）为用户提供 100 Mbit/s 以上的用户体验速率。因而，要求相应的信道编码对于不同的信道状况具有**更强的通用性与健壮性**。

（2）**热点高容量**意指针对局部热点区域，5G 系统将为用户提供极高的数据传输速率，包括每秒数吉比特的用户体验速率、每秒数十吉比特的峰值速率和每平方千米每秒数十太比特的流量密度。因此，5G 移动通信系统要求信道译码器具有**很高的数据吞吐率**，以满足上述容量需求。

（3）对于部分 5G 应用场景，如物联网、工业控制等垂直行业，**低时延高可靠**显得尤为重要。此类场景对时延和可靠性的要求极高，需要为用户提供毫秒级的端到端时延和接近 100% 的业务可靠性保证。此类场景要求 5G 信道译码算法具有**很低的译码时延和很好的译码性能**。

（4）随着智能终端的大量普及应用，便携式移动设备、智慧家庭、区域办公、安保监测、绿色农业、森林防火等垂直行业应用场景将会蓬勃兴起。相应的终端分布范围广、数量众多，要求网络具备海量连接支持能力，满足 100 万/km^2 连接数密度指标要求。因此，5G 网络**终端大连接**的特点要求相应的信道编码在**码长和码率**等方面具有**很强的灵活性**。

（5）为了实现"绿色无线通信"的目标，5G 移动通信要求保证**设备低功耗**。作为基带信号处理的重要组成部分，信道编译码实现必须具有极低的功耗。这就要求所采用的信道编码具有**很低的编码和译码复杂度**。

5G 突破了传统移动通信系统的应用范畴，将应用的触角渗透至各行各业的物联网应用。而如何以高效、统一、可靠的技术框架支撑极度差异化的繁杂应用，5G 的发展正面临着前所未有的挑战，而信道编译码是迎接挑战的关键。

1.3　译码算法和硬件实现两者需并重

本书致力于介绍 5G 应用大背景下 LDPC 码和极化码的构造、译码算法、硬件实现，帮助读者较为全面、深入地了解 5G 移动通信系统中的信道编译码。同时，本书还对移动通信信道编译码未来的研究方向和核心挑战给出了展望。在全书写作过程中，我们力求做到译码算法和硬件实现两者并重。这也是本书的一大特点。

不可否认，编码构造和译码算法是信道编译码性能的必要保证。只有通过细致认真的优化实现，才能使得对应的译码算法能够最大限度地发挥所拥有的潜能。图 1-4 从一般层面给出了算法设计和硬件实现之间的关系。通常，抽象算法设计是设计前端，而具象硬件实现是设计后端。两者地位同等重要，并且通过高层级描述语言连接。此处的高层级描述语言涵盖宽泛，包括硬件描述语言、软件编程语言、脱氧核糖核酸（deoxyribonucleic acid，DNA）编码、量子编码等。对应的具象硬件实现包括芯片实现、软件实现、功能蛋白质、量子系统等。从左到右，算法设计可以带来硬件实现的提升，称之为前端主导的实现设计。从右到左，硬件实现可以带来算法设计的优化，称之为后端主导的算法优化。两个方向的设计可以结合并迭代进行，称之为前端-后端联合迭代优化。这是算法和硬件研究者及设计者所需要具备的重要理念与思想。

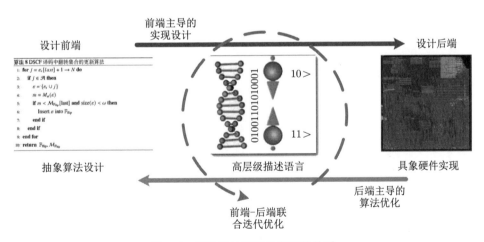

图 1-4　算法设计和硬件实现的关系

因此，电路与系统的优化策略应该也必须被纳入 5G 信道编译码的研究范畴，并且成为重点内容。只有这样才能让对应的信道编译码系统真正实现理论到实现的跨越。而作为无线基带系统不可或缺且非常重要的一部分，信道编译码算法和高效实现已经获得且必将获得更多的关注。如何更好地帮助读者了解该领域，架起算法与实现之间的桥梁，更好地助力该研究领域的发展，是本书的核心内容。本书后续章节将针对读者所关心的相关内容进行深入浅出的讲解。

参 考 文 献

[1]　尤肖虎. 6G 技术挑战与容量再提升. 全国通信理论与技术学术会议暨通信领域创新发展论坛, 南京, 2019.

[2]　Zhang C, Huang Y H, Sheikh F, et al. Advanced baseband processing algorithms, circuits, and implementations for 5G communication. IEEE Journal on Emerging and Selected Topics in Circuits and Systems, 2017, 7(4): 477-490.

[3]　You X H, Zhang C, Tan X S, et al. AI for 5G: Research directions and paradigms. Science China Information Sciences, 2019, 62(2): 1-13.

第 2 章　5G 标准 LDPC 码的结构与性质

2.1　LDPC 码简介

  LDPC 码是一种可以逼近信道容量的线性分组码。1962 年，Gallager [1] 首次在其博士毕业论文中阐述了 LDPC 码的概念。然而由于当时计算能力与硬件实现效率的局限性，LDPC 码在此后大约 30 年的时间内并未被实际系统所采纳。1982 年，Tanner [2] 在他的工作中对 LDPC 码进行了推广和总结，并且给出了 LDPC 码的图形表示方法，也就是 Tanner 图。20 世纪 90 年代初，随着计算能力和硬件实现效率的发展与提升，MacKay 等 [3-5] 学者开始研究图编码和迭代译码，重新发现了 LDPC 码这种具有稀疏性的线性分组码的优点，并且进一步推广了 LDPC 码的理论研究和应用场景。在码长较长、采用置信传播（belief propagation）迭代译码的条件下，LDPC 码已经被证明具有逼近香农限（Shannon limit）的译码性能。

  LDPC 码的稀疏性是指校验矩阵 $\boldsymbol{H}$ 仅含有低密度的非零元素。校验矩阵的稀疏性确保了 LDPC 码的译码复杂度和最小码间距离只会随着码长的增加而线性增加。假设校验矩阵的大小为 $m \times n$（m 行，n 列），m 代表一个 LDPC 码中校验方程的个数，n 代表 LDPC 码的码长。若一个 LDPC 码的 $\boldsymbol{H}$ 矩阵中每一行的非零元素数目相等，且每一列中的非零元素数目也相等，就称该 LDPC 码为规则 LDPC（regular LDPC）码；否则就称为非规则 LDPC（irregular LDPC）码。以下例子展示了一个非规则 LDPC 码的校验矩阵。

  例 2.1　式（2-1）所示为 $m=4$、$n=6$ 的 $\boldsymbol{H}$ 矩阵，其每一行的非零元素个数不都相等（分别为 3、3、2、2），每一列的非零元素个数也不都相等，故其所对应的 LDPC 码为非规则 LDPC 码。

$$\boldsymbol{H} = \begin{bmatrix} 1 & 1 & 0 & 1 & 0 & 0 \\ 0 & 1 & 1 & 0 & 1 & 0 \\ 0 & 0 & 1 & 1 & 0 & 0 \\ 1 & 0 & 0 & 0 & 0 & 1 \end{bmatrix} \tag{2-1}$$

  除了校验矩阵 $\boldsymbol{H}$ 外，LDPC 码还可以用 Tanner 图进行表示。Tanner 图属于二分图（bipartite 图）：由两类节点与连接它们的双向边所组成。两类节点分别为变量节点（variable nodes，VN）与校验节点（check nodes，CN）。对于 $m \times n$ 的 $\boldsymbol{H}$ 矩阵，变量节点的个数为 n，对应 LDPC 码中承载信息的符号或者比特；校验节点的个数为 m，对应变量节点之间的约束关系（校验方程）。若 $\boldsymbol{H}$ 中第 i 行、第 j 列的元素 h_{ij} 为非零元素，则第 j 个变量节点与第 i 个校验节点间由一条边相连。式（2-1）所示的校验矩阵 $\boldsymbol{H}$ 对应的 Tanner 图，如图 2-1 所示。其中第 j 个变量节点用 v_j 表示，第 i 个校验节点用 c_i 表示。从图中可看到，校验节点 c_0 与变量节点 v_0、v_1 和 v_3 相连，这是因为 $\boldsymbol{H}$ 中第 0 行中对应位置的元素为非零元素（其他元素为 0），即 $h_{00} = h_{01} = h_{03} = 1$，$h_{02} = h_{04} = h_{05} = 0$。同理，校验节点 c_1、c_2、c_3 与变量节点的连接情况也与 $\boldsymbol{H}$ 矩阵中的第 1、2、3 行元素相对应。

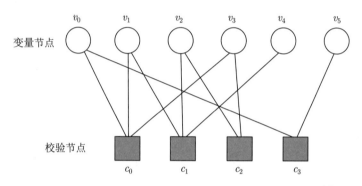

图 2-1   式（2-1）所示的校验矩阵 $\boldsymbol{H}$ 对应的 Tanner 图 [6]

除了对稀疏性的要求外，LDPC 码与其他线性分组码没有本质上的区别。事实上，只要使得其他线性分组码用稀疏的校验矩阵表示，那么其他线性分组码也能采用 LDPC 码的译码方法。然而，为一个已经存在的码寻找对应的稀疏校验矩阵是不易实现的。LDPC 码的设计是先对校验矩阵 $\boldsymbol{H}$ 进行构造，然后根据 $\boldsymbol{H}$ 确定对应的生成矩阵。考虑二进制的 LDPC 码，其构造本质上是将全 0 矩阵中的少量元素置为 1，以满足矩阵的行重和列重的分布要求。

最早的 LDPC 码为规则 LDPC 码，其构造方法由 Gallager 给出 [1]。首先，其 $\boldsymbol{H}$ 矩阵（$m \times n$，行重 r，列重 w）的形式如式（2-2）所示。其中子矩阵 $\boldsymbol{H}_i$（$i = 1, 2, 3, \cdots, w$）的结构：对于任意大于 1 的正整数 x 与 r，子矩阵 $\boldsymbol{H}_i$ 的大小为 $x \times xr$，子矩阵的列重为 1，行重与 $\boldsymbol{H}$ 的行重一样为 r。Gallager 的方法为首先确定子矩阵 $\boldsymbol{H}_1$，然后通过对 $\boldsymbol{H}_1$ 的列进行随机置换，得到其他子矩阵。子矩阵 $\boldsymbol{H}_1$ 的构造方法是为每一行分配连续 r 个 1。具体来说，第 y 行（$y = 0, 1, 2, \cdots, x-1$）1 的位置为第 yr 列到第 $(y+1)r-1$ 列。例如，式（2-3）为根据 Gallager 提出的构造方法得到的 $\boldsymbol{H}$ 矩阵，其中 $m = 9$，$n = 12$，$r = 4$，$w = 3$，子矩阵 $\boldsymbol{H}_2$ 与

H_3 通过对 H_1 进行随机的列置换得到。除了 Gallager 提出的方法外，LDPC 码后续还出现了多种构造方法，如 MacKay 提出的基于计算机的方法[4]、渐近边增长算法[7]与近似环外消息度算法[8]等。

$$H = \begin{bmatrix} H_1 & H_2 & \cdots & H_w \end{bmatrix}^{\mathrm{T}} \tag{2-2}$$

$$H = \left[\begin{array}{cccccccccccc} 1 & 1 & 1 & 1 & 0 & 0 & 0 & 0 & 0 & 0 & 0 & 0 \\ 0 & 0 & 0 & 0 & 1 & 1 & 1 & 1 & 0 & 0 & 0 & 0 \\ 0 & 0 & 0 & 0 & 0 & 0 & 0 & 0 & 1 & 1 & 1 & 1 \\ 0 & 1 & 1 & 0 & 0 & 1 & 0 & 0 & 0 & 1 & 0 & 0 \\ 1 & 0 & 0 & 0 & 0 & 0 & 1 & 1 & 0 & 0 & 0 & 1 \\ 0 & 0 & 0 & 1 & 1 & 0 & 0 & 0 & 1 & 0 & 1 & 0 \\ 1 & 0 & 0 & 1 & 0 & 0 & 1 & 0 & 0 & 1 & 0 & 0 \\ 0 & 1 & 0 & 0 & 0 & 1 & 0 & 1 & 0 & 0 & 0 & 1 \\ 0 & 0 & 1 & 0 & 1 & 0 & 0 & 0 & 1 & 0 & 1 & 0 \end{array}\right] \tag{2-3}$$

随机构造的 LDPC 码的 H 矩阵是不规律的，即变量节点与校验节点之间的连接是不规律的，这使得 LDPC 码译码器在硬件实现中的存储器读写与数据通路是复杂且不规律的，很大程度上限制了 LDPC 码译码器在专用集成电路（application-specific integrated circuit，ASIC）或现场可编程逻辑门阵列（field programmable gate array，FPGA）上的高效实现与硬件的可拓展性。为了降低译码器的硬件复杂度，LDPC 码需要规则的 H 矩阵结构，同时又不能失去矩阵的随机性与稀疏性，准循环低密度奇偶校验（quasi-cyclic LDPC, QC-LDPC）码的特性符合这些需求[9]。

QC-LDPC 码的 H 矩阵由 $q \times q$ 的全零矩阵与 $q \times q$ 的循环移位单位阵 I_k 构成，其中 k 代表单位阵的循环移位值（I_0 等价于单位阵），q 称为提升值。如式（2-4）所示，5×5 的单位阵循环移位 3 位后得到矩阵 I_3：

$$I_3 = \begin{bmatrix} 0 & 0 & 0 & 1 & 0 \\ 0 & 0 & 0 & 0 & 1 \\ 1 & 0 & 0 & 0 & 0 \\ 0 & 1 & 0 & 0 & 0 \\ 0 & 0 & 1 & 0 & 0 \end{bmatrix} \tag{2-4}$$

QC-LDPC 码的 H 矩阵可由基矩阵 H_{b} 表示，其中 H_{b} 中的每一个元素为 I_k 或者全零矩阵，H_{b} 的行数为 m/q，列数为 n/q。例如，式（2-5）为 6×10 的基矩

阵 $\boldsymbol{H}_{\mathrm{b}}$，其中 $\boldsymbol{I}_k$ 的大小为 5×5，$\boldsymbol{0}$ 代表 5×5 的全零矩阵。$\boldsymbol{H}_{\mathrm{b}}$ 对应的 $\boldsymbol{H}$ 矩阵大小为 30×50。

$$\boldsymbol{H}_{\mathrm{b}} = \begin{bmatrix} \boldsymbol{I}_3 & \boldsymbol{I}_1 & \boldsymbol{I}_2 & \boldsymbol{I}_4 & \boldsymbol{I}_0 & \boldsymbol{0} & \boldsymbol{0} & \boldsymbol{0} & \boldsymbol{0} & \boldsymbol{0} \\ \boldsymbol{I}_2 & \boldsymbol{0} & \boldsymbol{I}_2 & \boldsymbol{0} & \boldsymbol{I}_1 & \boldsymbol{I}_0 & \boldsymbol{0} & \boldsymbol{0} & \boldsymbol{0} & \boldsymbol{0} \\ \boldsymbol{I}_1 & \boldsymbol{I}_0 & \boldsymbol{I}_4 & \boldsymbol{0} & \boldsymbol{I}_2 & \boldsymbol{I}_3 & \boldsymbol{0} & \boldsymbol{0} & \boldsymbol{0} & \boldsymbol{0} \\ \boldsymbol{I}_0 & \boldsymbol{I}_2 & \boldsymbol{0} & \boldsymbol{I}_1 & \boldsymbol{I}_3 & \boldsymbol{I}_0 & \boldsymbol{I}_1 & \boldsymbol{I}_2 & \boldsymbol{0} & \boldsymbol{0} \\ \boldsymbol{I}_1 & \boldsymbol{0} & \boldsymbol{I}_3 & \boldsymbol{0} & \boldsymbol{I}_0 & \boldsymbol{0} & \boldsymbol{0} & \boldsymbol{I}_3 & \boldsymbol{I}_1 & \boldsymbol{0} \\ \boldsymbol{I}_3 & \boldsymbol{I}_1 & \boldsymbol{I}_4 & \boldsymbol{I}_0 & \boldsymbol{0} & \boldsymbol{I}_3 & \boldsymbol{0} & \boldsymbol{I}_0 & \boldsymbol{0} & \boldsymbol{I}_1 \end{bmatrix} \tag{2-5}$$

QC-LDPC 码中的提升值 q 的大小决定了译码器硬件复杂度与译码纠错性能的平衡关系。提升值 q 越小，$\boldsymbol{H}$ 矩阵的随机性就越高，译码纠错性能就越强；提升值 q 越大，译码器的硬件复杂度越低，但会对译码纠错性能带来一定程度的损失。总体来说，QC-LDPC 码的 $\boldsymbol{H}$ 矩阵具有一定的规则性，可在保证一定译码性能的前提下简化译码器架构的设计与硬件实现。

LDPC 码以其良好的译码性能、较低的译码复杂度和较高的吞吐率等优点，在实际应用中受到了广泛的接纳。典型的应用场景包括有线通信系统 [10,11]、无线通信系统 [12,13]、存储系统 [14,15]、深空通信 [16,17] 等。更进一步地，LDPC 码获得了多种通信标准的青睐。2003 年，LDPC 码取代 Turbo 码成为 DVB-S2 标准 [10] 的纠错码方案，这也是 LDPC 码首次成为标准中的编码方案。紧接着，在 2006 年，LDPC 码成为移动 WiMax 标准 [18] 中的前向纠错（forward error correction, FEC）码方案。值得一提的是，在同年发布的中国 4G 移动通信标准 CMMB [19] 中，也选用了 LDPC 码作为控制逻辑信道的 FEC 码。2008 年，LDPC 码战胜了卷积 Turbo 码，成为 ITU-T G.hn 标准 [11] 中的 FEC 码方案。到了 2009 年，LDPC 码被 WiFi 通信系统的部分标准采纳，成为 802.11 系列协议的可选部分 [20,21]。更重要的是，2016 年在 3GPP 标准会议中，LDPC 码又被选定为 5G eMBB 数据信道的信道编码方案 [22]。因此，LDPC 码在 5G 通信中具有重要意义。

2.2　5G 标准 LDPC 码的基本矩阵

下面介绍 5G 标准 LDPC 码的基本矩阵及其相关信息。5G 标准中的 LDPC 码作为上文中提到的 QC-LDPC 码，是一种基于类快速算法原型工具式（protograph-based raptor-like, PBRL）LDPC 码 [23]，其基本矩阵（base matrix）如图 2-2 所示。该基本矩阵可以分为 5 个子矩阵。矩阵 $\boldsymbol{A}$ 为核心校验矩阵，对应信息位。矩阵 $\boldsymbol{B}$ 是具有双对角线结构的方阵，对应第一组奇偶校验位，其第一列的权重为 3。$\boldsymbol{B}$ 中除第一列外的其他列组成的子矩阵具有双对角线结构。矩

阵 C 对应单个奇偶校验矩阵的行，单个奇偶校验矩阵的扩展可以在支持增量冗余混合自动重传请求（incremental redundancy hybrid automatic repeat request, IR-HARQ）中用于支持较低的码率。矩阵 I 为单位阵，对应第二组奇偶检验位，即单个奇偶校验矩阵扩展部分。矩阵 O 为全零矩阵，由全零元素构成。

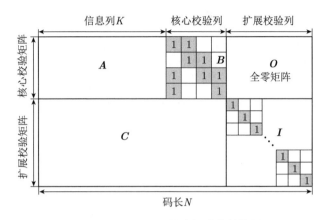

图 2-2 5G LDPC 码基本矩阵的结构图示

A 与 B 为基本矩阵的核心部分，C、O 与 I 为基本矩阵的扩展部分。3GPP 标准中提出了两个基本矩阵用于 5G LDPC 编码，分别是 BG1 和 BG2。这两个矩阵具有相似的结构，但适用于不同的码长和码率[25]。BG1 用于设计信息位 $500 \leqslant K \leqslant 8448$，码率 $1/3 \leqslant R \leqslant 8/9$ 的码；而 BG2 用于设计信息位 $40 \leqslant K \leqslant 2560$，码率 $1/5 \leqslant R \leqslant 2/3$ 的码。基本矩阵中的非零元素对应于大小为 $Z \times Z$ 的单位矩阵，零元素对应于大小为 $Z \times Z$ 的零矩阵，其中，Z 称为提升值，可以表示为 $Z = a \times 2^j$，$a \in \{2, 3, 5, 7, 9, 11, 13, 15\}$ 且 $0 \leqslant j \leqslant 7$，如表 2-1 所示。

表 2-1 5G LDPC 码的提升值 Z [26]

Z		j							
		0	1	2	3	4	5	6	7
a	2	2	4	8	16	32	64	128	256
	3	3	6	12	24	48	96	192	384
	5	5	10	20	40	80	160	320	
	7	7	14	28	56	112	224		
	9	9	18	36	72	144	288		
	11	11	22	44	88	176	352		
	13	13	26	52	104	208			
	15	15	30	60	120	240			

2.3　5G 标准 LDPC 码的速率匹配

为了满足实际通信系统对于码长和码率灵活多变的需求，5G 标准还规定了 LDPC 码的速率匹配方案。5G 标准中 LDPC 码的速率匹配主要通过打孔（puncture）和截短（shorten）的方法实现。打孔针对码字的信息位和校验位。基本矩阵中信息位的前两列在传输前会被进行打孔操作，有时也会对校验位进行从右向左的打孔以达到码率匹配的目的，截短针对在信息位进行零填充的码字。对于基本矩阵 BG1 和 BG2 而言，给定码长码率的情况下，选定了矩阵的类型，即可获得相对应的信息循环列的数量 k_b，因此，对于信息位为 K、码长为 N、码率 $R = K/N$ 的 5G LDPC 码，提升值 Z 应该满足条件 $k_b \times Z \geqslant K$。关于打孔和截短的过程，可以归纳为以下五个步骤。

(1) 给定 K 和 R，根据两个基本矩阵的适用范围，选择合适的基本矩阵并确定 k_b 的值。

　① 对于 BG1：$k_b = 22$。

　② 对于 BG2：若 $K \geqslant 640$，则 $k_b = 10$；若 $56 < K \leqslant 640$，则 $k_b = 9$；若 $192 < K \leqslant 560$，则 $k_b = 8$；对于其他的 K 值，$k_b = 6$。

(2) 根据表 2-1，确定提升值 Z 的值，使其满足 $k_b \times Z \geqslant K$。

(3) 令 $n_b = \lceil k_b/R \rceil + 2$，$m_b = n_b - k_b$，其中 $\lceil x \rceil$ 代表大于或等于 x 的最小整数。

(4) 基于 Z 的值，根据式（2-6）得到基本矩阵中第 (i,j) 个元素的移位值 $P_{i,j}$，其中 mod 为取模运算，-1 代表不移位，$V_{i,j}$ 为基本矩阵中第 (i,j) 个元素的转移参数：

$$P_{i,j} = f(V_{i,j}, z) = \begin{cases} -1, & V_{i,j} = -1 \\ \mathrm{mod}\,(V_{i,j}, z), & \text{其他} \end{cases} \tag{2-6}$$

(5) 用相应的 $Z \times Z$ 循环移位单位矩阵（$P_{i,j} \neq -1$）或 $Z \times Z$ 的零矩阵（$P_{i,j} = -1$）替换基本矩阵中第 (i,j) 个元素，最终得到大小为 $m_b Z \times n_b Z$ 的奇偶校验矩阵 $\boldsymbol{H}$。

标准 5G LDPC 码零填充和打孔过程如图 2-3 所示。假定信息位长度为 K，确定 Z 值后，若 $k_b \times Z > K$，则补零至信息位长度为 $k_b \times Z$，该步骤称为截短。而后进行编码操作，得到长度为 $m_b \times Z$ 的校验位，编码之后的码长为 $n_b \times Z$。随后将截短过程中的补零进行移除，再对信息位和校验位进行打孔（其中校验位是否打孔由码率匹配决定），最后得到长度为 N 的发送码字。打孔涉及两个部分，第一部分针对矩阵前两列，包含 $N_{\mathrm{punc1}} = 2Z$ 比特，通过零填充缩短的信息位数

为 $N_{\mathrm{padding}} = k_{\mathrm{b}} \times Z - K$，第二部分针对从右到左的校验位部分，其具体打孔数为 $N_{\mathrm{punc2}} = n_{\mathrm{b}} \times Z - 2Z - N - N_{\mathrm{padding}}$。打孔和截短使得码长和码率的选择更具有灵活性，除此之外，还可以在较低复杂度的情况下一定程度上提高性能[27]。需要注意的是，最终传输的码字比特数为 N 而不是 $n_{\mathrm{b}} \times Z$。

例 2.2 构造 5G 标准的 LDPC 码字，信息位 $K = 720$，码率 $R = 0.2$，$N = K/R = 3600$。该码字符合 BG2，因此 $k_{\mathrm{b}} = 10$。同时可以得到 $Z = K/k_{\mathrm{b}} = 72$，$n_{\mathrm{b}} = 52$，$m_{\mathrm{b}} = 42$，则 $N_{\mathrm{punc1}} = 2 \times Z = 144$，$N_{\mathrm{padding}} = k_{\mathrm{b}} \times Z - K = 0$，即不需要进行零填充。$N_{\mathrm{punc2}} = n_{\mathrm{b}} \times Z - 2Z - N - N_{\mathrm{padding}} = 0$，说明校验位也不需要打孔。校验矩阵 $\boldsymbol{H}$ 大小为 $m_{\mathrm{b}}Z \times n_{\mathrm{b}}Z$，即 3024×3744，最终传输的比特数为 3600。

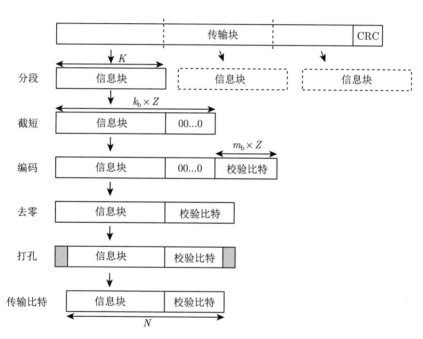

图 2-3 标准 5G QC-LDPC 码的零填充和打孔过程图示
版权来源：© [2021] MDPI. Reprinted, open access, from Ref. [24]

2.4 本章小结

本章简要回顾了 LDPC 码的发展历史，并结合其相关优势介绍了其对应的应用和标准化情况。结合 5G 标准化的背景，本章还具体介绍了 5G 标准 LDPC 码的结构与性质，鉴于 5G 标准中该部分的内容较为繁杂，本章只讨论其主要的结构与性质。想要了解更多、更详细内容的读者，可以参考文献 [6]。

对于无线基带通信系统，5G 标准 LDPC 码的广泛应用倚重于算法性能和实现效率的良好折中，因此，LDPC 码相关硬件实现对于 5G 标准推广具有重要的现实意义。第 3 章将重点介绍 5G 标准 LDPC 码的译码算法与实现。

参 考 文 献

[1] Gallager R. Low-density parity-check codes. IRE Transactions on Information Theory, 1962, 8(1): 21-28.

[2] Tanner R. A recursive approach to low complexity codes. IEEE Transactions on Information Theory, 1981, 27(5): 533-547.

[3] MacKay D J C, Neal R M. Good codes based on very sparse matrices//Proceedings of IMA International Conference on Cryptography and Coding, Berlin, 1995: 100-111.

[4] MacKay D J C. Good error-correcting codes based on very sparse matrices. IEEE Transactions on Information Theory, 1999, 45(2): 399-431.

[5] Alon N, Luby M. A linear time erasure-resilient code with nearly optimal recovery. IEEE Transactions on Information Theory, 1996, 42(6): 1732-1736.

[6] 钟志伟. 面向 5G 编译码的硬件设计研究. 南京: 东南大学, 2020.

[7] Hu X Y, Eleftheriou E, Arnold D M. Progressive edge-growth Tanner graphs// Proceedings of IEEE Global Telecommunications Conference, San Antonio, 2001: 995-1001.

[8] Tian T, Jones C, Villasenor J D, et al. Construction of irregular LDPC codes with low error floors//Proceedings of IEEE International Conference on Communications. Anchorage, 2003: 3125-3129.

[9] Fossorier M P. Quasicyclic low-density parity-check codes from circulant permutation matrices. IEEE Transactions on Information Theory, 2004, 50(8): 1788-1793.

[10] Morello A, Mignone V. DVB-S2: The second generation standard for satellite broadband services. Proceedings of the IEEE, 2006, 94(1): 210-227.

[11] ITU-T G.hn Standard for Wired Home Networking. http://www.homegridforum.org/home/. 2008.

[12] Lu B, Wang X D, Narayanan K R. LDPC-based space-time coded OFDM systems over correlated fading channels: Performance analysis and receiver design. IEEE Transactions on Communications, 2002, 50(1): 74-88.

[13] Lu B, Yue G S, Wang X D. Performance analysis and design optimization of LDPC-coded MIMO OFDM systems. IEEE Transactions on Signal Processing, 2004, 52(2): 348-361.

[14] Plank J S, Thomason M G. On the practical use of LDPC erasure codes for distributed storage applications. Technical Report CS-03-510, 2003.

[15] Bhuvaneshwari P V, Tharini C. LDPC codes for distributed storage systems// Proceedings of IEEE International Conference on Advanced Computing, Chennai, 2019: 34-40.

[16] Andrews K S, Divsalar D, Dolinar S, et al. The development of Turbo and LDPC codes for deep-space applications. Proceedings of the IEEE, 2007, 95(11): 2142-2156.

[17] Andreadou N, Pavlidou F N, Papaharalabos S, et al. Quasi-cyclic low-density parity-check (QC-LDPC) codes for deep space and high data rate applications//Proceedings of IEEE International Workshop on Satellite and Space Communications, Siena, 2009: 225-229.

[18] IEEE 802.16 Standard Working Group. IEEE Standard for Local and Metropolitan Area Networks Part 16: Air Interface for Fixed and Mobile Broadband Wireless Access Systems. Amendment for Physical and Medium Access Control Layers for Combined Fixed and Mobile Operation in Licensed Bands. IEEE 802.16e-2005.

[19] Chinese Academy of Broadcasting Science. Mobile Multimedia Broadcasting Part 1: Framing Structure, Channel Coding and Modulation for Channel. CMMB GY/T 220.1/2006.

[20] IEEE Standard 802.11 Working Group. IEEE Standard for Information technology—Local and metropolitan area networks—Specific requirements—Part 11: Wireless LAN Medium Access Control (MAC)and Physical Layer (PHY) Specifications Amendment 5: Enhancements for Higher Throughput, IEEE 802.11n-2009.

[21] IEEE Standard 802.11 Working Group. IEEE Standard for Information technology—Telecommunications and Information Exchange between Systems—Local and Metropolitan Area Networks—Specific Requirements—Part 11: Wireless LAN Medium Access Control (MAC) and Physical Layer (PHY) Specifications—Amendment 4: Enhancements for Very High Throughput for Operation in Bands below 6 GHz, IEEE 802.11ac-2013.

[22] Hui D, Sandberg S, Blankenship Y, et al. Channel coding in 5G new radio: A tutorial overview and performance comparison with 4G LTE. IEEE Vehicular Technology Magazine, 2018, 13(4): 60-69.

[23] Thorpe J. Low-density parity-check (LDPC) codes constructed from protographs. IPN Progress Report, 2003.

[24] Nguyen T T B, Nguyen T T, Lee H. Efficient QC-LDPC encoder for 5G new radio. Electronics, 2019, 8(6): 668.

[25] 3GPP. NR; Multiplexing and channel coding. 3rd Generation Partnership Project (3GPP). https://portal.3gpp.org/desktopmodules/Specifications/Specificatio nDetails.aspx?specificationId=3214. [2021-08-24].

[26] Li H A, Bai B M, Mu X J, et al. Algebra-assisted construction of quasi-cyclic LDPC codes for 5G new radio. IEEE Access, 2018, 6: 50229-50244.

[27] Richardson T, Kudekar S. Design of low-density parity check codes for 5G new radio. IEEE Communications Magazine, 2018, 56(3): 28-34.

第 3 章　5G 标准 LDPC 码的译码算法与实现

3.1　LDPC 码译码算法简介

LDPC 码校验矩阵的稀疏性使得其非常适合迭代译码。尽管多数的迭代译码算法是次优的，但在人们关心的误码率区间内迭代译码算法能达到近似最优的纠错性能。对于 LDPC 码而言，和积算法（sum-product algorithm probability，SPA）[1] 是一种能达到近似最优的迭代译码算法。SPA 的最优准则是基于符号的最大后验概率（maximum a posteriori probability，MAP）准则。假设发送码字 $v = [v_0, v_1, \cdots, v_{n-1}]$，信息经过信道后，接收端收到码字 $y = [y_0, y_1, \cdots, y_{n-1}]$。对于第 j 位比特 v_j，其后验概率为 $\Pr(v_j = 1|y)$。后验概率的比值称为似然比（likelihood ratio，LR），如式（3-1）所示。为了使译码算法更加稳定，通常使用对数似然比（log-likelihood ratio，LLR），如式（3-2）所示。令 L_j 代表第 j 比特的初始对数似然比，$L_{j \to i}$ 代表变量节点 v_j 传递给校验节点 c_i 的信息，$L_{i \to j}$ 代表校验节点 c_i 传递给变量节点 v_j 的信息（图 3-1），则基于洪泛（flooding）译码顺序的 SPA 如算法 3.1 所示：

$$l(v_j \mid y) \overset{\text{def}}{=} \frac{\Pr(v_j = 0 \mid y)}{\Pr(v_j = 1 \mid y)} \tag{3-1}$$

$$L(v_j \mid y) \overset{\text{def}}{=} \ln\left(\frac{\Pr(v_j = 0 \mid y)}{\Pr(v_j = 1 \mid y)}\right) \tag{3-2}$$

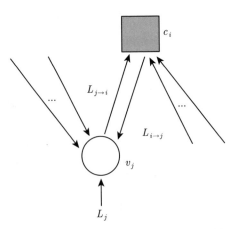

图 3-1　校验节点与变量节点互传信息 [2]

算法 3.1 基于洪泛译码顺序的 SPA

（1）初始化。根据信道接收的信号对所有比特的 LLR 进行初始化，并根据校验节点与变量节点的连接情况对 $L_{j \to i}$ 进行初始化：

$$L_{j \to i} = L_j = L(v_j \mid \boldsymbol{y}) \overset{\text{def}}{=} \ln \left(\frac{\Pr(v_j = 0 \mid \boldsymbol{y})}{\Pr(v_j = 1 \mid \boldsymbol{y})} \right)$$

（2）检验节点更新。对每一个校验节点 c_i，根据式（3-3）进行更新，计算其传递给变量节点 v_j 的信息 $L_{i \to j}$：

$$L_{i \to j} = 2\text{artanh} \left(\prod_{j' \in N(i) - \{j\}} \tanh \left(\frac{1}{2} L_{j' \to i} \right) \right) \tag{3-3}$$

（3）变量节点更新。对于每一个变量节点 v_j，根据如下公式进行更新，计算其传递给校验节点 c_i 的信息 $L_{j \to i}$：

$$L_{j \to i} = L_j + \sum_{i' \in N(j) - \{i\}} L_{i' \to j}$$

（4）对数似然比求和。对于每一个变量节点 v_j，计算其总的 LLR：

$$L_j^{\text{total}} = L_j + \sum_{i \in N(j)} L_{i \to j}$$

（5）停止迭代准则。对于每一个变量节点 v_j，判定其对应比特为 0 或 1，得到 $\hat{v}_j$。若 $\hat{\boldsymbol{v}} \boldsymbol{H}^{\mathrm{T}} = \boldsymbol{0}$ 或迭代次数达到最大次数，则停止译码；否则返回步骤（2）：

$$\hat{v}_j = \begin{cases} 1, & L_j^{\text{total}} < 0 \\ 0, & \text{其他} \end{cases}$$

算法 3.1 中式（3-3）包含的 tanh 函数计算、artanh 函数（tanh 的反函数）计算与乘法运算为 SPA 的硬件实现带来困难。为了简化算法使其易于硬件实现，对式（3-3）进行如下拆解：

$$\begin{cases} L_{j \to i} = \alpha_{ji} \beta_{ji} \\ \alpha_{ji} = \text{sgn}(L_{j \to i}) \\ \beta_{ji} = |L_{j \to i}| \end{cases} \tag{3-4}$$

进而，式（3-3）可表示为

$$L_{i \to j} = 2\text{artanh} \left(\prod_{j' \in N(i) - \{j\}} \alpha_{j'i} \cdot \prod_{j' \in N(i) - \{j\}} \tanh \left(\frac{1}{2} \beta_{j'i} \right) \right) \tag{3-5}$$

用对数与求和的方法取代乘法运算以降低其实现复杂度，进而将式（3-3）简化为

$$L_{i \to j} = \prod_{j' \in N(i)-\{j\}} \alpha_{j'i} \cdot 2\text{artanh}\,\ln^{-1} \sum_{j'} \ln\left(\tanh\left(\frac{1}{2}\beta_{j'i}\right)\right) \qquad (3\text{-}6)$$

由于 artanh 为奇函数，因此 α 的乘积项可单独提出。再用 $\phi(x) = -\ln(\tanh(x/2))$ 代入式（3-6），由于当 $x > 0$ 时，$\phi^{-1}(x) = \phi(x)$，最终得到

$$L_{i \to j} = \prod_{j' \in N(i)-\{j\}} \alpha_{j'i} \cdot \phi\left(\sum_{j'} \phi\left(\beta_{j'i}\right)\right) \qquad (3\text{-}7)$$

尽管式（3-7）中不再含有乘法运算，但函数 $\phi(x) = -\ln(\tanh(x/2))$ 仍然不适合硬件实现，因此需要对函数 $\phi(x)$ 进一步进行简化。函数 $\phi(x)$ 的曲线如图 3-2 所示，从图中可看出，$\phi(x)$ 为减函数，则对于 $\phi\left(\sum_{j'} \phi(\beta_{j'i})\right)$ 来说，其值主要由 $\sum_{j'} \phi(\beta_{j'i})$ 中的最大项决定，而该最大项对应的是最小的 $\beta_{j'i}$，故式（3-7）可近似为式（3-8）。

$$
\begin{aligned}
L_{i \to j} &\simeq \prod_{j' \in N(i)-\{j\}} \alpha_{j'i} \cdot \phi\left(\phi\left(\min_{j'} \beta_{j'i}\right)\right) \\
&= \prod_{j' \in N(i)-\{j\}} \alpha_{j'i} \cdot \min_{j' \in N(i)-\{j\}} \beta_{j'i}
\end{aligned}
\qquad (3\text{-}8)
$$

将式（3-8）代入算法 3.1 第（2）步的校验节点更新，即可得到 LDPC 最小和（min-sum，MS）译码算法。该算法规避了乘法运算与复杂的 tanh 函数计算，因此易于硬件实现。

由于从 SPA 到 MS 译码算法的近似中，近似项的数值变大，如式（3-9）所示：

$$\phi\left(\sum_{j'} \phi\left(\beta_{j'i}\right)\right) < \phi\left(\phi\left(\min_{j'} \beta_{j'i}\right)\right) \qquad (3\text{-}9)$$

因此检验节点与变量节点之间互传的信息绝对值变大，造成了 MS 译码算法的性能相比 SPA 较差。为了解决这一问题，可在式（3-8）中加入修正因子 γ，如式（3-10）所示：

$$L_{i \to j} = \gamma \cdot \left(\prod_{j' \in N(i)-\{j\}} \alpha_{j'i} \cdot \min_{j' \in N(i)-\{j\}} \beta_{j'i}\right) \qquad (3\text{-}10)$$

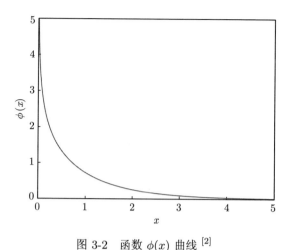

图 3-2 函数 $\phi(x)$ 曲线[2]

若修正因子 γ 对信息值进行归一化（$0 < \gamma < 1$），则称其为归一化 MS（normalized MS, NMS）译码算法。若对信息减去一个恒定值 γ 且同时保证相减结果非负（$0 < \gamma$），则称其为偏移 MS（offset MS, OMS）译码算法，如式（3-11）所示：

$$L_{i \to j} = \prod_{j' \in N(i)-\{j\}} \alpha_{j'i} \cdot \max\left\{ \min_{j' \in N(i)-\{j\}} \beta_{j'i} - \gamma, 0 \right\} \tag{3-11}$$

对于 LDPC 码译码器来说，不管采用上述何种译码算法，其译码顺序都分为洪泛译码（flooding decoding）与分层译码（layered decoding）两种。当译码顺序为洪泛译码时，在一次迭代结束后，所有变量节点的 LLR 信息同时进行更新。基于洪泛译码的译码器通常取得更高的吞吐率与更低的延迟，代价是更高的面积复杂度与更复杂的数据通路[3]。当译码顺序为分层译码时，每次迭代内，校验节点的更新是依次的，且校验节点更新后，与其相连的变量节点的 LLR 马上进行更新。例如，对于 QC-LDPC 而言，基本矩阵 $\boldsymbol{H}_b$ 中每一行对应 Z 个校验节点，则每次迭代内，一行的 Z 个校验节点更新完后，立马更新对应变量节点的 LLR，接着再更新下一行的 Z 个校验节点。分层译码由于其立刻更新 LLR 的特性，相比洪泛译码来说有更快的收敛速度，所以需要的迭代周期更短。但是其每一次迭代需要更多的时钟周期来完成 LLR 的更新，同时也使得存储器的读写更容易出现访问冲突。

3.2 5G 标准 LDPC 码译码算法优化

尽管 SPA 是 LDPC 码性能最优的算法，但是该算法包含了复杂的函数运算，因此不利于硬件实现。一种实现的方法是通过设计查找表（lookup table，LUT）对其中的函数进行近似。在 5G LDPC 码的场景下，该硬件实现方法可以获得接近 SPA 的译码性能[4]。同样以 LUT 作为硬件实现方法，一种基于信息瓶颈（information bottleneck，IB）的译码算法被用于 5G LDPC 码译码器的设计，且适应了 5G LDPC 码打孔和码率匹配等特性[5,6]。在 IB 译码算法中，校验节点与变量节点不再进行传统有限精度的计算，取而代之的是基于最大化互信息的映射。也就是说，节点间不再传递 LLR，而是传递用整数代表的离散消息。因此，IB 算法中只需用相对较少的比特来表征信息便可得到较为理想的译码性能[6]。

　　假设对二进制的 LDPC 码进行二进制相移键控（binary phase-shift keying，BPSK）调制，通过对称加性高斯白噪声（additive white Gaussian noise，AWGN）信道到达接收端。信道输入符号为 x，输出的连续信号为 y。传统译码算法是根据 y 计算出 LLR，再将 LLR 作为译码器的输入进行译码。在 IB 算法中，x 与 y 的联合分布 $p(x,y)$ 被用于计算出 y 与初始化信息 t 的关系[7]，因此 IB 译码器接收与处理的不是 LLR 而是离散的信息 t。

　　IB 译码器中的校验节点与变量节点的计算不再涉及具体的数学运算，而是由信息 t 之间的映射关系代替，在硬件中该映射关系可用 LUT 实现。SPA 中校验节点的运算通常用 ⊞ 表示，其计算公式为

$$L_1 \boxplus L_2 = \phi(\phi(L_1) + \phi(L_2)) = \log \frac{\mathrm{e}^{L_1}\mathrm{e}^{L_2}+1}{\mathrm{e}^{L_1}+\mathrm{e}^{L_2}} \tag{3-12}$$

而在 IB 译码算法中，校验节点的运算过程为接收离散的信息 t，并根据 t 之间的映射关系更新输出结果。当校验节点的维度 d_c 较大时，消息更新所需的 LUT 较为复杂，会对译码器的硬件实现带来负担。这种情况下，可采用文献 [8] 提出的方法对节点的映射采用串行处理的方法。具体来说就是先对 2 个信息 t 进行 LUT 映射，将输出的信息与下一个 t 进行映射，如此重复得到最后的输出信息。变量节点的更新形式与检验节点类似。对于维度大于 3 的变量节点，该方法同样适用。针对 5G LDPC 码的实验显示，IB 译码算法在 4 比特量化的情况下译码性能接近双精度的 SPA 性能且优于 MS 算法性能，且码率越低其优势越明显[6]。

　　除了用 LUT 解决 SPA 复杂度过高的问题外，MS 算法也是一种对 SPA 的近似[9]，且其硬件复杂度更低。然而，未经改进的 MS 算法译码性能较差，一般的改进方式有上文提到的 NMS 与 OMS 两种算法[10]。针对 5G LDPC，另一种基于 MS 算法的译码算法由文献 [11] 提出，称为二维缩放纠正（two-dimensional scale-corrected，2D-SC) MS 译码算法，其所包含的两种优化策略如下：

　　（1）针对 5G LDPC 的 SPA 和 MS 算法进行改进，对于 5G LDPC 最高码率下的码字，对所有的变量节点进行翻转减弱处理：若变量节点发送的信息与之

前的信息相比出现了符号的翻转，则对其 LLR 进行置 0 处理。

（2）信息放大（message amplify，MA）是另一种对 5G LDPC 传统译码的优化方案。因为维度为 1 的变量节点永远都是在向与其连接的校验节点输出初始的信道信息，所以对应的校验节点的信息上界为该变量节点接收的信道信息。对于 MS 算法与 SPA，信道信息的值过小会严重限制有效信息的传输。MA 的解决方法是对维度为 1 的变量节点的输出值乘以大于 1 的值，从而使对应校验节点的有效信息更易传递。

2D-SC MS 算法在 5G 短码场景下可以获得接近 SPA 的性能，且优于 NMS 算法。在长码场景下，2D-SC MS 算法的性能弱于 SPA，但略强于 NMS 算法[11]。而 SPA 作为 LDPC 码的一种次优算法，在短码下相对于最大似然（maximum likelihood，ML）译码有一定性能损失。为了弥补这一损失，研究者在拟最大似然（quasi-maximum likelihood，QML）算法方面进行了许多相关探索。QML 算法的目的是获取优于 SPA 的性能。其常用的方法是在原本的 SPA 译码结束后，如果发生译码失败，则选择一些变量节点进行饱和处理，再重新进行 SPA 译码。典型的 QML 算法有分阶统计译码（ordered statistics decoding，OSD）[12]、增强置信传播（augmented belief propagation，ABP）[13]、饱和最小和（saturated min-sum，SMS）[14] 以及增强型准最大似然（enhanced quasi-maximum likelihood，EQML）[11] 等算法。其中，EQML 算法在 5G 短码场景下的译码性能优于 SPA，但需付出更高的时间复杂度和空间复杂度。

NMS 算法和 OMS 算法都是 MS 算法的改进型算法，在浮点数计算时相比 MS 算法有较大的优势。但在定点数运算时，NMS 算法和 OMS 算法的性能反而有时会更差[15]。发生这种现象是由于维度低的校验节点对错误更加敏感，因此在定点数运算时，NMS 算法和 OMS 算法会因为精度损失造成性能下降。由于 5G LDPC 存在很多维度为 1 的变量节点，故有些情况下 NMS 算法和 OMS 算法的误码率反而高于 MS 算法。一种解决方法是将 NMS 算法和 OMS 算法与 MS 算法进行结合以应对这种现象，新的算法称为适应 MS（adapted MS，AMS）算法[16]。AMS 算法的特点为对与低维度变量节点连接的校验节点采用 MS 算法，对其他校验节点采用 NMS 算法和 OMS 算法。5G LDPC 标准中，由于低维度变量节点只与基本矩阵中第 4 行之后的校验节点相连，AMS 算法对前 4 行校验节点采用 NMS 算法，对第 4 行之后的校验节点采用 MS 算法[16]。由于只是选择性地使用 NMS 算法和 OMS 算法与 MS 算法，AMS 算法增加的复杂度非常小，只需要选择偏移值是否为 0 即可。

此外，分层译码是 LDPC 码译码中常用的方法，使用分层译码可以在不影响性能的情况下加快译码迭代的收敛速度。如果使用分层译码则涉及优先选择校验节点的策略。5G 标准 LDPC 码中，两种基本矩阵 BG1 与 BG2 均对应非规则

LDPC 码（行重不同），这种情况下有两种选层策略可供使用 [17]：

（1）优先选择行重小的层进行译码。非规则 LDPC 码的设计意味着其不同层的行重存在差异，行重低的行意味着这些检验位连接的比特数更少，因此其中出现严重错误的概率也更低。换言之，先对这些检验节点进行处理并更新相应变量节点的 LLR，译码性能会有所提高。实验证明，在 5G LDPC 码中优先选择行重低的层进行译码，选择 BG1，在码率 $R = 0.324$ 和 $Z = 384$ 的情况下，信道模型使用瑞利衰落信道，在 $E_b/N_0 = 4$ dB 下可以获得 15.6% 的迭代次数下降 [17]。

（2）优先选择打孔少的层进行译码。打孔表示对应的信息位不进行传输，在译码时将其对应变量节点的 LLR 初始化为 0。如果一个校验节点和一个打孔变量节点相连，可知由该校验节点传递到相连打孔变量节点的信息不为 0，而传递到任意与它相连的其余变量节点的信息为 0，因此优先更新此类校验节点传递到相连打孔变量节点的信息。如果一个校验节点和两个打孔变量节点相连，可知由该校验节点传递到任意与它相连的变量节点的信息均为 0，因此不用更新此类校验节点传递到相连变量节点的信息 [18]。

实验证明，同时使用上述两种策略，选择 BG1，码率 $R = 0.303$ 和 $Z = 384$ 的情况下，信道模型同样使用瑞利衰落信道，在 $E_b/N_0 = 4$ dB 下可以获得 17.6% 的迭代次数下降和 0.125 dB 的 E_b/N_0 增益 [17]。

5G LDPC 还与自动重传请求（automatic repeat request, ARQ）机制相结合设计出相应的混合自动重传请求（hybrid ARQ, HARQ）机制。5G 中 HARQ 又分为两种类型：第一种是软合并 HARQ (CC-HARQ)，它的机制相对简单，即在接收方检测到错误帧后重新发送和之前完全一样的数据，包括之前发送的所有信息位和检验位；第二种是增量冗余 HARQ (IR-HARQ)，在这种机制下，发送方先使用最低码率 H 矩阵算出所有检验位，但只发送信息位和一小部分校验位，如果接收方检测到错误并且未能使用这些检验位纠错，则接收方再发送一些剩余的检验位，而之前发送过的信息位和检验位将不会重复发送。针对这两种 HARQ 机制，有两种相应的优化策略 [17]：

（1）首先对于使用 CC-HARQ 以及打孔策略的场景，第一次译码中打孔比特的 LLR 一般初始化为 0，而在第二次及之后的译码过程中，对打孔比特的初始化可以使用上一次译码的结果，这种初始化策略在参考文献 [17] 中被称为 Prop.$_{cc}$ 策略。实验证明，在 5G LDPC 中使用 Prop.$_{cc}$ 和上述分层译码策略，选择 BG1，码率 $R = 0.303$ 和 $Z = 384$ 的情况下，信道模型使用瑞利衰落信道，在 $E_b/N_0 = 4$ dB 下可获得 36.27% 的迭代次数下降。

（2）针对使用 IR-HARQ 的场景，因为检验比特被分多次发送，如前文所述，行重低的检验节点出错的概率更低，因而可以在 IR-HARQ 机制中优先发送对应行的行重低的检验比特，以提升译码迭代收敛的速度。

实验证明，同时使用上述两种策略，选择 BG1，码率 $R = 0.303$ 和 $Z = 384$ 的情况下，信道模型使用瑞利衰落信道，在 BER= 10^{-3} 条件下可以获得 0.2 dB 的增益。

除了上述工作，针对 5G 标准的 LDPC 码译码算法优化工作还包括：基于 AMS 算法，文献 [19] 设计了一种改进的 CN 更新函数，并对于不同 VN 的度数增加了适应性，进一步提升了性能，性能增益对于中低码率更加明显。此外，还可以基于人工智能针对 5G 标准 LDPC 码进行偏移参数或规格化参数的学习 [20]。在 LDPC 码的 5G 标准化进程中，高通公司还提出了调整最小和（adjusted min-sum, adj-MS）算法 [21]。相比于 SPA, adj-MS 算法对于 VN 的处理是相同的，对于每一个 CN 仅保留两个信息，且通过查找表更新对应信息。AMS 算法基于 MS 译码器的复杂度达到了接近 SPA 译码器的性能。

3.3   5G 标准 LDPC 码译码算法实现

根据译码器硬件架构的计算并行度，5G 标准采用的 QC-LDPC 码译码器可分为全并行、行并行与块并行三种架构 [22]。全并行译码器架构采用洪泛译码顺序，所有校验节点与变量节点并行更新，可取得最高的吞吐率，代价是最高的面积复杂度与功耗。行并行译码器架构可适用于洪泛译码与分层译码两种译码顺序，基本矩阵 $\boldsymbol{H}_b$ 中每一行的校验节点并行更新，不同行的校验节点更新复用同一组硬件计算资源。相比全并行译码器架构来说行并行译码器吞吐率更低，但由于其硬件计算资源的复用，面积复杂度更小。块并行译码器架构也可适用洪泛译码与分层译码两种译码顺序，其硬件计算资源的复用率相比行并行译码器更高。具体而言，块并行译码器一次只处理基本矩阵 $\boldsymbol{H}_b$ 一行中的一列信息，即每一行中的每一列信息的处理依赖于同一组硬件计算资源，因此块并行译码器架构所需硬件资源最少，面积复杂度最低，但相比全并行、行并行译码器而言吞吐率也最低。块并行译码器的一个优势是可以支持多种码长与码率的 LDPC 码的译码。基于块并行译码器架构，文献 [23] 提出了一种基于泛洪调度和分层调度的混合译码策略，能够消除分层译码过程中的数据冲突问题，从而提高译码吞吐率。

如前文所述，5G LDPC 码的基矩阵 BG1 支持的码率范围为 $1/3 \sim 8/9$，基矩阵 BG2 支持的码率范围为 $1/5 \sim 2/3$。考虑到 5G LDPC 码的多码率与范围较大的码长，若想设计 5G LDPC 码译码器使其适用于多种码率与码长，则该译码器的硬件必须是灵活可配置的。首先，由于全并行架构的高面积复杂度，其不适合用于 5G LDPC 码译码器的硬件实现。相比来说，行并行译码器架构更可在吞吐率等硬件性能与硬件开销中取得一定程度的平衡。但是由于 5G LDPC 码是非规则的且行重差异较大（BG1 的行重范围是 $3 \sim 19$；BG2 的行重范围是 $3 \sim 10$），行并行架构的采用会导致译码器的硬件利用率降低。块并行译码器可避免这个问题，原因是其一次只处理基本矩阵 $\boldsymbol{H}_b$ 一行中的一列信息，计算资源的多少与行重无关，故不存在计算资源浪费的问题。

总体而言，与全并行、行并行译码器相比，块并行译码器更适合处理多种码长与码率的 LDPC 码，但是若将其直接用于 5G LDPC 码的译码，仍然存在如下不可避免的问题。

（1）5G LDPC 码包含 51 种提升值 Z，范围是 $3 \sim 384$。块并行译码器需要根据 Z 最大的 LDPC 码分配计算资源，但当其需要处理 Z 较小的 LDPC 码时，其硬件利用率将会降低，降低的程度由 Z 的差值决定。

（2）块并行译码器为了最大化复用计算资源，一次只处理基本矩阵 $\boldsymbol{H}_b$ 一行中的一列信息，因此需要更多的时钟周期进行译码，导致译码吞吐率低，很难满足 5G 高速率、高吞吐率的需求。

为了解决上述问题，参考文献 [24] 针对 5G LDPC 码设计了一种灵活可配置的基于分层译码的块并行译码器，其最多可同时并行译码 2 帧 LDPC 码字，且可通过 $\boldsymbol{H}_b$ 矩阵的行与列顺序重置以提高吞吐率与提升译码性能。该译码器可适用于 5G LDPC 码中的 12 种码长（打孔前码长范围为 $3264 \sim 26112$）与 8 种码率（$1/5 \sim 8/9$），如表 3-1 所示。其中 BG1 的码含有 7 种，提升值 Z 都等于 384，并行度都为 1（译码器一次只能处理 1 帧 LDPC 码字）；BG2 的码含有 5 种，提升值 Z 都等于 192，并行度都为 2（译码器能并行且独立处理 2 帧 LDPC 码字）。当打孔前码长低于 10368 时，该译码器可独立且并行处理 2 帧 LDPC 码字，可极大地提升吞吐率与硬件利用率。

表 3-1　本书提出的译码器所支持的 5G LDPC 码的码长和码率 [2]

并行度	基矩阵	提升值 Z	信息位长度 K	码长 N	打孔前码长 N'	码率 R	$\boldsymbol{H}_b$ 大小
1	BG1	384	8448	25344	26112	1/3	46×68
				21120	21888	2/5	35×57
				16896	17664	1/2	24×46
				12672	13440	2/3	13×35
				11264	12288	3/4	10×32
				10134	11136	5/6	7×29
				9504	10368	8/9	5×27
2	BG2	192	1920	9600	9984	1/5	42×52
				5760	6144	1/3	22×32
				4800	5184	2/5	17×27
				3840	4224	1/2	12×22
				2880	3264	2/3	7×17

3.3.1 译码器硬件架构设计

参考文献 [24] 提出的块并行译码器的硬件框图如图 3-3 所示。该块并行译码器基于分层译码顺序，且译码算法为偏移最小和译码算法，如算法 3.2 所示。

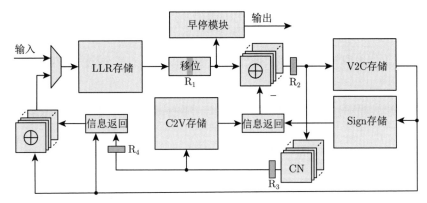

图 3-3　面向 5G LDPC 码的基于分层译码的块并行译码器硬件框图 [2]

首先给出各模块的介绍如下：

（1）LLR 存储（memory）模块用于存储所有变量节点的 LLR 信息。由于块并行译码器一次处理基矩阵 $\boldsymbol{H}_b$ 一行中一列的 LLR 信息（Z 最大为 384，对应 384 个 LLR），$\boldsymbol{H}_b$ 中列数最大为 68，故 LLR 存储的宽度为 $384 \times Q_{\mathrm{LLR}}$，深度为 68。其中 Q_{LLR} 为 LLR 的量化比特数。采用 $Q_{\mathrm{LLR}} = 8$，故 LLR 存储的宽度最终为 3072，即 LLR 存储的大小为 3072×68。LLR 存储模块由 24 个大小为 128×68 的双口寄存器堆（register file，RF）并行拼接组成。24 个 RF 分为两组，每 12 个 RF 共享控制信号，当 $Z = 192$ 时，2 帧数据可分别存到两组 RF 中。当 $Z = 384$ 时，赋予两组 RF 同样的控制信号即可当作一个存储器模块使用。

（2）C2V 存储模块用于存储校验节点传递给变量节点的信息。C2V 存储的一个字包含 384 个如下信息：

$$\{\mathrm{parity}, \mathrm{index}, \mathrm{min1}, \mathrm{min2}\}$$

其中，parity 为一个校验节点对应的所有变量节点的符号位相乘的结果，为 1 比特；index 为一个校验节点对应的所有变量节点中 $L_{j \to i}$ 最小的变量节点在 LLR 存储中的地址，为 7 比特；min1 与 min2 分别为一个校验节点对应的所有变量节点最小与次小的 $L_{j \to i}$ 绝对值。$L_{i \to j}$ 的量化为 6 比特，故 min1 与 min2 都为 5 比特。因此，C2V 存储的宽度为 $384 \times (1 + 7 + 5 + 5) = 6912$。由于 $\boldsymbol{H}_b$ 最多有 46 行，即 $46 \times Z$ 个校验节点，故 C2V 存储的深度为 46。大小为 6192×46 的

C2V 存储由 48 个大小为 144×46 的 RF 并行拼接组成。144 个 RF 分为两组，每 72 个 RF 共享控制信号。与 LLR 存储一样，当 $Z = 192$ 时，2 帧数据可分别存到两组 RF 中。当 $Z = 384$ 时，赋予两组 RF 同样的控制信号即可当作一个存储器模块使用。

算法 3.2 基于分层译码顺序的偏移最小和译码算法

（1）根据信道接收的信号对所有比特的 LLR(L_j)进行初始化。初始化 $L_{i \to j} = 0$ 且令 $k = 1$。

$$L_j = L\left(v_j \mid \boldsymbol{y}\right) \overset{\text{def}}{=} \ln\left(\frac{\Pr\left(v_j = 0 \mid \boldsymbol{y}\right)}{\Pr\left(v_j = 1 \mid \boldsymbol{y}\right)}\right)$$

（2）计算基矩阵第 k 行对应的变量节点 v_j 传递给第 k 行校验节点 c_i 的信息：

$$L_{j \to i} = L_j - L_{i \to j} \tag{3-13}$$

（3）计算基矩阵第 k 行对应的校验节点 c_i 传递给第 k 行对应的变量节点 v_j 的信息：

$$\begin{cases} L_{j \to i} = \alpha_{ji}\beta_{ji}, & \alpha_{ji} = \text{sgn}(L_{j \to i}), & \beta_{ji} = |L_{j \to i}| \\ L_{i \to j} = \displaystyle\prod_{j' \in N(i)-\{j\}} \alpha_{j'i} \cdot \max\left\{\min_{j' \in N(i)-\{j\}} \beta_{j'i} - \gamma, 0\right\} \end{cases} \tag{3-14}$$

（4）更新基矩阵第 k 行对应的变量节点 v_j 的 LLR：

$$L_j = L_{i \to j} + L_{j \to i} \tag{3-15}$$

（5）若第 k 行为基矩阵最后一行，则执行步骤（6）；否则返回步骤（2）且 $k = k+1$。

（6）对于所有变量节点 v_j，判定其对应比特为 0 或 1，得到 $\hat{v}_j$。若 $\hat{\boldsymbol{v}}\boldsymbol{H}^{\text{T}} = \boldsymbol{0}$ 或迭代次数达到最大次数，则停止译码；否则返回步骤（2）且 $k = k+1$。

$$\hat{v}_j = \begin{cases} 1, & L_j < 0 \\ 0, & \text{其他} \end{cases}$$

（3）V2C 存储模块用于存储变量节点传递给校验节点的信息 $L_{j \to i}$。其宽度与 LLR 存储一样为 $384 \times Q_{\text{LLR}} = 384 \times 8 = 3072$。由于 $L_{j \to i}$ 在算法 3.2 的步骤（4）使用完后就会被下一次迭代的步骤（1）覆盖，故 $L_{j \to i}$ 在步骤（4）后不再被需要，所以 V2C 存储的深度只需等于 $\boldsymbol{H}_b$ 的最大行重 19 即可。因此，V2C

存储的大小为 3072×19，其由 24 个 128×19 的 RF 并行拼接组成。24 个 RF 分为两组，每 12 个 RF 共享控制信号。与 LLR 存储一样，当 $Z = 192$ 时，2 帧数据可分别存到两组 RF 中。当 $Z = 384$ 时，赋予两组 RF 同样的控制信号即可当作一个存储器模块使用。

（4）Sign 存储模块用于存储变量节点传递给校验节点的信息 $L_{j \to i}$ 的符号，由于 Z 最大为 384 且符号位为 1 比特，故 Sign 存储的宽度为 384。又因为 $\boldsymbol{H}_{\mathrm{b}}$ 最多含有 316 个 1（即对应的 Tanner 图中有 316 条边），所以 Sign 存储的深度为 316。大小为 384×316 的 Sign 存储由 4 个大小为 96×316 的 RF 并行拼接组成。4 个 RF 分为两组，每 2 个 RF 共享控制信号。当 $Z = 192$ 时，2 帧数据可分别存到两组 RF 中。当 $Z = 384$ 时，赋予两组 RF 同样的控制信号即可当作一个存储器模块使用，如图 3-4 所示。上述所有存储器模块的结构也与图 3-4 类似。

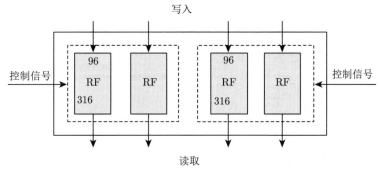

图 3-4 Sign 存储模块的内部结构 [2]

（5）CN 模块的功能是依次接收 $\boldsymbol{H}_{\mathrm{b}}$ 中一行的变量节点 v_j 传递给该行校验节点 c_i 的信息 $L_{j \to i}$（同时也接收 $L_{j \to i}$ 在 LLR 存储中的地址 index），然后计算出该行所有变量节点的符号位乘积 parity、最小模值 min1、次小模值 min2 以及 min1 在 LLR 存储中的地址 index。CN 模块及其内部结构如图 3-5 所示，由于 CN 模块最多并行接收 384 个变量节点传来的信息，故 CN 模块实际上为 384 个图 3-5 所示模块的并行拼接。

（6）如图 3-6(a) 所示，信息返回模块的功能是生成校验节点 c_i 传递给变量节点 v_j 的信息 $L_{i \to j}$。由于 CN 模块输出的 parity 是所有符号位的乘积，故信息返回模块需要从 Sign 存储模块读取变量节点 v_j 的符号位进行相乘（异或），然后根据 index 选取 min1 或 min2，从而得到式（3-14）中的计算结果。

（7）译码器（图 3-3）中的减法模块与加法模块分别对应算法 3.2 中的式（3-13）与式（3-15），用于计算信息 $L_{j \to i}$ 与 $L_{i \to j}$。模块 R_i 代表寄存器组（$i = 1, 2, 3, 4$），其中 R_1 在模块移位的内部，用于缩短关键路径。早停模块对应算法 3.2 中的步骤（6）。

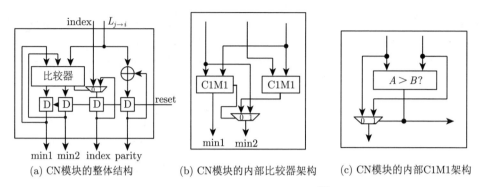

(a) CN模块的整体结构　　　(b) CN模块的内部比较器架构　　(c) CN模块的内部C1M1架构

图 3-5　CN 模块及其内部结构 [2]

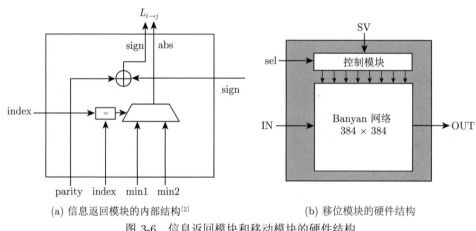

(a) 信息返回模块的内部结构[2]　　　　(b) 移位模块的硬件结构

图 3-6　信息返回模块和移动模块的硬件结构

版权来源: © [2021] IEEE. Reprinted, with permission, from Ref. [24]

（8）移位模块为循环移位器。由于本章提出的译码器只需支持 $Z = 384$ 与 $Z = 192$ 两种提升值，故循环移位器的并行度只需要为 1 或者 2。又因为 384 与 192 皆为 3×2^k，恰好等于子网络的大小，故不需要组合式 Banyan 网络，改进型的 Banyan 网络即可满足需求。移位模块的硬件结构如图 3-6 所示其并行度、对应子网络大小和 Z 的关系如表 3-2 所示。

表 3-2　译码器采用的循环移位器的 2 种并行度、对应子网络大小 P_M^s 和 Z 的关系 [2]

sel	并行度	P_M^s	Z 的取值
0	1	384	384
1	2	192	192

3.3.2　量化策略与译码性能

在 LDPC 码译码器的硬件实现中，信息的量化策略对译码性能有很大的影响。LDPC 码译码需要对三种信息进行量化，三种信息分别为变量节点的对数似然比信息 L_j（后文用 LLR 特定表示）、变量节点传递给校验节点的信息 $L_{j \to i}$（后文用 V2C 特定表示）以及校验节点传递给变量节点的信息 $L_{i \to j}$（后文用 C2V 特定表示）。除量化策略外，OMS 算法的偏移值、NMS 算法的归一化值对译码性能也有很大的影响。本节讨论如何为 5G LDPC 码译码器选择量化策略、译码算法与修正因子。

首先，图 3-7 给出了 SPA、OMS 算法与 NMS 算法在浮点数（float）下的误帧率（frame error rate, FER），其中信道为 AWGN 信道，调制方式为 BPSK，码长 $N = 8448$，码率 $R = 1/3$。三种算法皆采用分层译码，迭代次数 iter $= 8$。从图 3-7 中可看出，在浮点数精度的情况下，SPA 相比 OMS 算法（偏移值为 0.5）有接近 0.25 dB 的增益，而 OMS 算法相比 NMS 算法（归一化值为 0.75）也有接近 0.25 dB 的增益。NMS 算法的性能最差是因为 $N = 8448$、$R = 1/3$ 的 5G LDPC 码中含有低维度的校验节点数量较多，而 NMS 算法面对低维度的校验节点性能更差[25]。图 3-7 中同时也给出了对所有信息进行 8 比特量化后的 OMS 算法的 FER 曲线，其中（152）代表 1 比特符号位、5 比特整数位与 2 比特小数位。对所有信息进行 8 比特量化后的 OMS 算法性能与浮点数精度的 OMS 算法性能

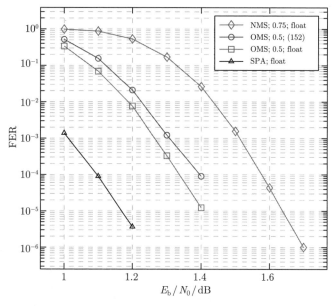

图 3-7　SPA、OMS 算法与 NMS 算法在浮点数条件下的误帧率性能[2]

很接近，差距大约为 0.05 dB。可看出 8 比特量化策略可保证译码性能损失在可接受范围内。

　　图 3-8 为 NMS 算法在三种量化策略下的 FER 曲线（归一化值为 0.75，码长 $N = 8448$，码率 $R = 0.88$，迭代次数 iter $= 15$），其中 6-bit input 代表初始化的 LLR 为 6 比特；8-bit message 代表除了初始化的 LLR 外所有信息都为 8 比特量化；floating message 代表浮点数精度；8-bit LLR、7-bit V2C 与 6-bit C2V 的量化中皆为 1 比特符号位与 2 比特小数位，剩下的为整数位。可从图 3-8 中看出，浮点数精度的 NMS 算法的性能最好，但与其余两种量化策略的性能十分接近。只有在 FER 降至 10^{-5} 左右时，8-bit LLR、7-bit V2C 与 6-bit C2V 的量化策略的性能才与浮点数精度的性能有大约 0.05 dB 的差距。图 3-9 为浮点数精度下 OMS 算法（偏移值为 0.5）在不同迭代次数下的译码性能。可看出迭代次数达到 10 后，增加迭代次数可带来的性能增益有限，在 FER $= 10^{-3}$ 时，分别为 0.07 dB（iter $= 12$）与 0.15 dB（iter $= 15$）。

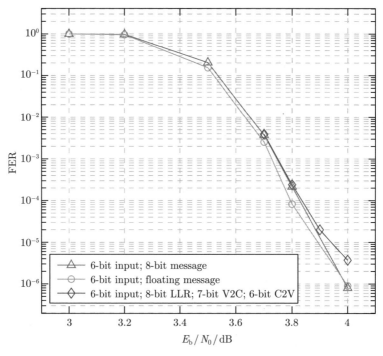

图 3-8　NMS 算法在不同量化策略下的误帧率性能 [2]

　　量化比特数的减少可以减小计算资源的位宽，降低译码器硬件实现中计算模块（如 CN 模块、加法器与减法器）的面积复杂度。更重要的是，储存器的大小也可根据信息量化比特数的减少而减小，而储存器在 LDPC 码译码器硬件的面积复杂度与功耗中占较大比重。因此在保证性能满足要求的前提下，应尽量减小信息的量化比特数。以面积复杂度为例，表 3-3 给出了不同量化策略下存储器面积的估计值，其中量化策略的顺序为 LLR—V2C—C2V。从表 3-3 可看出，LLR Memory、V2C Memory 与 C2V Memory 的大小，如其名称所示，分别只与 LLR、V2C 与 C2V 信息的量化比特数有关，且呈正相关关系。而 Sign Memory 的大小与量化策略无关，原因是其只存储信息的符号位。当量化比特数减少后，存储器的总面积分别减小了 10.2% 与 18.8%，故应在保证性能满足要求的前提下，尽量压缩量化比特，以达到降低译码器硬件开销的目的。

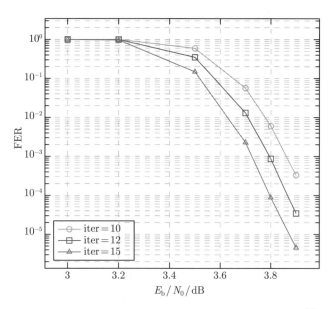

图 3-9 OMS 算法在不同迭代次数条件下的误帧率性能 [2]

表 3-3 不同量化策略下存储器面积的估计值 [2]

量化策略	LLR Memory	V2C Memory	Sign Memory	C2V Memory	总面积 /mm^2	减小面积
$8-8-8$	0.426	0.251	0.175	0.948	1.8	——
$8-8-6$	0.426	0.251	0.175	0.764	1.616	10.2%
$7-7-5$	0.373	0.22	0.175	0.693	1.461	18.8%

3.3.3 节点更新顺序与译码性能

在 5G LDPC 码的译码过程中，由于打孔后比特是不传输的，故需要在初始化的时候将打孔位的变量节点的 LLR 置为 0，即意味着译码器默认打孔位比特等于 0 和等于 1 的概率是相等的，如式（3-16）所示：

$$\text{LLR} \overset{\text{def}}{=} \ln\left(\frac{\Pr(v_j = 0 \mid \boldsymbol{y})}{\Pr(v_j = 1 \mid \boldsymbol{y})}\right) = \ln(1) = 0 \tag{3-16}$$

当一个校验节点所连的变量节点中有 2 个变量节点的 LLR 初始化为 0 时，意味着第一次迭代中该校验节点会收到来自变量节点的 2 个等于 0 的信息，根据算法 3.2 的步骤（3）可知，校验节点之后在该次迭代中返回给所有变量节点的信息也会等于 0。根据算法 3.2 的步骤（4）可知，该校验节点对应的所有变量节点的 LLR 不变，即相当于该校验节点的更新没有起到更新 LLR 的作用，等价于不更新。而在 5G LDPC 码的译码过程中，信息位的打孔位是基矩阵 BG1 或 BG2 的前两列，而基矩阵 BG1 中前两列中元素都为 1 的情况有 12 行（其余行只含有一个 1），即最多有 $12 \times Z$ 个校验节点连接了 2 个打孔位的变量节点。采用分层译码顺序，如果在第一次迭代中先更新上述 12 行校验节点，则所有变量节点的 LLR 保持不变，即译码过程没有任何增益。因此需要先更新其他行的校验节点，使得上述 12 行校验节点所含的变量节点信息中不存在同时 2 个都为 0 的情况，如此更新该 12 行校验节点才有意义。

码长 $N = 8448$、码率 $R = 1/3$ 的 5G LDPC 码对应 BG1 的整个矩阵，将 BG1 的行顺序（校验节点更新顺序）按照上述思想进行重排，可得到如图 3-10 所示的性能增益。图 3-10 中 Modified $\boldsymbol{H}$ 代表使用重排的矩阵；（152）代表所有信息都为 8 比特量化；Q1 代表量化策略：初始化信息与 V2C 皆采用 6 比特量化，LLR 与 V2C 皆采用 8 比特量化；Q2 代表量化策略：初始化信息与 V2C 皆采用 5 比特量化，LLR 与 V2C 皆采用 7 比特量化（其中小数位都为 2 比特，符号位为 1 比特，其余为整数位）；OMS 算法的偏移值都为 0.5。首先对比（OMS；float）与（OMS；float；Modified $\boldsymbol{H}$）的 FER 曲线，可发现使用重排后的 BG1，译码性能可以取得大约 0.17 dB 的增益，该增益来源于校验节点更新顺序的改变，而校验节点更新的顺序不影响硬件实现。对比（OMS；float）、（OMS；（152））与（OMS；Q1；Modified $\boldsymbol{H}$）的 FER 曲线，可发现量化造成的性能损失可以由校验节点更新顺序的改变来补偿，且反而有 0.1 dB 的增益。采用（OMS；Q2；Modified $\boldsymbol{H}$）量化比特数更少，与（OMS；float）相比性能损失理应更严重，但当 $E_{\text{b}}/N_0 < 1.3$ dB 时，校验节点顺序的更新仍可补偿其损失且带来约 0.05 dB 的增益；当 $E_{\text{b}}/N_0 > 1.3$ dB 时，才开始出现性能损失。

除了通过改变校验节点更新顺序带来译码性能上的增益，还可以通过改变变量节点的信息传递顺序来提高译码器的吞吐率。在块并行译码器中，检验节点依次接收来自变量节点的信息。在图 3-3 所示的硬件框图中，其具体表现为模块 CN 每个时钟周期接收一组（384 个）V2C 信息，若对应基矩阵中该行的行重为 r，则

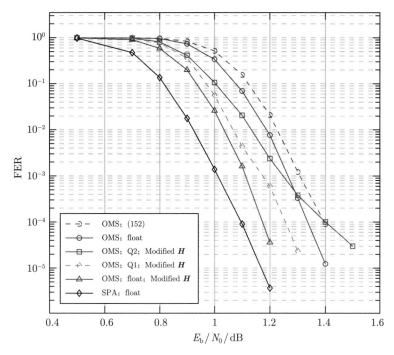

图 3-10　OMS 算法在不同量化策略与节点更新顺序条件下的误帧率性能 [2]

模块 CN 需要 r 个时钟周期才能接收完来自 r 个相连变量节点的 V2C 信息，最后生成 C2V 信息。由算法 3.2 的步骤（4）可知，LLR 的更新需要 V2C 与 C2V 相加完成，而分层译码要求 LLR 即时更新。因此，若相邻两行校验节点连接了同一个变量节点，只有在执行上一行校验节点更新时完成了该变量节点的 LLR 更新，该更新的 LLR 才可传递给下一行的校验节点。在图 3-3 所示的硬件框图中，其具体表现为只有当该变量节点更新后的 LLR 写入 LLR Memory 后，才能从 LLR Memory 中读取该 LLR 并传给模块 CN 以用于下一行校验节点的更新。因此，相邻两行校验节点的更新具有明确的顺序关系，不可并行进行。由于图 3-3 所示的译码器框图中，LLR 从读取到（更新后）写入一共经过了 4 个寄存器（$R_1 \rightarrow R_2 \rightarrow R_3 \rightarrow R_4$），故一行校验节点更新所需要的时钟周期个数为 $2r+3$，一组 LLR 从读取到更新写入 LLR Memory 所需要的时钟周期个数为 $r+4$。

　　若按照变量节点在基矩阵 BG1 或 BG2 中的顺序依次读取并写入更新后的 LLR，为了使得相邻两行校验节点的更新不产生 LLR Memory 的读写冲突，需要满足以下两个条件：

　　（1）在上一行校验节点所连的最后一个变量节点的 LLR 读取后的第 4 个时钟周期，该行校验节点所连的第一个变量节点更新后的 LLR 才被写入 LLR

Memory,在这之后才可开始进行下一行校验节点的更新,即读取刚被更新的 LLR。

（2）假设上一行校验节点所连的任意变量节点的 LLR 在第 i 个时钟周期读取,该变量节点的 LLR 下一次被读取必须不早于第 $i+r+4$ 个时钟周期。

以 BG1 的核心矩阵 $\boldsymbol{A}$ 与矩阵 $\boldsymbol{B}$ 为例,根据上述条件可得到 LLR 的读取顺序如表 3-4 所示。表 3-4 的第一行与第一列皆为对应行列的序号,可看出矩阵 $\boldsymbol{A}$ 与矩阵 $\boldsymbol{B}$ 组成的 $\boldsymbol{H}_\mathrm{b}$ 共 4 行 26 列,其中符号"—"代表对应的校验节点与变量节点不相连,其余数字代表对应变量节点的 LLR 读取的时钟周期序号。例如,$h_{2,3}=26$,代表在更新第 2 行的校验节点时,第 3 列变量节点的 LLR 在第 26 个时钟周期从 LLR Memory 中被读取。在第一行中（$r=19$）,每个变量节点的 LLR 依次被读取,共需要 19 个时钟周期。在第 23 个时钟周期,第一列变量节点更新后的 LLR 被写入 LLR Memory,其余变量节点的 LLR 之后也将被依次写入（一个时钟周期只能写入一组 LLR）。因此,在第 24 个时钟周期可读取第一个变量节点的 LLR 以开始第二行校验节点的更新。注意到,在第 25 个时钟周期无法读取第二个变量节点的 LLR,因为 $h_{1,3}=3$ 且 $3+19+4=26>25$,不满足上述第二个条件。根本原因是该变量节点更新后的 LLR 在第 25 个时钟周期刚被写入 Memory,无法同时读取出,所以只能推迟一个时钟周期再读取,故 $h_{2,3}=26$,这种情况就造成了第 25 个时钟周期内没有任何 LLR 被读取,导致了译码器的空闲。类似的情况在矩阵的其他行列或其他 5G LDPC 矩阵中也存在。从表 3-4 可知,完成核心矩阵 $\boldsymbol{A}$ 与矩阵 $\boldsymbol{B}$ 对应的 LLR 读取共需要 95 个时钟周期。

表 3-4　LLR 读取顺序 [2]

	1	2	3	4	5	6	7	8	9	10	11	12	13	14	15	16	17	18	19	20	21	22	23	24	25	26
1	1	2	3	4	—	5	6	—	7	8	9	10	11	—	12	13	—	14	15	16	17	18	19	—		
2	24	—	26	27	28	29	—	30	31	32	—	33	34	—	35	36	37	38	—	39	—	40	41	42	43	—
3	48	49	50	—	51	52	53	54	55	56	57	—		58	59	60	—	61	62	63	64				65	66
4	71	72	—	73	74	—	76	77	78	—	80	81	82	83	84	—	86	87	88	—	90	91	92	—		95

改变变量节点 LLR 的读取顺序且采用如下两点读取 LLR 的规则,可减少总的时钟周期数:

（1）若一个变量节点与连续两行校验节点相连,则在上一行校验节点更新的过程中优先读取该变量节点的 LLR。优先读取即意味着更新完成后可优先写入 LLR Memory（$i+r+4$）,这样的话下一行校验节点更新时可减小该 LLR 还没被写入的概率,即减小了译码器空闲的概率。

（2）更新下一行校验节点的过程中,当按照顺序读写会导致译码器进入空闲状态时,可优先选择读取不与上一行校验节点相连的变量节点的 LLR,以减少空闲（等待 LLR 写入）的时钟周期。

表 3-5 根据上述两点规则重新排列了 LLR 的读取顺序，在不造成 LLR Memory 读写冲突的前提下，将所需的时钟周期从表 3-4 的 95 减小到了 76，节省了 20% 的时钟周期数。例如，从表 3-5 中可见 $h_{1,1}=1$，$h_{1,2}=14$，$h_{1,3}=2$，这意味着在更新第一行校验节点时，先读取第一个变量节点的 LLR，然后跳过第二个变量节点，直接读取第三个变量节点的 LLR，直到第 14 个时钟周期才读取第二个变量节点的 LLR。这是因为第二个变量节点没有与下一行的校验节点相连，应优先读取与下一行校验节点相连的变量节点的 LLR，使其更新后尽早被写入 LLR Memory，减小译码器空闲的概率。在表 3-5 第二行中，第一个读取的是第 5 列变量节点的 LLR （$h_{2,5}=20$），而非按顺序的第一列变量节点，这是因为此时上一行校验节点相连的所有变量节点更新后的 LLR 都尚未被写入 LLR Memory，故先读取没有与当前校验节点相连的变量节点的 LLR，以避免 LLR Memory 的读取进入等待状态（空闲的时钟周期）。上述读取 LLR 的规则适用于矩阵的其他行列或其他 5G LDPC 矩阵，且能以此减少译码所需总的时钟周期数，提升吞吐率。

表 3-5　改进后的 LLR 读取顺序 [2]

	1	2	3	4	5	6	7	8	9	10	11	12	13	14	15	16	17	18	19	20	21	22	23	24	25	26
1	1	14	2	7	—	3	15	—	—	4	16	8	9	17	—	5	10	—	18	6	19	11	12	13	—	—
2	25	—	26	32	20	27	—	21	22	28	—	33	34	—	23	29	35	24	—	30	—	36	37	38	31	
3	49	39	52	—	46	53	40	47	48	54	41	—	—	42	50	55	—	51	43	56	44	—	—	—	57	45
4	73	63	—	58	71	—	65	72	74	—	66	59	60	67	75	—	61	76	68	—	69	62	64	—	—	70

除以上介绍的工作以外，文献 [26] 提出了一种基于 FPGA 的高速灵活的 LDPC 码译码器，采用了帧并行策略，可以并行地译短码长的多帧，以优化硬件利用率，此外还采用了高效的数据调度来减少解码过程中的数据冲突，从而提升了译码速度。文献 [19] 则是首个基于 ASIC 实现完整 5G LDPC 译码器的工作，其采用了改进的 AMS 算法，并通过选择移位架构、消息重排策略等优化了时延和面积。

3.4　本　章　小　结

本章介绍了 5G 标准 LDPC 码的译码算法与实现及其相关设计细节。考虑到 LDPC 码相对较长的应用历史，现有大量成熟的实现技术均作为较好的设计借鉴，应用到 5G 标准 LDPC 码的相关设计中。感兴趣的读者可以参考本章文献，获取更多相关细节。对于 LDPC 码译码算法有需求的读者，可以参阅文献 [27] 和 [28]。对于 LDPC 码译码实现常见技术有需求的读者，可以参阅文献 [29]~[31]，其中文献 [29] 可重点阅读。此外，对于想要阅读 LDPC 码译码算法与实现相关中文文献的读者，推荐阅读文献 [2] 和 [32]。后续章节将针对 5G 标准所涉及的另一种信道编码——极化码的算法和实现相关细节进行介绍。

参 考 文 献

[1] Kschischang F R, Frey B J, Loeliger H A. Factor graphs and the sum-product algorithm. IEEE Transactions on Information Theory, 2001, 47(2): 498-519.

[2] 钟志伟. 面向 5G 编译码的硬件设计研究. 南京: 东南大学, 2020.

[3] Darabiha A, Chan Carusone A, Kschischang F R. Power reduction techniques for LDPC decoders. IEEE Journal of Solid-State Circuits, 2008, 43(8): 1835-1845.

[4] Cui H X, Le K, Ghaffari F, et al. A decomposition mapping based quantized belief propagation decoding for 5G LDPC codes//Proceedings of IEEE International Symposium on Communications and Information Technologies, Ho Chi Minh City, 2019: 616-620.

[5] Stark M, Bauch G, Wang L, et al. Information bottleneck decoding of rate-compatible 5G-LDPC codes//Proceedings of IEEE International Conference on Communications, Dublin, 2020: 1-6.

[6] Stark M, Wang L F, Bauch G, et al. Decoding rate-compatible 5G-LDPC codes with coarse quantization using the information bottleneck method. IEEE Open Journal of the Communications Society, 2020, 1: 646-660.

[7] Lewandowsky J, Bauch G. Information-optimum LDPC decoders based on the information bottleneck method. IEEE Access, 2018, 6: 4054-4071.

[8] Kurkoski B M, Yamaguchi K, Kobayashi K. Noise thresholds for discrete LDPC decoding mappings//Proceedings of IEEE Global Telecommunications Conference, New Orleans, 2008: 1-5.

[9] Fossorier M P C, Mihaljevic M, Imai H. Reduced complexity iterative decoding of lowdensity parity check codes based on belief propagation. IEEE Transactions on Communications, 1999, 47(5): 673-680.

[10] Chen J H, Dholakia A, Eleftheriou E, et al. Reduced-complexity decoding of LDPC codes. IEEE Transactions on Communications, 2005, 53(8): 1288-1299.

[11] Kang P, Xie Y X, Yang L, et al. Enhanced quasi-maximum likelihood decoding based on 2D modified min-sum algorithm for 5G LDPC codes. IEEE Transactions on Communications, 2020, 68(11): 6669-6682.

[12] Fossorier M P C. Iterative reliability-based decoding of low-density parity check codes. IEEE Journal on Selected Areas in Communications, 2001, 19(5): 908-917.

[13] Varnica N, Fossorier M P, Kavcic A. Augmented belief propagation decoding of low-density parity check codes. IEEE Transactions on Communications, 2007, 55(7): 1308-1317.

[14] Scholl S, Schläfer P,Wehn N. Saturated min-sum decoding: An "afterburner" for LDPC decoder hardware//Proceedings of the 2016 Design, Automation & Test in Europe Conference & Exhibition, Dresden, 2016: 1219-1224.

[15] Cochachin F, Declercq D, Boutillon E, et al. Density evolution thresholds for noise-against-noise min-sum decoders//Proceedings of IEEE Annual International Symposium on Personal, Indoor, and Mobile Radio Communications (PIMRC), Montreal, 2017: 1-7.

[16] Le Trung K, Ghaffari F, Declercq D. An adaptation of min-sum decoder for 5G low-density parity-check codes//Proceedings of IEEE International Symposium on Circuits and Systems, Sapporo, 2019: 1-5.

[17] Liang C Y, Li M R, Lee H C, et al. Hardware-friendly LDPC decoding scheduling for 5G HARQ applications//Proceedings of IEEE International Conference on Acoustics, Speech and Signal Processing, Brighton, 2019: 1418-1422.

[18] Wang B B, Zhu Y, Kang J. Two effective scheduling schemes for layered belief propagation of 5G LDPC codes. IEEE Communications Letters, 2020, 24(8): 1683-1686.

[19] Cui H X, Ghaffari F, Le K, et al. Design of high-performance and area-efficient decoder for 5G LDPC codes. IEEE Transactions on Circuits and Systems: Regular Papers, 2020, 68(2): 879-891.

[20] Wu X N, Jiang M, Zhao C M. Decoding optimization for 5G LDPC codes by machine learning. IEEE Access, 2018, 6: 50179-50186.

[21] Qualcomm Incorporated. LDPC decoding with adjusted min-sum. 3GPP RAN #86-Bis. R1-1610140, Lisbon, 2016.

[22] Roth C, Cevrero A, Studer C, et al. Area, throughput, and energy-efficiency trade-offs in the VLSI implementation of LDPC decoders//Proceedings of IEEE International Symposium of Circuits and Systems, Rio de Janeiro, 2011: 1772-1775.

[23] Petrović V L, MarkovićMM, El Mezeni D M E, et al. Flexible high throughput QC-LDPC decoder with perfect pipeline conflicts resolution and efficient hardware utilization. IEEE Transactions on Circuits and Systems I: Regular Papers, 2020, 67(12): 5454-5467.

[24] Zhong Z W, Huang Y M, Zhang Z C, et al. A flexible and high parallel permutation network for 5G LDPC decoders. IEEE Transactions on Circuits and Systems II: Express Briefs, 2020, 67(12): 3018-3022.

[25] Sun K, Jiang M. A hybrid decoding algorithm for low-rate LDPC codes in 5G// Proceedings of IEEE International Conference on Wireless Communications and Signal Processing, Hangzhou, 2018: 1-5.

[26] Nadal J, Baghdadi A. Parallel and flexible 5G LDPC decoder architecture targeting FPGA. IEEE Transactions on Very Large Scale Integration Systems, 2021, 29(6): 1141-1151.

[27] Lin S, Costello D J. Error Control Coding. Scarborough: Prentice-Hall, 2001.

[28] Roberts M K, Anguraj P. A comparative review of recent advances in decoding algorithms for low-density parity-check (LDPC) codes and their applications. Archives of Computational Methods in Engineering, 2021, 28(4): 2225-2251.

[29] Wang Z F, Cui Z Q, Sha J. VLSI design for low-density parity-check code decoding. IEEE Circuits and Systems Magazine, 2011, 11(1): 52-69.

[30] Hailes P, Xu L, Maunder R G, et al. A survey of FPGA-based LDPC decoders. IEEE Communications Surveys and Tutorials, 2016, 18(2): 1098-1122.

[31] Shao S, Hailes P, Wang T Y, et al. Survey of Turbo, LDPC, and polar decoder ASIC implementations. IEEE Communications Surveys and Tutorials, 2019, 21(3): 2309-2333.

[32] 徐允昊. 数字通信系统中的低复杂度电路设计研究. 南京: 东南大学, 2020.

第 4 章 极化码概论与 5G 标准化

4.1 极化码简介

2008 年，土耳其学者 Arıkan 教授首次在文献 [1] 中提出了信道极化（channel polarization）的概念。2009 年，Arıkan 在文献 [2] 中进一步阐述了信道极化原理，并基于此提出了新的信道编码方式，称为极化码（polar code）。文献 [2] 还证明了极化码在二进制离散无记忆信道（binary-input discrete memoryless channel，B-DMC）下可以达到香农极限，是首个通过高效的编码、译码和构造算法获得达到香农极限的信道编码方案。极化码在 5G 通信中也具有重要意义，2016 年，在美国里诺召开的 3GPP RAN1 第 87 次会议中，极化码被选定为 eMBB 场景下控制信道的信道编码方案 [3]。除了无线通信以外，极化码也被考虑用于存储系统 [4-6]、深空通信 [7]、光通信 [8,9] 和传感器网络 [10] 等应用场景。

极化码是一种具有较低编译码复杂度的二元线性分组码，其编码过程可以用如下公式表示：

$$\boldsymbol{x}_1^N = \boldsymbol{u}_1^N \boldsymbol{G}_N \tag{4-1}$$

其中，$\boldsymbol{u}_1^N = (u_1, u_2, \cdots, u_N)$ 表示比特向量，该比特向量包括 K 个信息比特和 $N-K$ 个具有固定值的冻结比特；$\boldsymbol{x}_1^N = (x_1, x_2, \cdots, x_N)$ 表示编码后的码字；$\boldsymbol{G}_N$ 为生成矩阵，可以用式（4-2）表示：

$$\boldsymbol{G}_N = \boldsymbol{B}_N \boldsymbol{F}^{\otimes n} \tag{4-2}$$

其中，$\boldsymbol{B}_N$ 为比特翻转（bit reverse）矩阵，通过 $\boldsymbol{B}_N$ 后，可完成比特的重新排序：$u_i \rightarrow u_j$，其中 $j-1$ 的二进制表达是 $i-1$ 反序的二进制表达；$\boldsymbol{F}^{\otimes n}$ 是克罗内克幂（Kronecker power），满足 $\boldsymbol{F}^{\otimes n} = \begin{bmatrix} \boldsymbol{F}^{\otimes n-1} & 0 \\ \boldsymbol{F}^{\otimes n-1} & \boldsymbol{F}^{\otimes n-1} \end{bmatrix}$ 和 $\boldsymbol{F} = \boldsymbol{F}^{\otimes 1} = \begin{bmatrix} 1 & 0 \\ 1 & 1 \end{bmatrix}$。

此外，式（4-1）的编码过程还可以用异或运算来表示，图 4-1 展示了码长 $N=8$ 时的极化码编码过程，左半部分表示 $\boldsymbol{B}_N$ 使比特序号翻转，右半部分表示 $\boldsymbol{F}^{\otimes n}$ 可由异或-直通操作实现。

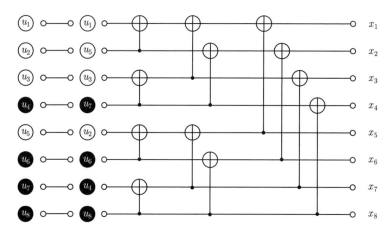

图 4-1 $N = 8$ 时极化码编码图

图中黑色圆圈表示信息比特，白色圆圈表示冻结比特

4.2 信 道 极 化

为了更好地描述信道极化的概念，这里先介绍评价 B-DMC 的两个基本参数：对称容量（symmetric capacity）$I(W)$ 和巴氏参数（Bhattacharyya parameter）$Z(W)$。$I(W)$ 用于衡量信道容量，即在保证可靠通信的前提下，W 能达到的最大信息速率；$Z(W)$ 用于衡量信道可靠性，即采用 ML 判决条件下的误码概率上限。$I(W)$ 和 $Z(W)$ 的定义式为

$$\begin{cases} I(W) \overset{\text{def}}{=} \sum_{y \in \mathcal{Y}} \sum_{x \in \mathcal{X}} \dfrac{1}{2} W(y|x) \log_2 \dfrac{W(y|x)}{\dfrac{1}{2}W(y|0) + \dfrac{1}{2}W(y|1)} \\ Z(W) \overset{\text{def}}{=} \sum_{y \in \mathcal{Y}} \sqrt{W(y|0)W(y|1)} \end{cases} \tag{4-3}$$

其中，$Z(W)$ 和 $I(W)$ 的取值范围均为 $[0,1]$。

极化码良好的纠错性能来源于信道极化现象。经过信道极化后，N 个独立的 B-DMC 信道 W 可以转化为一组极化信道：$\{W_N^{(i)} : 1 \leqslant i \leqslant N\}$。信道极化理论表明，当 N 趋向于无穷大时，极化信道的对称容量会趋向于 0 或者 1。信道极化可以分为两个阶段，即信道联合（channel combination）阶段和信道分裂（channel splitting）阶段。

4.2.1 信道联合

信道联合是将 N 个独立的 B-DMC 信道 W 通过递归，转换为 1 个联合信道 $W_N : \mathcal{X}^N \to \mathcal{Y}^N$，其中，$\mathcal{X}^N$ 是输入字符集，$\mathcal{Y}^N$ 是输出字符集，输入比特为

u_i，输出比特为 y_i。

信道联合的递归从第 0 层开始，在第 0 层，由于只有一个信道 W，有 $W_1 = W$。

在第 1 层，W_2 由两个独立复制的信道 W_1 联合组成，$W_2 : \mathcal{X}^2 \to \mathcal{Y}^2$ 可通过式（4-4）得到：

$$W_2(y_1, y_2|u_1, u_2) = W(y_1|u_1 \oplus u_2)W(y_2|u_2) \tag{4-4}$$

在第 2 层，W_4 由两个独立复制的信道 W_2 联合组成，$W_4 : \mathcal{X}^4 \to \mathcal{Y}^4$ 可通过式（4-5）得到：

$$W_4\left(y_1^4|u_1^4\right) = W_2\left(y_1^2|u_1 \oplus u_2, u_3 \oplus u_4\right) W_2\left(y_3^4|u_2, u_4\right) \tag{4-5}$$

一般地，每层递归都可以将两个独立复制的信道 $W_{N/2}$ 通过概率转移关系式（4-6）进行联合：

$$W_N(y_1^N|u_1^N) = W^N(y_1^N|u_1^N \boldsymbol{G}_N) \tag{4-6}$$

其中，$\boldsymbol{G}_N$ 是上述编码过程中提到的生成矩阵。

4.2.2 信道分裂

信道分裂将联合信道 W_N 重新分裂成 N 个二进制输入的相关信道 $W_N^{(i)}$：$\mathcal{X} \to \mathcal{Y}^N \times \mathcal{X}^{i-1} (1 \leqslant i \leqslant N)$。$W_N^{(i)}$ 的转移概率定义为

$$W_N^{(i)}\left(y_i^N, u_1^{i-1}|u_i\right) \overset{\text{def}}{=} \sum_{u_{i+1}^N \in \mathcal{X}^{N-i}} \frac{1}{2^{N-1}} W_N\left(y_1^N|u_1^N\right) \tag{4-7}$$

式（4-7）也可写成递归形式：

$$\begin{cases} W_{2N}^{(2i-1)}\left(y_1^{2N}, u_1^{2i-2}|u_{2i-1}\right) \\ \quad = \sum_{u_{2i}} \frac{1}{2} W_N^{(i)}\left(y_1^N, u_{1,o}^{2i-2} \oplus u_{1,e}^{2i-2}|u_{2i-1} \oplus u_{2i}\right) \cdot W_N^{(i)}\left(y_{N+1}^{2N}, u_{1,e}^{2i-2}|u_{2i}\right) \\ W_{2N}^{(2i)}\left(y_1^{2N}, u_1^{2i-1}|u_{2i}\right) \\ \quad = \frac{1}{2} W_N^{(i)}\left(y_1^N, u_{1,o}^{2i-2} \oplus u_{1,e}^{2i-2}|u_{2i-1} \oplus u_{2i}\right) \cdot W_N^{(i)}\left(y_{N+1}^{2N}, u_{1,e}^{2i-2}|u_{2i}\right) \end{cases} \tag{4-8}$$

其中，$u_{1,o}^{2i-2}$ 表示 u_1^{2i-2} 中下标为奇数的子集；$u_{1,e}^{2i-2}$ 表示 u_1^{2i-2} 中下标为偶数的子集。

文献 [2] 中的信道极化定理表明：对于任意 B-DMC 信道 W 经过信道极化形成的 $W_N^{(i)}$，当 N 趋向于无穷大时，其对称容量 $I(W_N^{(i)})$ 都会趋向于 1 或者 0。图 4-2 展示了对于二进制擦除信道，当 $N = 2048$、$K = 1024$、$\epsilon = 0.5$ 时的 $I(W_N^{(i)})$。其中 $I(W_N^{(i)})$ 可以通过式（4-9）来递归计算：

$$\begin{cases} I\left(W_N^{(2i-1)}\right) = I\left(W_{N/2}^{(i)}\right)^2 \\ I\left(W_N^{(2i)}\right) = 2I\left(W_{N/2}^{(i)}\right) - I\left(W_{N/2}^{(i)}\right)^2 \end{cases} \tag{4-9}$$

其中，$I(W_1^{(1)}) = 1 - \epsilon$。

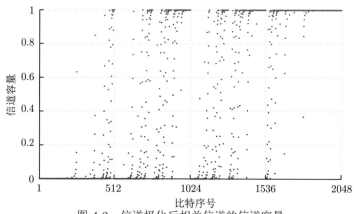

图 4-2　信道极化后相关信道的信道容量

4.3　极化码构造

极化码构造（construction）主要讨论信息比特的选取问题，即如何根据极化信道的信道容量，选取合适的信道传输信息比特，从而获得最佳的译码性能。极化码的构造方法有很多，目前的主流方法有巴氏参数构造、Tal-Vardy 构造、高斯近似构造，以及 β-扩展构造等，下面将一一介绍。

4.3.1　巴氏参数构造

在上文中已经提到，B-DMC 的巴氏参数可以用来表征信道的可靠性。对于极化信道 $W_N^{(i)}$，其巴氏参数 $Z\left(W_N^{(i)}\right)$ 可以通过式（4-10）递推计算 [2]：

$$\begin{cases} Z\left(W_{2N}^{(2i-1)}\right) = 2Z\left(W_N^{(i)}\right) - \left[Z\left(W_N^{(i)}\right)\right]^2 \\ Z\left(W_{2N}^{(2i)}\right) = \left[Z\left(W_N^{(i)}\right)\right]^2 \end{cases} \tag{4-10}$$

巴氏参数构造的核心思想是根据递推式（4-10）获得 $Z\left(W_N^{(i)}\right)$ 来估计信道的可靠性，选取可靠性高的信道传输信息比特：若信息位长度为 K，则选取 $Z(W)$ 最小的 K 个信道。但巴氏参数构造的缺点是适用范围很窄，只适用于二进制擦除信道。

4.3.2　Tal-Vardy 构造

Tal-Vardy 构造首次在文献 [11] 中被提出，其核心思想是"降维"：通过合并输出符号 y 来减少输出样本集 $\mathcal{Y}$ 的规模。

对于 AWGN 信道，由于其噪声是高斯白噪声，故 $\mathcal{Y}$ 是全体实数域，因而需要对信道进行离散化处理，从而获得有限维度的样本空间 $\mathcal{Y}$，具体离散化方法可参阅文献 [12] 中的 `discretizeAWGN()` 部分。

对有限维度的样本空间 $\mathcal{Y}$ 内的元素进行排序，使其满足式（4-11）：

$$1 < \mathrm{LR}(y_i) < \mathrm{LR}(y_{i+1}), \quad 1 \leqslant i \leqslant |\mathcal{Y}|^N \times 2^{i-2} - 1 \tag{4-11}$$

其中，$\mathrm{LR}(y_i)$ 是输出符号 y_i 对应的似然比，定义为

$$\mathrm{LR}(y_i) = \frac{W(y_i|0)}{W(\overline{y}_i|0)} \tag{4-12}$$

$\overline{y}_i$ 是输出符号 y_i 的共轭，满足 $W(y_i|1) = W(\overline{y}_i|0)$。

假设有限维度的输出字符集 $\mathcal{Y}$ 的规模不超过 μ，Tal-Vardy 构造算法过程如下：

（1）初始化 $W_1^{(1)} = W$。

（2）递推计算 $\left(W_N^{(i)}, W_N^{(i)}\right) \rightarrow \left(W_{2N}^{(2i-1)}, W_{2N}^{(2i)}\right)$，直到码长达到要求。

（3）若 $\mathcal{Y}$ 的规模超过 μ，则合并相邻位置符号对 (y_i, y_j)，使得互信息量减少量 ΔI 最小，即删除 y_i 和 y_j，插入满足式（4-13）的合并符号 $y_{(i,j)}$，且满足

$$\mathrm{LR}(y_{(i,j)}) = \frac{W(y_i|0) + W(y_j|0)}{W(\overline{y}_i|0) + W(\overline{y}_j|0)} \tag{4-13}$$

用同样的方法删除 $\overline{y}_i$ 和 $\overline{y}_j$，插入合并后符号 $\overline{y}_{(i,j)}$。这样，符号总数比原先少 2 个。

（4）若信息位长度为 K，则对所有 $W_N^{(i)}$，根据式（4-14）选取错误概率 $P_{\mathrm{e}}\left(W_N^{(i)}\right)$ 最小的 K 个信道。

$$P_{\mathrm{e}}\left(W_N^{(i)}\right) = \frac{1}{2} \sum_{y \in \mathcal{Y}} \min\left\{W_N^{(i)}\left(y_1^N, u_1^{i-1}|0\right), W_N^{(i)}\left(y_1^N, u_1^{i-1}|1\right)\right\} \tag{4-14}$$

Tal-Vardy 构造是最严谨的极化码构造方法，适用于任意对称信道，但是其复杂度非常高。对于 AWGN 信道，首先需对输出空间进行离散化处理，然后将输出空间的样本规模降至 μ，构造复杂度可达 $\mathcal{O}(\mu N^2 \log_2 \mu)$。因此 Tal-Vardy 构造不适用于灵活的软件极化码编译码。

4.3.3 高斯近似构造

高斯近似（Gaussian approximation, GA）构造 [13] 是目前很多文献仿真中所

使用的构造方法，其核心思想是利用 AWGN 信道中"比特 LLR 的方差是均值的 2 倍"这一假设，获得各信道输出的 LLR 均值，能够在对纠错性能几乎没有影响的前提下衡量各信道的可靠性，且降低构造复杂度。

假设对于 $1 \leqslant i \leqslant N$，传输比特 $u_i = 0$，码字 $x_i = 0$，经 BPSK 调制得到 BPSK 符号 $s_i = 1 - 2x_i$，即全 1 序列，通过 AWGN 信道得到接收的 BPSK 符号 $y_i = 1 + n_i (1 \leqslant i \leqslant N)$，其中噪声 n_i 服从高斯分布 $\mathcal{N}(0, \sigma^2)$，因此 y_i 服从高斯分布 $\mathcal{N}(1, \sigma^2)$，因而第 i 个 LLR 的 λ_i 计算式：

$$\lambda_i = \ln \frac{W(y_i|0)}{W(y_i|1)} = \ln \frac{\dfrac{1}{\sqrt{2\pi}} e^{-(y_i-1)^2/(2\sigma^2)}}{\dfrac{1}{\sqrt{2\pi}} e^{-(y_i+1)^2/(2\sigma^2)}} = \frac{2y_i}{\sigma^2} \tag{4-15}$$

由 y_i 服从高斯分布 $\mathcal{N}(1, \sigma^2)$，得 λ_i 服从 $\mathcal{N}\left(\dfrac{2}{\sigma^2}, \dfrac{4}{\sigma^2}\right)$，这里 λ_i 的方差是均值的 2 倍。

λ 的递推式如式（4-16）所示：

$$\begin{cases} \lambda_{2N}^{(2i-1)}\left(y_1^{2N}, u_1^{2i-2}\right) \\ \quad = 2\mathrm{artanh}\left(\tanh \dfrac{\lambda_N^{(i)}\left(y_1^N, u_{1,o}^{2i-2} \oplus u_{1,e}^{2i-2}\right)}{2} \tanh \dfrac{\lambda_N^{(i)}\left(y_{N+1}^{2N}, u_{1,e}^{2i-2}\right)}{2}\right) \\ \lambda_{2N}^{(2i)}\left(y_1^{2N}, u_1^{2i-2}\right) = \lambda_N^{(i)}\left(y_1^N, u_{1,o}^{2i-2} \oplus u_{1,e}^{2i-2}\right) + \lambda_N^{(i)}\left(y_{N+1}^{2N}, u_{1,e}^{2i-2}\right) \end{cases} \tag{4-16}$$

由于方差是均值的 2 倍，且 $\lambda_N^{(i)}\left(y_1^N, u_{1,o}^{2i-2} \oplus u_{1,e}^{2i-2}\right)$ 和 $\lambda_N^{(i)}\left(y_{N+1}^{2N}, u_{1,e}^{2i-2}\right)$ 独立同分布，可以把式（4-16）写成均值的形式：

$$\begin{cases} E\left(\lambda_{2N}^{(2i-1)}\left(y_1^{2N}, u_1^{2i-2}\right)\right) = \phi^{-1}\left(1 - \left[1 - \phi\left(E\left(\lambda_N^{(i)}\left(y_1^N, u_{1,o}^{2i-2} \oplus u_{1,e}^{2i-2}\right)\right)\right)\right]^2\right) \\ E\left(\lambda_{2N}^{(2i)}\left(y_1^{2N}, u_1^{2i-2}\right)\right) = 2E\left(\lambda_N^{(i)}\left(y_1^N, u_{1,o}^{2i-2} \oplus u_{1,e}^{2i-2}\right)\right) \end{cases} \tag{4-17}$$

其中，函数 $\phi(t)$ 是 $(0, +\infty)$ 的单调递减函数，定义为

$$\phi(t) = \begin{cases} 1 - \displaystyle\int_{-\infty}^{\infty} \frac{1}{\sqrt{4\pi t}} \tanh\left(\frac{\alpha}{2}\right) e^{-\frac{(\alpha-t)^2}{4t}} d\alpha, & t > 0 \\ 1, & t = 0 \end{cases} \tag{4-18}$$

$\phi(t)$ 还可近似写成：

$$\phi(t) = \begin{cases} \mathrm{e}^{0.0116t^2 - 0.4212t}, & 0 < t \leqslant 7.0633 \\ \mathrm{e}^{-0.2944t - 0.3169}, & t > 7.0633 \end{cases} \tag{4-19}$$

若信息位长度为 K，则取最大的前 K 个均值对应的信道作为信息位。相比于其他构造方法，GA 构造能够较好地应用于 AWGN 信道，且可以在 AWGN 信道中获得性能和复杂度良好的折中。对于长码情况，可以采用对 $\phi(t)$ 更精确的分段近似方案 [14]，以获得更好的极化码纠错性能。

4.3.4 β-扩展构造

在上述极化码的构造方法中，巴氏参数法最为简单高效，但仅适用于二进制擦除信道（binary erasure channel，BEC）信道，无法在 5G 标准通信系统中的 AWGN 信道条件下使用。Tal-Vardy 构造和 GA 构造的方法虽然普遍适用于 AWGN 信道，但是面临着构造复杂度较高的问题。因此，学术界和工业界一直致力于寻找在 AWGN 信道下的高效构造方法。β-扩展构造 [15] 是一种基于通用部分序列（universal partial oder，UPO）[16,17] 和极化权重（polarization weight，PW）[18] 算法的极化码构造方法。通过选择合适的 β 值，β-扩展构造可以获得与 GA 构造相近的译码性能，并且其构造方法非常简单高效。对于一个码长为 N 的极化码，其 β-扩展构造的具体步骤如下所示。

（1）确定 β 值大小，通常可以采用文献 [18] 中建议的 β 值，即 $\beta = 2^{1/4}$；

（2）对于每一个极化信道的 index，计算其二进制展开形式：$B_{\mathrm{index}} = (b_{n-1}, \cdots, b_1, b_0)$；

（3）对于每一个二进制展开式 B_{index}，计算其 PW 值：$w_{\mathrm{index}} = \sum_{i=1}^{n} b_i \beta^i$；

（4）对所有 N 个 PW 值进行排序，极化信道的 PW 值越大，表明其可靠性越强。

需要注意的是，β 值的选取并不总是固定不变的，通常需要根据码长选择，以获得最佳的构造性能。β-扩展构造是极化码在 5G 标准化进程中的主流构造方案，感兴趣的读者可以参阅文献 [15]，获取更多细节。

此外，还可借助蒙特卡罗仿真对随机产生多种信息位的选取方案进行多次译码测试，得到统计意义下纠错性能最好的构造方法；基于人工智能辅助的构造方法，如遗传算法构造 [19] 和强化学习构造 [20]，有兴趣的读者可阅读相应文献。

4.4 5G 标准极化码编码

极化码在 3GPP RAN1 第 87 次会议 [3] 中被确定为 eMBB 场景下控制信道的编码方案，在 3GPP RAN1 第 88 次会议 [21] 中确立了编码架构。与此同时，在 3GPP Release-15 [22] 中，确立了极化码发送端的大部分设计方案。本节的目的是针对基于 5G 标准的极化码编码设计方案，给读者提供一个直截了当和简明的指导。

本节的安排如下：首先对所需符号和概念进行说明，然后针对 5G 标准的编码流程进行阐述。

4.4.1 符号与概念

因为 5G 编码涉及变量较多,本节对符号与概念进行简要说明,方便读者查阅。

1. 上行信道

（1）物理上行共享信道（physical uplink shared channel，PUSCH）。PUSCH 的目的是携带应用数据,但也携带无线电资源控制 (radio resource control, RRC) 信息和上行控制信息（uplink control information， UCI）。

（2）物理上行控制信道（physical uplink control channel，PUCCH）。PUCCH 用于携带 UCI,其中包括调度请求、信道质量指示 (channel quality indicator,CQI) 信息和 HARQ 信息。

2. 下行信道

（1）物理广播信道（physical broadcast channel，PBCH）。PBCH 会携带部分必需的系统信息用于连接用户设备和基站。

（2）物理下行控制信道（physical downlink control channel，PDCCH）。PDCCH 主要用于传递下行控制信息（downlink control information，DCI）。

此外，表 4-1 给出了一些标志符号和其对应的含义。表 4-2 和表 4-3 分别总结了上述变量在上下行信道条件下的不同取值。

表 4-1 标志符号说明

符号	I_{seg}	I_{IL}	I_{CIL}
含义	码块分割标志	比特交织标志	信道交织标志
符号	G_{max}	G_{min}	A_{min}
含义	最大负载长度	最小负载长度	最小消息长度
符号	A_{max}	L_{CRC}	n_{PC}
含义	最大消息长度	CRC 码长度	奇偶校验比特长度

表 4-2 上行信道变量取值 [23]

符号	PUCCH/PUSCH			
	$A \geqslant 20$		$12 \leqslant A \leqslant 19$	
	$(A \geqslant 1013) \vee$ $(A \leqslant 360 \wedge G \geqslant 1088)$	$(A \leqslant 360) \vee$ $(A < 1013 \wedge G < 1088)$	$E - A \leqslant 175$	$E - A > 175$
I_{IL}	0			
I_{CIL}	1			
I_{seg}	1	0		
$G_{\max}$	16384	8192		
$G_{\min}$	31		18	
$A_{\max}$	1706			
$A_{\min}$	12			
L_{CRC}	11		6	
n_{PC}	0		3	

表 4-3 下行信道变量取值 [23]

符号	I_{IL}	I_{CIL}	I_{seg}	$G_{\max}$	$G_{\min}$	$A_{\max}$	$A_{\min}$	L_{CRC}	n_{PC}
PDCCH	1	0	0	8192	25	140	1	24	0
PBCH				864	864	32	32		

4.4.2 5G 极化码编码流程

5G eMBB 场景下极化编码基本流程如图 4-3 所示，更多细节请见文献 [23]，其中小写字母表示对应的输出向量，大写字母表示对应的码长。虚线白底方框表示的流程仅在下行信道被激活，虚线灰底方框表示的流程仅在上行信道被激活，而实线白底方框表示的流程在两种信道条件下都会被激活。

图 4-3 所展示每一个流程都有着其相应的作用。其中，码块分割操作将长码进行分割来降低复杂性。循环冗余校验（cyclic redundancy check，CRC）编码器通过添加 CRC 码来提升纠错性能。比特交织器将对应添加的 CRC 位分散在信息位中，使得能够通过早停来降低在 PDCCH 盲译码情况下的复杂度。子块交织操作提升了极化码的纠错性能，循环缓冲操作能够使得极化码达到特定的码率。而信道交织操作能够减少译码时突发错误的影响。

接下来的部分，会针对图 4-3 所示的每一个流程进行详细的解释与说明。

1. 码块分割

当编码和译码较长的码块时，码块分割会将长码块进行分割后分别编码和译码，以此来降低译码复杂度。分割操作由标志 I_{seg} 来控制，并且它只会在传递上行信道 PUCCH 和 PUSCH 对应的 UCI 时被激活（$I_{\mathrm{seg}} = 1$），而在下行信道 PBCH 以及 PDCCH 中不会被激活（$I_{\mathrm{seg}} = 0$）。

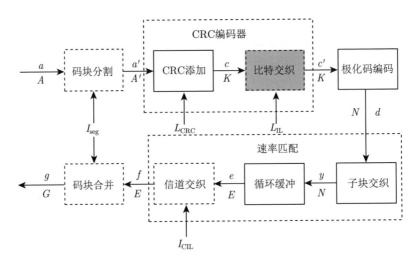

图 4-3 5G eMBB 场景下极化码编码的基本流程

更为具体地说,当消息长度 A 和负载长度 G 满足 $(A \geqslant 1013) \vee (A \geqslant 360 \wedge G \geqslant 1088)$ 时,码块分割的操作被激活。若消息长度 A 是偶数,码块被分为长度均为 A' 的两部分。若消息长度 A 是奇数,第一个被分割的包含前 $A'(= A/2)$ 码块的开头会被添加一个 0 比特。因此相应的码长 E 也会由原来的 $E = G$ 变为 $E = \lceil G/2 \rceil$。

2. CRC 编码器

3GPP 关于复用和信道编码标准 [22] 的子条款 5.1 详细定义了 CRC 码的计算和添加规则。添加 CRC 比特位的目的是让极化码译码器具有更好的纠错性能。在 5G 标准下,L_{CRC} 长度的 CRC 码被添加在长度为 A' 的码字序列中,其中可能使用的 CRC 码生成多项式如下:

$$\begin{cases} g_6(x) = x^6 + x^5 + 1 \\ g_{11}(x) = x^{11} + x^{10} + x^9 + x^5 + 1 \\ g_{24}(x) = x^{24} + x^{23} + x^{21} + x^{20} + x^{17} + x^{15} + x^{13} + x^{12} + x^8 + x^4 + x^2 + x \end{cases}$$

$$(4\text{-}20)$$

对于 PUCCH,当 $A \in [12, 19]$ 时,$L_{\text{CRC}} = 6$,生成多项式为 $g_6(x)$;当 $A \in [20, 1706]$ 时,$L_{\text{CRC}} = 11$,生成多项式为 $g_{11}(x)$。对于 PDCCH 和 PBCH 下的所有消息长度 A,$L_{\text{CRC}} = 24$,生成多项式为 $g_{24}(x)$。添加 CRC 码之后,原有的码长补充 L_{CRC} 位后增加至 K 位。

针对下行信道中的 PBCH 和 PDCCH,在 CRC 码被添加进母码之前,还需要进行交织操作。交织操作的激活取决于标志 I_{IL},具体的激活条件可以参考表 4-3 。进行交织操作的目的是当错误的 CRC 检测出现时,能够通过早停译码方式来减少译码复杂度。早停译码方式对于 PDCCH 中的盲译码过程至关重要，因为这能够减少移动设备的计算负担。然而对于上行信道而言，由于其基站有着更强大的计算能力，所以交织操作是不必要的。

其中下行信道最大的消息长度 $A_{\max} = 140$，与之对应的是 $L_{\mathrm{CRC}} = 24$ 的 CRC 码生成器，所以最大的交织比特长度为 $K_{\mathrm{IL}} = 164$。具体的交织算法可以参考标准 [23] 中的子条款 5.3.1.1.1，而交织表由该标准中的表格 5.3.1.1-1 给出。

3. 极化码编码

极化码编码之前，要将 K 位信息位（包含 CRC 位）根据信道极化状况映射到 N 位中，并针对部分信道添加 n_{PC} 位的奇偶校验（parity check, PC）码。因此，在编码之前涉及三个问题：一是 N 的选择，二是信息位的选取，三是 PC 比特位的添加（仅针对上行信道，$A \in [12, 19]$ 的情况）。

1）N 的选择

N 由消息长度 A 和码率 R 同时确定，$N = 2^n$ 中 n 的选取如式（4-21）决定：

$$n = \max(\min(n_1, n_2, n_{\max}), n_{\min}) \tag{4-21}$$

其中，$n_{\max}$ 和 $n_{\min}$ 是分别对应母码长的上下界限，对于下行控制信道，$n_{\max} = 9, n_{\min} = 5$，对于上行控制信道，$n_{\max} = 10, n_{\min} = 5$。其中 n_2 的选取基于编码器允许的最小码率，而在 5G 标准中定义码率 $R = A/E$ 的最小值 $R_{\min} = 1/8$，因此 $n_2 = \lceil \log_2(8K) \rceil$。$n_1$ 的选取基于之后速率匹配的方案，通常情况下取 $n_1 = \lceil \log_2(E) \rceil$，即 n_1 是使得 2^{n_1} 大于 E 的最小正整数。

然而，为了避免 2^{n_1} 远大于 E，5G 标准中提出了一种修正措施，公式如下：

$$n_1 = \begin{cases} \lfloor \log_2(E) \rfloor, & \log_2(E) < 0.17 \text{且} R < 9/16 \\ \lceil \log_2(E) \rceil, & \text{其他} \end{cases} \tag{4-22}$$

2）信息位的选取

对于任意的信息位长度和码率组合，5G 标准给出了统一的信息位分布情况。该方法所用到的极化码权重表可参考标准 [23] 表 5.3.1.2-1 中 $N_{\max} = 1024$ 的极化码权重序列 $Q_0^{N_{\max}-1}$。5G 标准下不同码长的极化码权重序列 Q_0^{N-1} 都是 $Q_0^{N_{\max}-1}$ 的一个子集。极化码编码器直接读取该表，将 $K + n_{\mathrm{PC}}$ 位的比特位和校验位分布在极化权重高的位置，序号集合记为 $\mathcal{A}$。

选取过程可以具体分为以下三个步骤：

（1）设 $\mathcal{A}$ 中具有最小行重的个数为 $n_{\mathcal{A}}$，将 n_{PC} 中 $n_{\mathcal{A}}$ 放置在 $\mathcal{A}$ 中具有最小行重的序号中。

（2）n_{PC} 中余下的 $n_{\mathrm{PC}}-n_{\mathcal{A}}$ 位放置在 $\mathcal{A}$ 中可靠性最低的序号中，若 $n_{\mathcal{A}} \geqslant n_{\mathrm{PC}}$，则将 n_{PC} 位放置在具有最小行重中可靠性最高的 n_{PC} 个序号中。

（3）其余 K 位放置在剩余位置。

该选取方法仅适用于短码场景，对于长码场景，需要准确率更高的信息位选取方法。因此在本书中，长码场景下依旧使用的是高斯近似法。

3）PC 比特位的添加

需要特别注意的是，PC 比特位的添加操作只会对于上行信道在 $\mathcal{A} \in [12,19]$ 时被激活。$n_{\mathrm{PC}}=3$ 的 PC 比特序列为通过一个长度为 5、初值为 0 的循环移位寄存器计算得到。每个 PC 位由分配给前面子信道的消息位（模 5 得到）的异或结果决定，其中不包括先前计算的奇偶校验位。总体来说，对于一个 PC 比特位 u_i，其中 $i \in Q_{\mathrm{PC}}^N$ 计算公式如下：

$$u_i = \bigoplus_{j=\lfloor i_{\mathrm{PC}}/5 \rfloor}^{q-1} u_{5j+p} \tag{4-23}$$

当上述操作完成后，长度为 N 的输入比特向量 $\boldsymbol{u} = [u_0,\cdots,u_{N-1}]$ 被送入极化码编码器进行编码，具体的编码步骤与 4.1 节中的传统极化码编码方式相同。

4. 速率匹配

1）子块交织

在 3GPP 提出的 5G 标准中，速率匹配操作可以分为三个子操作：子块交织、循环缓冲和信道交织。其中第一个操作是子块交织。长度为 N 的编码后的比特序列 $\boldsymbol{d} = [d_0,\cdots,d_{N-1}]$ 被放入交织器中，得到长度仍为 N 的输出序列 $\boldsymbol{y} = [y_0,\cdots,y_{N-1}]$。

子块交织操作的目的是对编码完成的比特进行重新排序，确保在极化码中纠错能力最强的比特在接下来的循环缓冲操作中被保留下来。交织器将 N 位编码后的比特序列 $\boldsymbol{d}$ 分为 32 个子块，每一个子块的长度为 $B = N/32$。这些子块通过标准 [22] 中表 5.4.1-1 特定的交织模式进行重新排序，交织过程如图 4-4 所示。

2）循环缓冲

速率匹配的第二步操作为循环缓冲，具体算法可参考标准 [23] 中的子条款 5.4.1.2。该步骤的目的是将之前子块交织操作得到的输出序列 $\boldsymbol{y} = [y_0,\cdots,y_{N-1}]$ 的长度从 N 变为 E，从而达到相应的码率要求。

具体的操作方式有下列三种：

（1）凿孔模式：若 $E \leqslant N$ 且 $R \leqslant \dfrac{7}{16}$，母码会进行凿孔操作，选择 $\boldsymbol{d}$ 序列中 $N - M$ 到 $N - 1$ 位进行传输。

（2）缩短模式：若 $E \leqslant N$ 且 $R > \dfrac{7}{16}$，母码会进行缩短操作，选择 d 序列中 0 到 $M-1$ 位进行传输。

（3）重复传输模式：若 $E > N$，母码会进行重复传输操作，先进行 0 到 $N-1$ 位的传输，然后进行 N 到 $M-1$ 位的传输，该模式适用于 $N < M$ 的情况。

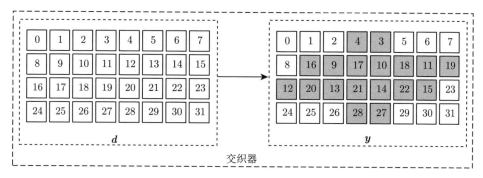

图 4-4　子块交织过程

具体的循环缓冲设计图如图 4-5 所示。需要特别注意的是，凿孔和缩短两种模式都是使得 d 中的 $N-M$ 位不予传输，但是两种有很大区别：对于凿孔模式而言，不传输的比特对于接收端是未知的，在译码时，相应的 LLR 置 0，而对于缩短模式而言，不传输的比特对于接收端是已知的，在译码时，相应的 LLR 置 $+\infty$。

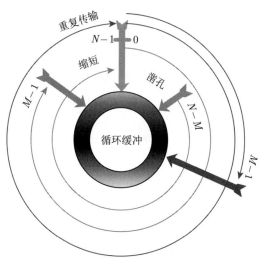

图 4-5　5G eMBB 场景下控制信道极化码速率匹配中的循环缓冲操作 [24]

3）信道交织

速率匹配的最后一步操作为信道交织，具体可参考标准 [22] 中的子条款 5.4.1.3。在 3GPP 会议提案中规定 [25]，信道交织操作仅仅针对 PUCCH($I_{\text{BIL}} = 1$)，而不会对 PDCCH 以及 PBCH($I_{\text{BIL}} = 0$) 生效。进行信道交织的目的是：当针对在衰落信道上进行的 PUCCH 传输采用更高阶的调制方案时，能够提升极化码的纠错能力 [26-28]。信道交织器由长度为 T 比特的等腰三角形构成，其中 T 是使得 $\dfrac{T(T+1)}{2} \geqslant E$ 的最小正整数 [27,28]，因此 $T = \left\lceil \dfrac{\sqrt{8E+1}-1}{2} \right\rceil$。它的输入比特序列是之前通过速率匹配得到的长度为 E 的比特序列 $\boldsymbol{e} = [e_0, \cdots, e_{E-1}]$，得到相应的输出序列 $\boldsymbol{f} = [f_0, \cdots, f_{E-1}]$。交织操作通过将 $\boldsymbol{e}$ 序列逐行写入三角形，并写入足够数量的 NULL 值位来填充空余位置，然后通过逐列读取三角形交织器每一列中的比特并跳过 NULL 值位 [27]，得到输出序列 $\boldsymbol{f}$。

5. 码块合并

码块合并是与码块分割对应的逆操作，它仅当在 PUCCH 信道中对应码块被分为 2 块进行编译码时被激活。两段长度均为 E 的码块被合并形成一个长度为 G 的单独码块。若 $G = 2E + 1$，则会在第二个码块的末尾添加一位 0 比特。

4.5　本章小结

本章主要介绍了极化码的相关背景和常见构造方式，并在此基础上给出了符合 5G 标准的构造步骤和相关细节。对于极化码，如何选择合理的译码算法、合理平衡译码性能和实现代价是研究者需要面对和解决的问题。第 5 章将介绍极化码译码算法的第一大类——SC 大类译码算法。

参 考 文 献

[1] Arıkan E. Channel polarization: A method for constructing capacity-achieving codes// Proceedings of IEEE International Symposium on Information Theory, Toronto, 2008: 1173-1177.

[2] Arıkan E. Channel polarization: A method for constructing capacity-achieving codes for symmetric binary-input memoryless channels. IEEE Transactions on Information Theory, 2009, 55(7): 3051-3073.

[3] 3GPP. Chairman's notes of agenda item 7.1.5 channel coding and modulation. 3GPP RAN1 #87, R1-1613710, Reno, 2016.

[4] Song H C, Zhang C, Zhang S Q, et al. Polar code-based error correction code scheme for NAND flash memory applications//Proceedings of International Conference on Wireless Communications & Signal Processing, Yangzhou, 2016: 1-5.

[5]   Song H C, Fu J C, Zeng S J, et al. Polar-coded forward error correction for MLC NAND flash memory. Science China Information Sciences, 2018, 61(10): 1-16.

[6]   En Gad E, Li Y, Kliewer J, et al. Asymmetric error correction and flash-memory rewriting using polar codes. IEEE Transactions on Information Theory, 2016, 62(7): 4024-4038.

[7]   Liang H, Liu A J, Tong X H, et al. Raptor-like rateless spinal codes using outer systematic polar codes for reliable deep space communications//Proceedings of IEEE Conference on Computer Communications Workshops, Toronto, 2020: 1045-1050.

[8]   Koike-Akino T, Cao C Z, Wang Y, et al. Irregular polar coding for complexity-constrained lightwave systems. IEEE/OSA Journal of Lightwave Technology, 2018, 36(11): 2248-2258.

[9]   Wang H, Kim S. Design of polar codes for run-length limited codes in visible light communications. IEEE Photonics Technology Letters, 2019, 31(1): 27-30.

[10] Li L P, Wang Q, Hu Y J, et al. Energy consumption of polar codes for wireless sensor networks// Proceedings of International Wireless Internet Conference, Tianjin, 2017: 140-149.

[11] Tal I,Vardy A. How to construct polar codes. IEEE Transactions on Information Theory, 2013, 59(10): 6562-6582.

[12] Vangala H, Viterbo E, Hong Y. A comparative study of polar code constructions for the AWGN channel. ArXiv preprint arXiv:1501.02473, 2015.

[13] Trifonov P. Efficient design and decoding of polar codes. IEEE Transactions on Communications, 2012, 60(11): 3221-3227.

[14] Dai J C, Niu K, Si Z W, et al. Does Gaussian approximation work well for the long-length polar code construction? IEEE Access, 2017, 5: 7950-7963.

[15] He G H, Belfiore J C, Land I, et al. Beta-expansion: A theoretical framework for fast and recursive construction of polar codes//Proceedings of IEEE Global Communications Conference, Singapore, 2017: 1-6.

[16] Schürch C. A partial order for the synthesized channels of a polar code//Proceedings of IEEE International Symposium on Information Theory, Barcelona, 2016: 220-224.

[17] Mondelli M, Hassani S H, Urbanke R L. Construction of polar codes with sublinear complexity. IEEE Transactions on Information Theory, 2019, 65(5): 2782-2791.

[18] Huawei H. Polar code design and rate matching. 3GPP RAN1 # 86, R1-167209, 2016: 22-26.

[19] Elkelesh A, Ebada M, Cammerer S, et al. Decoder-tailored polar code design using the genetic algorithm. IEEE Transactions on Communications, 2019, 67(7): 4521-4534.

[20] Huang L C, Zhang H Z, Li R, et al. Reinforcement learning for nested polar code construction// Proceedings of IEEE Global Communications Conference, Waikoloa, 2019: 1-6.

[21] 3GPP. Final Minutes from RAN1 #88 (Athens' meeting). 3GPP RAN #88-Bis, R1-1704172, Spokance, 2017.

[22] 3GPP. NR; Multiplexing and channel coding. 3rd Generation Partnership Project (3GPP). https://portal.3gpp.org/desktopmodules/Specifications/SpecificationDetails. aspx?specificationId=3214.[2021-08-24]

[23] Bioglio V, Condo C, Land I. Design of polar codes in 5G new radio. IEEE Communications Surveys and Tutorials, 2021, 23(1): 29-40.

[24] 申怡飞. 面向 5G 的高效极化码算法与低延时实现研究. 南京: 东南大学, 2018.

[25] 3GPP. Further discussion on channel interleaver for polar codes of UCI. 3GPP TSG RAN WG1 Meeting 91, R1-1719612, 2017.

[26] Hui D, Sandberg S, Blankenship Y, et al. Channel coding in 5G new radio: A tutorial overview and performance comparison with 4G LTE. IEEE Vehicular Technology Magazine, 2018, 13(4): 60-69.

[27] 3GPP. Interleaver design for polar codes. 3GPP TSG RAN WG1 Meeting 89, R1-1708649, 2017.

[28] 3GPP. Channel interleaver for polar codes. 3GPP TSG RAN WG1 Meeting 90, R1-1712649, 2017.

第 5 章　SC 大类译码算法介绍

常见的极化码译码算法包括两大类: 串行抵消 (successive cancellation, SC) 大类译码算法和置信度传播 (belief propagation, BP) 大类译码算法。本章将重点介绍 SC 大类译码算法。

通常, SC 大类译码算法包括 SC 译码算法、串行抵消列表 (SC list, SCL) 译码算法、串行抵消栈 (SC stack, SCS) 译码算法、串行抵消堆 (SC heap, SCH) 译码算法、串行抵消翻转 (SC flip, SCF) 译码算法等。该大类算法的优化目标为: 基于给定的搜索树, 完成根节点 (root node) 到叶节点 (leaf node) 的唯一正确路径 (即正确的候选码字) 查找。因此, 此大类算法的内核是具有内生串行机制的 SC 译码算法。在此基础上, 为了平衡译码性能和存储查找的复杂度, 基于并行存储、栈存储、堆存储等不同存储排序机制, 分别形成了 SCL 译码算法、SCS 译码算法、SCH 译码算法等。而基于 CRC 和翻转 (flip) 等动态机制, CA-SCL (CRC-aided SCL) 译码算法、自适应 SCL 译码算法、SCF 译码算法等改进算法被提出。上述算法之间的关系如图 5-1 所示。

图 5-1　本章涉及的 SC 大类译码算法

5.1　SC 译码算法及其简化

SC 译码算法是极化码译码的基本算法, 是 SC 大类其他译码算法的基础。本节将首先介绍 SC 译码算法, 然后在此基础上介绍其复杂度简化的版本, 包括简化版 SC (simplified SC, SSC) 译码算法和 Fast-SSC 译码算法。

5.1.1　SC 译码算法

当码长 N 趋于无穷时, 采用 SC 译码算法可以在理论上使极化码对于二进制输入离散无记忆信道达到信道容量, 具有理想的纠错性能。此外, SC 译码的计算复杂度低, 仅为 $\mathcal{O}(N \log_2 N)$。

考虑一个仅包括信道编译码模块的简单通信系统，在接收端，SC 译码器首先接收到信道输出信号 y_1^N，并且已知冻结位集合 $\mathcal{A}_c$，然后开始串行译码。对于冻结比特 $u_i, i \in \mathcal{A}_c$，由于 u_i 是已知的，SC 译码器使用 u_i 作为判决结果。对于信息比特 $u_i, i \in \mathcal{A}$，SC 译码器根据式（5-1）计算其 LR 值：

$$L_N^{(i)}(y_1^N, \hat{u}_1^{i-1}) \stackrel{\text{def}}{=} \frac{\Pr(y_1^N, \hat{u}_1^{i-1} \mid 0)}{\Pr(y_1^N, \hat{u}_1^{i-1} \mid 1)} \tag{5-1}$$

并且给出如下判决结果：

$$\hat{u}_i = \begin{cases} 0, & L_N^{(i)}(y_1^N, \hat{u}_1^{i-1}) \geqslant 1 \\ 1, & \text{其他} \end{cases} \tag{5-2}$$

式（5-1）可以通过如下公式递推计算：

$$\begin{cases} L_N^{(2i-1)}(y_1^N, \hat{u}_1^{2i-2}) = \dfrac{L_{N/2}^{(i)}(y_1^{N/2}, \hat{u}_{1,o}^{2i-2} \oplus \hat{u}_{1,e}^{2i-2}) L_{N/2}^{(i)}(y_{N/2+1}^N, \hat{u}_{1,e}^{2i-2}) + 1}{L_{N/2}^{(i)}(y_1^{N/2}, \hat{u}_{1,o}^{2i-2} \oplus \hat{u}_{1,e}^{2i-2}) + L_{N/2}^{(i)}(y_{N/2+1}^N \hat{u}_{1,e}^{2i-2})}, \\ L_N^{(2i)}(y_1^N, \hat{u}_1^{2i-1}) = [L_{N/2}^{(i)}(y_1^{N/2}, \hat{u}_{1,o}^{2i-2} \oplus \hat{u}_{1,e}^{2i-2})]^{1-2\hat{u}_{2i-1}} L_N/2^{(i)}(y_{N/2+1}^N, \hat{u}_{1,e}^{2i-2}) \end{cases} \tag{5-3}$$

为了使译码过程更加简化，通常采用基于 LLR 的译码算法。用 $\lambda_N^{(i)}(y_1^N, \hat{u}_1^{i-1})$ 表示第 i 比特的 LLR 值，有

$$\lambda_N^{(i)}(y_1^N, \hat{u}_1^{i-1}) \stackrel{\text{def}}{=} \ln L_N^{(i)}(y_1^N, \hat{u}_1^{i-1}) \stackrel{\text{def}}{=} \ln \frac{\Pr(y_1^N, \hat{u}_1^{i-1} \mid 0)}{\Pr(y_1^N, \hat{u}_1^{i-1} \mid 1)} \tag{5-4}$$

此时，信息比特的判决公式变为

$$\hat{u}_i = \begin{cases} 0, & \lambda_N^{(i)}(y_1^N, \hat{u}_1^{i-1}) \geqslant 0 \\ 1, & \text{其他} \end{cases} \tag{5-5}$$

为了便于读者理解，文献 [1] 中给出的是基于蝶型架构的 SC 译码算法。事实上，SC 译码算法还可以采用树型架构。相比于蝶型架构，树型架构能够更加清楚地体现 SC 译码的实现过程，因此本书的 SC 相关译码算法均采用树型架构。图 5-2 展示了一个 PC(16,8) 的极化码树型 SC 译码图。该译码树共有 $\log_2 N + 1$ 级（stage），图中叶子节点位于第 0 级，表示 N 比特；根节点位于第 $\log_2 N$ 级，表示长度为 N 的码字。译码树中每个节点都会接收到 LLR 软信息向量，对于第 s, 级 $s = (0,1,\cdots,\log_2 N)$（stage）的第 i 个节点，其接收到的 LLR 向量记成 $\boldsymbol{\lambda}_{s,i}$，该向量的第 j 个元素记成 $\boldsymbol{\lambda}_{s,i}[j]$，其中 $0 \leqslant j < 2^s$。同时，该节点向其父节点返回硬判决信息向量 $\boldsymbol{\beta}_{s,i}$，又称部分和（partial sum）向量，表示该节点所含比特的判决值。信息比特的判决可以根据式（5-5）获得，或对节点输出的硬判决向量 $\boldsymbol{\beta}_{\log_2 N, 0}$ 进行编码获得。

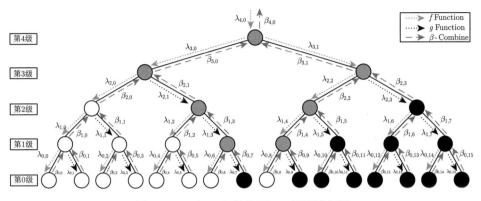

图 5-2 PC(16,8) 极化码 SC 译码流程图

将式（5-3）转换至 LLR 域并映射到 SC 译码的树型架构中，可以推导出 SC 译码算法的 LLR 递推公式：

$$\begin{cases} \boldsymbol{\lambda}_{s,2i}[j] = f(\boldsymbol{\lambda}_{s+1,i}[2j], \boldsymbol{\lambda}_{s+1,i}[2j+1]) \\ \qquad = 2\mathrm{artanh}(\tanh(\boldsymbol{\lambda}_{s+1,i}[2j]/2)\tanh(\boldsymbol{\lambda}_{s+1,i}[2j+1]/2)) \\ \boldsymbol{\lambda}_{s,2i+1}[j] = g(\boldsymbol{\lambda}_{s+1,i}[2j], \boldsymbol{\lambda}_{s+1,i}[2j+1], \boldsymbol{\beta}_{s,i}[2j]) \\ \qquad = \boldsymbol{\lambda}_{s+1,i}[2j](1-2\boldsymbol{\beta}_{s,i}[2j]) + \boldsymbol{\lambda}_{s+1,i}[2j+1] \end{cases} \tag{5-6}$$

考虑到 5G 标准定义的极化码编码方案舍弃了比特反序操作，一个节点第 j 个 LLR 的计算不再对应其父节点中第 $2j$ 个值（父节点 LLR 向量**偶元素**子集的第 j 个值）和第 $2j+1$ 个值（父节点 LLR 向量**奇元素**子集的第 j 个值），而是对应其父节点中第 j 个值（父节点 LLR 向量**左半部分**的第 j 个值）和第 $j+2^s$ 个元素（父节点 LLR 向量**右半部分**的第 j 个值），保证了 SC 译码器中数据的存取连续性。对应地，LLR 计算公式为

$$\begin{cases} \boldsymbol{\lambda}_{s,2i}[j] = f(\boldsymbol{\lambda}_{s+1,i}[j], \boldsymbol{\lambda}_{s+1,i}[j+2^s]) \\ \qquad = 2\mathrm{artanh}(\tanh(\boldsymbol{\lambda}_{s+1,i}[j])\tanh(\boldsymbol{\lambda}_{s+1,i}[j+2^s])) \\ \qquad \approx \mathrm{sgn}(\boldsymbol{\lambda}_{s+1,i}[j])\mathrm{sgn}(\boldsymbol{\lambda}_{s+1,i}[j+2^s])\min(|\boldsymbol{\lambda}_{s+1,i}[j]|, |\boldsymbol{\lambda}_{s+1,i}[j+2^s]|) \\ \boldsymbol{\lambda}_{s,2i+1}[j] = g(\boldsymbol{\lambda}_{s+1,i}[j], \boldsymbol{\lambda}_{s+1,i}[j+2^s], \boldsymbol{\beta}_{s,i}[j]) \\ \qquad = \boldsymbol{\lambda}_{s+1,i}[j](1-2\boldsymbol{\beta}_{s,i}[j]) + \boldsymbol{\lambda}_{s+1,i}[j+2^s] \end{cases}$$

$$\tag{5-7}$$

式（5-6）和式（5-7）中，f 函数对应和奇算法在 LLR 域的形式，可以近似为最小和算法的形式：

$$f(x,y) = \text{sgn}(x)\text{sgn}(y)\min(|x|,|y|) \tag{5-8}$$

g 函数为

$$g(x,y,z) = x(1-2z)+y \tag{5-9}$$

$\boldsymbol{\beta}$ 向量可以通过式（5-10）更新：

$$\begin{cases} \boldsymbol{\beta}_{s+1,i}[j] = \boldsymbol{\beta}_{s,2i}[j] \oplus \boldsymbol{\beta}_{s,2i+1}[j] \\ \boldsymbol{\beta}_{s+1,i}[j+2^s] = \boldsymbol{\beta}_{s,2i+1}[j] \end{cases} \tag{5-10}$$

当译码到达最底层时，若当前叶子节点为冻结位，直接返回 $\beta_{0,i} = 0$。否则，根据式（5-11）计算比特估计值 $\hat{u}_i$ 和返回值 $\beta_{0,i}$：

$$\hat{u}_i = \beta_{0,i} = \begin{cases} 0, & \lambda_{0,i} \geqslant 0 \\ 1, & \text{其他} \end{cases} \tag{5-11}$$

式（5-11）称为硬判决（hard decision，HD）函数。从图 5-2 中可以看出，SC 译码中执行 g 函数计算一个节点的 LLR 前，需要该节点左侧的节点返回 $\boldsymbol{\beta}$ 硬判决信息，因此 SC 译码是串行进行的，其译码需要 $2 \times (N-1)$ 个时钟周期。5.1.2 节将介绍优化的 SC 译码算法。

5.1.2 SSC 译码算法

由 5.1.1 节可知：逐比特判决的串行译码性质使得 SC 译码器受制于较长的译码时延。根据树型架构 SC 译码流程图，可以观察到译码过程中存在一些节点，其对应的叶子节点（即最底层节点）均为冻结位。由于冻结位在 SC 译码过程中始终返回 0，因此可以简化该类节点的计算过程。基于此，在 2011 年，Alamdar-Yazdi 等 [2] 提出了 SSC 译码算法以加速 SC 译码的速度。

根据信道极化和极化码编码，比特的分布会呈现一些固定的模式，例如一些冻结比特通常连续地分布在比特序列前端，一些信息比特通常连续地分布在比特序列后端。如图 5-2 所示的 PC(16,8)，前 7 个比特均为冻结比特，后 7 个比特均为信息比特。文献 [2] 将叶子节点均为冻结比特的非叶子节点定义为 Rate-0（R0）节点，将**叶子节点均为信息比特**的非叶子节点定义为 Rate-1（R1）节点。图 5-2 中第 1 级和第 2 级所示的白色和黑色节点，分别代表 R0 节点和 R1 节点。为了方便讨论，省略节点索引 i 的信息，即位于第 s 层的一个节点会接收到长为 $N_s = 2^s$ 的 LLR 向量 $\boldsymbol{\lambda}_s$，并返回长为 N_s 的硬判决向量 $\boldsymbol{\beta}_s$。

可以注意到，更新 $\boldsymbol{\beta}$ 的运算与极化码的编码过程一致。对于 R0 节点，其所含叶子节点的比特值均是已知的，其返回的 $\boldsymbol{\beta}_s$ 由 N_s 个全零比特进行 s 级的编码得到，为长度为 N_s 的零向量。因此，对于 R0 节点，无须进行其更低级的 $\boldsymbol{\lambda}$

和 β 的更新。R0 节点的 β 更新公式表达为

$$\beta_s = 0 \tag{5-12}$$

对于 R1 节点，由于其码率为 1，可以采用 ML 译码的方式得到该节点的最优判决解。对应地，β_s 中的值由 λ_s 中的 LLR 硬判决得到，即

$$\beta_s = \mathrm{HD}(\lambda_s) \tag{5-13}$$

此公式的证明可以采用数学归纳的方式，感兴趣的读者可以在参考文献 [2] 中找到具体的证明过程。根据上述规则，可以对 SC 译码树中所有 R0 和 R1 节点的更低层级进行剪裁，从而大大降低时延与运算复杂度。对于图 5-2所示的 PC(16, 8)，采用 SC 译码需要 $2 \times (N-1) = 30$ 个时钟周期，而优化 R0 和 R1 节点的 SC 译码算法仅需要 14 个时钟周期。这种利用 R0 节点和 R1 节点简化运算的 SC 译码算法称为极化码的简化版 SC（SSC）译码算法，其纠错性能与 SC 算法完全一致。

事实上，每个节点可以被看成一个子码，根据信道极化性质，很多中小规模的节点具有极低或极高的码率，因此对其进行 ML 译码反而比 SC 译码具有更快的速度 [3]。基于此，文献 [3]~[5] 提出了分层采用 SC 和 ML 的混合译码方案，以降低译码时延。对于码率极低或极高的节点，ML 译码可以被简化。

5.1.3 Fast-SSC 译码算法

在 SSC 译码算法的基础上，文献 [6] 提出了一种更高效的方法，即 Fast-SSC 译码算法。该算法在保留 R0 和 R1 节点的同时，引入重复（repetition，REP）节点（码率为 $1/N_s$）和单奇偶校验（single-parity check，SPC）节点（码率为 $(N_s - 1)/N_s$）。REP 节点指的是所有叶子节点中只有最后一位是信息位，其他位都是冻结位的非叶子节点。SPC 节点与 REP 节点相反，其所有叶子节点中只有第一位是冻结位，其他位都是信息位。如图 5-2所示的 PC(16, 8)，第 3 级的第 1 个节点为 REP 节点，第 2 个节点为 SPC 节点，因此该译码树可以转化为如图 5-3 所示的删减译码树。

对于在第 s 层的 REP 节点，由于其前 $2^s - 1$ 个叶子节点返回的 $\beta_{0,i}$ 都为零，根据式（5-7）中的 g 函数，REP 节点中最后一个比特的 LLR 值等于传入 REP 节点的 λ_s 向量所有元素的累加和。根据极化码的编码操作，若最后一个比特判决为 0，β_s 为全零向量；若最后一个比特判决为 1，β_s 为全一向量。REP 节点的更新公式可写为

$$\beta_s[j] = \mathrm{HD}\left(\sum_{j=0}^{2^s-1} \lambda_s[j]\right), \quad 0 \leqslant j < 2^s \tag{5-14}$$

由于 β 的更新运算与极化码编码过程一致, 因此 SPC 节点中第一个叶子节点是冻结位这一事实蕴含了一个校验限制, 即返回的 $\boldsymbol{\beta}_s$ 中各比特的模 2 和应为 0。基于 R1 节点的更新公式, 如果直接对 $\boldsymbol{\lambda}_s$ 进行硬判决得到的 $\boldsymbol{\beta}_s$ 满足该校验限制, 则返回该硬判决向量; 反之, 则说明译码有误, 为满足校验限制, 考虑翻转该节点中最有可能出错的比特 (即绝对值最小的 $\boldsymbol{\lambda}$ 对应的比特), 返回对应的 $\boldsymbol{\beta}_s$。以上操作保证了 SPC 节点返回的 $\boldsymbol{\beta}_s$ 是该节点在满足校验限制情况下的 ML 解, 如式 (5-15) ~ (5-17) 所示, 其中比特的模 2 和可由连续异或实现, 记作 $\mathcal{P}$。

$$\mathcal{P} = \bigoplus_{j=0}^{2^s} \mathrm{HD}(\boldsymbol{\lambda}_s[j]) \tag{5-15}$$

$$j_{\min} = \arg\min \boldsymbol{\lambda}_s[j] \tag{5-16}$$

$$\boldsymbol{\beta}_s[j] = \begin{cases} \mathrm{HD}(\boldsymbol{\lambda}_s[j]) \oplus \mathcal{P}, & j = j_{\min} \\ \mathrm{HD}(\boldsymbol{\lambda}_s[j]), & \text{其他} \end{cases} \tag{5-17}$$

一个 PC(16,8) 极化码 Fast-SSC 译码树如图 5-3 所示, 其中信息位集合为 $\mathcal{A} = \{7,8,9,10,12,13,14,15\}$。图中被剪裁的译码树分支被虚线框框出。可以观察到, 原译码树除了根节点之外, 仅剩下右侧的一个 SPC 节点和左侧的一个 REP 节点。对比图 5-2 和图 5-3, 其译码节点个数大大减小。通常来说, 在不考虑资源限制的情况下, R0 和 R1 节点可以即时获得返回的 $\boldsymbol{\beta}_s$ 向量, REP 节点的累加操作和 SPC 节点的比较操作各需要一个时钟周期, 对应地, 图 5-3 所示的 Fast-SSC 译码需要 4 个时钟周期。

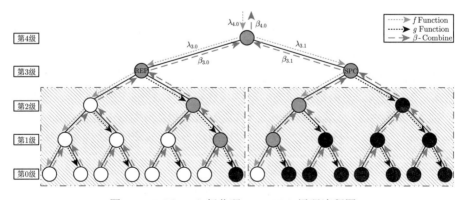

图 5-3   PC(16,8) 极化码 Fast-SSC 译码流程图

从此，基于 R0、R1、SPC 和 REP 节点的快速 SSC 译码成为一种主流译码方案。

2017 年，五种新的节点被提出 [7]，它们被命名为类型 1（Type-I）到类型 5（Type-V）节点，码率分别为 $2/N_s$、$3/N_s$、$(N_s - 2)/N_s$、$(N_s - 3)/N_s$ 和 $4/N_s$。当 $N_s = 8$ 时，码率为 0/8 至 8/8 的九种节点，均可以被看成特殊节点。新的分类用于进一步对译码树进行剪裁。作为 REP 节点的推广，Type-I 和 Type-II 节点分别指的是只有最后两个和三个叶子节点是信息比特的节点。作为 SPC 节点的推广，Type-III 和 Type-IV 节点分别指的是只有最前的两个和三个叶子节点是信息比特的节点。Type-V 节点指的是在 Type-II 节点的基础上倒数第五个节点也是信息比特的节点。上述五种特殊节点的具体计算方式感兴趣的读者可以参考文献 [7]。

图 5-4 给出了 Fast-SSC 译码算法在对 PC(1024, 512) 的 FER 性能，并与前面所述的 SC 译码算法、SSC 译码算法进行对比。从图中可以看出，无论是通过 R0、R1 节点简化 SC 译码树的 SSC 算法还是加入了 REP、SPC 节点进一步优化的 Fast-SSC 译码算法，其 FER 译码性能完全没有损耗，达到了在保持译码性能的同时，降低译码复杂度的目的。

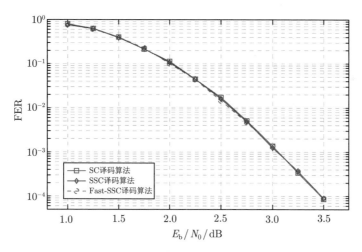

图 5-4 译码算法 SC、SSC、Fast-SSC 对 PC(1024, 512) 的误帧率性能对比

由于不同节点的译码方案不尽相同，在实现时需要为不同的节点单独设计硬件单元，文献 [8] 基于 REP 和 SPC 节点，提出了通用 REP 节点和通用奇偶校验节点，这两种节点涵盖了上述的大部分节点类型。2021 年，序列重复（sequence repetition, SR）节点被提出，其由一段码率极低的比特序列和一个高码率的源节

点构成，该节点覆盖了上述所有类型的节点，进一步降低了译码时延。对于码率为 1/2，码长分别为 128 和 1024 的极化码，原始的 SC 译码需要 254 和 2046 个时钟周期，采用基于 SR 节点的 SSC 译码仅需要 25 和 127 个时钟周期。

5.2　SCL 译码算法

SC 译码器对 u_i 进行估计时根据 $\Pr(\hat{u}_0^{i-1}, y_0^{N-1}|u_i)$ 进行 $u_i = 0$ 或 $u_i = 1$ 的二择一，因此译码结束时，会得到唯一的一组码字估计。但是实际上，穷举所有信息位的所有可能，共有 2^K 组可能的码字估计，从中可以选取 $\Pr(u_0^i|\boldsymbol{y})$ 最大的码字作为译码结果，即 ML 解。

图 5-5 显示了每次仅关注 $\Pr(\hat{u}_0^{i-1}, \boldsymbol{y}|u_i)$ 带来的潜在问题。其中的树表示一个 $N = 8, K = 4$, 信息比特集合 $\mathcal{A} = \{3, 5, 6, 7\}$ 极化码的 SCL 译码流程图。树的每一层对应一个信息比特，指向左右子树的树枝上的值分别对应 $\Pr(u_0^{i-1}, \boldsymbol{y}|u_i = 0)$, $\Pr(u_0^{i-1}, \boldsymbol{y}|u_i = 1)$。在估计到第二个信息比特时，SC 译码下估计得到的 $u_0^1 = \{0, 1\}$。但是实际上，$u_0^1 = \{1, 0\}$ 对应的 $\Pr(u_0^1|\boldsymbol{y})$ 更大。这类潜在问题导致了 SC 译码算法的误码率上升。

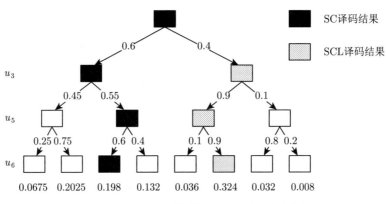

图 5-5　$N = 8$ 时极化码 SCL 译码流程图

简言之，当码长有限时，信道极化不完全，SC 译码算法对某个信息比特的错误估计会造成错误传递，带来较差的纠错性能。针对这个问题，SCL 译码算法被 Tal 等提出 [9]，用于提升有限码长下 SC 译码的纠错性能。SCL 算法使用列表译码，每估计一个信息比特，将在两条路径上继续进行译码，一条路径对应着当前信息比特为 "0" 的情形，另一条路径对应 "1"。因此，每估计一个信息比特，路径数目扩大一倍，相应的译码序列 u_0^i 估计结果数目也会扩大一倍，直到到达一个预先设定的极限 $\mathcal{L}$，当路径数目超过 $\mathcal{L}$ 时，将通过路径排序和选择算法保留可

靠度最高的 $\mathcal{L}$ 条路径。译码结束后，最可靠的一条路径得到的估计结果 u_0^{N-1} 将被选作译码器的输出。实质上，SCL 译码算法是一种宽度优先的译码算法，通过并行译码增加计算复杂度来实现译码性能的提升，其计算复杂度至少是 SC 译码算法的 $\mathcal{L}$ 倍。当 $\mathcal{L}=1$ 时，SCL 译码等效于 SC 译码；随着 $\mathcal{L}$ 的增加，其纠错性能逐渐趋近于 ML 性能；当 $\mathcal{L}=2^K$ 时，SCL 译码等效于 ML 译码。

SCL 算法使用译码结果的后验概率 $\mathrm{Pr}(u_1^i|\boldsymbol{y})$ 作为路径度量（path metric，PM），对不同路径的可靠度进行比较。考虑到硬件复杂度，一般使用基于 LLR 的路径度量 $\mathrm{PM}_l^i = -\ln \mathrm{Pr}(u_0^i|\boldsymbol{y})$。每遇到一个比特（包括冻结位），根据式（5-18）对路径度量进行更新：

$$\mathrm{PM}_l^i = \sum_{j=0}^{i} \ln(1 + \mathrm{e}^{-(1-2\hat{u}_j[l])\lambda_{0,i}[l]}) \tag{5-18}$$

其中，$\hat{u}_j[l]$ 表示第 l 条路径第 j 个比特的估计值；$\lambda_{0,i}[l]$ 对应第 l 条路径用于估计 u_i 的 LLR 值。

根据文献 [10]，采用式（5-19）所示的近似，式（5-18）可以转化为硬件友好的式（5-20）：

$$\ln(1 + \mathrm{e}^x) \approx \begin{cases} 0, & x < 0 \\ x, & x \geqslant 0 \end{cases} \tag{5-19}$$

$$\mathrm{PM}_l^i = \begin{cases} \mathrm{PM}_l^{i-1}, & u_i = \mathrm{HD}(\lambda_{0,i}) \\ \mathrm{PM}_l^{i-1} + |\lambda_{0,i}|, & \text{其他} \end{cases} \tag{5-20}$$

有了路径度量之后，下面将对路径排序和路径选择进行讨论。SCL 译码的计算复杂度为 $\mathcal{O}(\mathcal{L}N\log_2 N)$，尽管 SCL 译码器可以在硬件实现中同时处理 $\mathcal{L}$ 个 SC 译码单元以避免过高的时延，但由于路径之间需要排序和更新的交互，其译码时延通常大于 SC 译码所需的 $2 \times (N-1)$ 个时钟周期。通过对路径排序和更新算法进行改进，可以有效降低时延和译码复杂度。

5.2.1 路径排序

路径排序问题可以看成从 $2\mathcal{L}$ 个值中寻找最小的 $\mathcal{L}$ 个值的排序选择问题。主流的排序方案可以分为严格排序和宽松排序两类，严格排序即选择的 $\mathcal{L}$ 个 PM 值符合严格的升序，即 $\mathrm{PM}_0^i \leqslant \mathrm{PM}_1^i \leqslant \cdots \leqslant \mathrm{PM}_{\mathcal{L}-1}^i$；宽松排序即选择的 $\mathcal{L}$ 个 PM 值整体上是最小的，但其内部是无序的。两种排序方案对应的 SCL 译码纠错性能是一致的。

首先介绍严格排序。当译码进行至第 i 比特时，路径扩展前的 $\mathcal{L}$ 条路径的 PM 值满足 $\mathrm{PM}_0^{i-1} \leqslant \mathrm{PM}_1^{i-1} \leqslant \cdots \leqslant \mathrm{PM}_{\mathcal{L}-1}^{i-1}$ 的关系，基于式（5-20）进行路径扩

展，$2\mathcal{L}$ 个新的 PM 值可以表示为

$$\mathrm{PM}_l^i := \mathrm{PM}_l^{i-1} \text{ 和 } \mathrm{PM}_{l+\mathcal{L}}^i := \mathrm{PM}_l^{i-1} + |\lambda_{0,i}|, \quad l = 0, 1, \cdots, \mathcal{L} - 1 \tag{5-21}$$

因此，待排序的 $2\mathcal{L}$ 个 PM 值包含了 $\mathcal{L}^2$ 对已知的大小关系，其中 $l = \{0, 1, \cdots, \mathcal{L} - 1\}$：

$$\mathrm{PM}_l \leqslant \mathrm{PM}_{l+1} \tag{5-22}$$

$$\mathrm{PM}_l \leqslant \mathrm{PM}_{l+\mathcal{L}} \tag{5-23}$$

严格排序下，原本需要比较 $C_{2\mathcal{L}}^2 = \mathcal{L}(2\mathcal{L} - 1)$ 对大小关系，现在需要比较的数目减少了近乎一半。

基-$2\mathcal{L}$ 算法是最直接的排序算法，对所有数据两两进行比较后排序，原始的基-$2\mathcal{L}$ 排序需要 K 个时钟周期，即每个信息位的排序操作消耗一个时钟周期。根据式（5-22）和式（5-23），基-$2\mathcal{L}$ 排序中大量的排序操作可以被简化[11]，从而得到一种删减的基-$2\mathcal{L}$ 排序。尽管对冻结位进行译码时无须进行路径扩展和选择，但是 $\mathcal{L}$ 个 PM 值对应更新后通常不再满足严格的升序关系。为保证每个信息位对应的排序操作前公式（5-22）的关系依然满足，如果该信息位的前一个比特是冻结位，则多消耗一个时钟周期对之前的 $\mathcal{L}$ 个 PM 值进行排序。根据文献 [10]，采用删减的基-$2\mathcal{L}$ 排序的 SCL 译码需要 $2 \times (N - 1) + K + F_C(\mathcal{A})$ 个时钟周期，其中 $F_C(\mathcal{A})$ 表示给定信息位集合 $\mathcal{A}$ 下连续分布的冻结位的簇的个数。当列表大小 $\mathcal{L}$ 的值较大时，SCL 译码电路的关键路径通常位于排序模块中，因此，降低排序模块的时延可以有效地提高 SCL 译码器的处理频率。在文献 [12] 中，一种等级顺序排序方案被提出，与删减的基-$2\mathcal{L}$ 排序方案相比，当列表大小为 16 时，其排序模块的硬件时延降低为原来的 43%。

双调排序是一种适合并行计算的排序算法，整个排序过程可以被分为 $\log_2 \mathcal{L} + 1$ 层，第 k 层中包含 k 个子层，每个子层的 $\mathcal{L}$ 个比较可以并行进行。通过式（5-22）和式（5-23）可以将双调排序简化。例如，当 $\mathcal{L} = 4$ 时，原始的双调排序网络共包含 6 个子层，涉及 24 个比较操作，而删减的双调排序网络包含 5 个子层，涉及 9 个比较操作。双调排序还可以进一步进行简化，相关算法包括基于特殊数据依存关系的双调排序[13]、基于奇偶排序的双调排序[14] 和基于双步骤排序的双调排序[15]。

相比于严格排序，宽松排序是一种不要求 $\mathcal{L}$ 个 PM 值内部顺序的排序方式。如果采用宽松排序，则待排序的 $2\mathcal{L}$ 个值不再满足式（5-22）的关系，仅满足式（5-23）的关系。因此，在原始的基-$2\mathcal{L}$ 排序或双调排序基础上进行删减，可以省略式（5-23）对应的比较以及 $\mathcal{L}$ 个 PM 值内部的比较。当 $\mathcal{L} = 4$ 时，对应的删减的双调排序网络仅包含 3 个子层，涉及 12 个比较操作，因此，该排序网络时

延比严格排序方案下删减的双调排序网络时延更低。如果在宽松排序方案下采用基-$2\mathcal{L}$ 排序，不需要在每个信息位之前进行额外的严格排序，所以对应的 SCL 译码时延为 $2 \times (N-1) + K$ 个时钟周期。

宽松排序也适用于基于处理器的实现方案。分布式排序（distributed sorting, DS）算法[16] 是一种可以保证路径选择后路径序号尽可能不变的宽松排序算法。它基于式（5-23）所展示的路径扩展的性质，将 $2\mathcal{L}$ 条扩展路径分为较好和较差两组，然后依次对较好/较差组中的最大/最小值进行比较和交换，这种方案具有较低的平均复杂度。根据式（5-23），将前 $\mathcal{L}$ 个 PM 值的集合记成 **SUP**，后 $\mathcal{L}$ 个 PM 值的集合记成 **INF**，分别对 **SUP** 和 **INF** 中的值进行由小到大和由大到小的排序：

$$\begin{cases} \mathbf{SUP} = \{\sup_0, \sup_1, \cdots, \sup_{\mathcal{L}-1}\}, & \sup_0 \leqslant \sup_1 \leqslant \cdots \leqslant \sup_{\mathcal{L}-1} \\ \mathbf{INF} = \{\inf_0, \inf_1, \cdots, \inf_{\mathcal{L}-1}\}, & \inf_0 \geqslant \inf_1 \geqslant \cdots \geqslant \inf_{\mathcal{L}-1} \end{cases} \tag{5-24}$$

对 **SUP** 和 **INF** 数组中的成员依次进行比较，若 $\sup_k > \inf_k$ 则比较终止，否则将 $\sup_k$ 和 $\inf_k$ 进行交换后继续进行比较。最后 **SUP** 数组中的路径度量即为想要得到的结果。分布式排序算法还可以进一步优化为基于轮数比较的快速分布式排序算法[17]。此外，一种双阈值排序方案于 2015 年提出[18]，它从 $2\mathcal{L}$ 条子路径中选择出两个 PM 值作为接收阈值和拒绝阈值，通过双阈值的限定直接选择出 $\mathcal{L}$ 条路径，避免了对 $2\mathcal{L}$ 个 PM 值的直接排序操作。

通过对路径排序算法的分析，可以发现，如果一条路径产生的好路径（指 PM 值不变）都不在排序得到的 $\mathcal{L}$ 个最小路径度量中，则继承的原始路径将被遗弃。相应地，必然有一条路径产生的两条路径都在 $\mathcal{L}$ 个最小路径度量中，需要对原始路径进行复制。当然也有可能没有路径被遗弃，相应地也没有路径需要被复制。如何进行路径遗弃和复制即下面介绍的路径更新问题。

5.2.2 路径更新

假设 $\mathcal{L} = 2$，路径扩展前的两条路径的序号记为 l_0 和 l_1，当执行完路径扩展和排序后，l_0 的两条扩展路径被选为两条新路径 l_0' 和 l_1'。此时，路径 l_1' 将继承原路径 l_0 的全部 LLR 数据和部分和数据，需要进行数据的复制，即路径更新。常用的路径更新算法有惰性复制（lazy copy）[9] 和指针复制[19]。惰性复制通过识别新旧路径数据相同的层级，避免相同数据的复制，但仍然涉及数据复制操作。Balatsoukas-Stimming 等[20] 提出了针对 LLR 的指针复制，可以完全避免对于 LLR 的数据复制。Lin 等[21] 提出了针对部分和的指针复制，避免了对部分和数据复制。

对于上文所述的例子，除了将原路径 l_0 的数据搬移至新路径 l_1' 对应的内存中这一更新策略，也可以采用新路径 l_1' 直接访问原路径 l_0 的内存的更新策略，这样便不再涉及数据的搬移，这就是指针复制的基本思想。极化码 SC 译码树共有 $\log_2 N + 1$ 级，每一级的 LLR 可以复用内存，即每一级只需要存储 2^s 个 LLR 值，而不是 N 个 LLR 值。同理，每一级的硬判决 β 数据也可以复用内存，根据式（5-10），更新第 $s+1$ 级的某节点的 β 向量时，同时需要该节点左子节点和右子节点的 β 信息，因此每一级需要存储 2×2^s 个 β 值。指针复制借助一个大小为 $(\log_2 N + 1) \times \mathcal{L}$ 的二维指针矩阵 $\boldsymbol{p}$ 完成路径更新，其中第 s 行第 l 列的元素 $p[s][l]$ 表示路径 l 的译码涉及读取第 s 级数据时，需要读取路径 $p[s][l]$ 第 s 级的数据。

相比于采用直接复制的 SCL 译码，采用指针复制的 SCL 译码应注意如下操作：

（1）SCL 译码初始时仅有一条路径（即 0 号路径），$\boldsymbol{p}$ 矩阵被初始化为全 0 矩阵；

（2）对于前 $\log_2 \mathcal{L}$ 个信息位，由于路径数目未超过 $\mathcal{L}$，只进行路径扩展，对应地，将 $p[s][l]$ 复制给 $p[s][l+\mathcal{L}]$，$0 \leqslant s < \log_2 N$；

（3）对于剩余的信息位，假设旧路径序号和新路径序号分别为 $l_0 \sim l_{\mathcal{L}-1}$ 和 $l'_0 \sim l'_{\mathcal{L}-1}$，路径更新时将 $p[s][l_0 : l_{\mathcal{L}-1}]$ 复制给 $p[s][l'_0 : l'_{\mathcal{L}-1}]$，$0 \leqslant s < \log_2 N$，如果路径排序和选择能够保证新旧路径序号尽量保持不变，则可以避免指针矩阵更新所涉及的读写冲突；

（4）对于第 l 条路径通过 f 函数或 g 函数计算第 s 级的 $\boldsymbol{\lambda}$ 向量时，即进行式（5-7）的计算，需要读取 $p[s+1][l]$ 路径的 LLR 数据作为输入，计算完成后，将 $p[s][l]$ 赋为 l；

（5）对于第 l 条路径通过 combine 函数计算第 $s+1$ 级的 $\boldsymbol{\beta}$ 向量时，即进行式（5-10）的计算，需要读取 $p[s][l]$ 路径的 β 数据作为左子节点的输入，该路径自身的 β 数据作为右子节点的输入，计算完成后，将 $p[s][l]$ 赋为 l。

尽管指针复制避免了 LLR 和硬判决 β 数据的复制，但是涉及指针矩阵中数据的复制，且路径通过指针矩阵间接访问内存数据相比直接读取自身内存数据耗时更长。在硬件实现中，LLR 值由多个比特表示，硬判决 β 值仅需 1 个比特表示，当码长较短时对 β 值进行复制并不复杂。因此，对于 5G 标准所规定的码长，即 $N \leqslant 1024$，可以采用指针复制更新 LLR 数据，采用直接复制更新 β 数据。当码长较长时，对两类数据均采用指针复制可以使得 SCL 译码器更高效。

5.2.3 节点优化的 SCL 译码算法

与 SC 译码类似，SCL 译码中也可以挖掘特殊节点进行直接译码，减少内部遍历的时间。快速 SSC 列表（Fast-SSC list, Fast-SSCL）译码[22] 的提出提供了一种新的设计思路。在 Fast-SSCL 译码器中，特殊节点所含叶子节点的分布模式是固定的，基于信息位分布可以识别出快速译码的节点，它们的长度是不固定的。Sarkis 等 [22] 提出了 R0 和 REP 节点的快速列表译码方案。如果考虑 ML 译码，R1 和 SPC 节点需要严格地从 $\mathcal{L}$ 条路径扩展到 $2^{N_s} \times \mathcal{L}$ 和 $2^{N_s-1} \times \mathcal{L}$ 条路径，Sarkis 等 [22] 经验性地将路径扩展的规模分别降到 $4\mathcal{L}$ 和 $8\mathcal{L}$。然而，对于大规模 SPC 节点，仅扩展到 $8\mathcal{L}$ 会极大地损失纠错性能。Hashemi 等 [23] 借鉴列表球形译码（list sphere decoding, LSD）的思路，提出了针对 R1 节点的快速列表译码方案，并结合 SPC 节点唯一的冻结位的校验性质，提出了针对 SPC 节点的快速列表译码方案。随后，Hashemi 等证明了对于 R1 和 SPC 节点，如果 $\mathcal{L}-1 < K_s$（K_s 为特殊节点中所含信息位的个数），路径扩展规模维持在 $2^{\mathcal{L}-1}\mathcal{L}$ 即可，这种 Fast-SSCL 译码具有和原始的 SCL 译码完全一致的纠错性能 [23,24]。基于译码过程中 PM 值的大小关系 [25] 或比特信道的可靠度 [26]，可以进一步降低路径扩展规模。除了常见的 R0 节点、R1 节点、SPC 节点、REP 节点，基于 TYPE-I 至 TYPE-V 节点的快速列表译码方案在文献 [27] 中被提出。

对于特殊节点，译码时可以不用再访问该节点之下的层级，可以以较少的时钟周期直接根据输入的 $\mathcal{L}$ 个 LLR 向量得到输出的 $\mathcal{L}$ 个部分和向量。将第 l 条路径到达一个特殊节点前的 PM 值记成 PM_l，若其子路径 l' 在该节点返回了部分和向量 $\boldsymbol{\beta}_{s,l'}$，则该子路径的 PM 值 $\mathrm{PM}'_{l'}$ 更新为

$$\mathrm{PM}'_{l'} = \mathrm{PM}_l + \sum_{j=0}^{N_s-1} \ln\left(1 + \mathrm{e}^{-(1-2\beta_{s,l'}[j])\lambda_{s,l}[j]}\right) \tag{5-25}$$

其硬件友好形式为

$$\mathrm{PM}'_{l'} = \mathrm{PM}_l + \sum_{j=0}^{N_s-1} |\mathrm{HD}(\boldsymbol{\lambda}_{s,l}[j]) - \boldsymbol{\beta}_{s,l'}[j]| \cdot \boldsymbol{\lambda}_{s,l}[j] \tag{5-26}$$

下面对 SCL 译码算法中常用的四种特殊节点，即 R0 节点、R1 节点、REP 节点和 SPC 节点进行说明。

（1）R0 节点是叶子节点均为冻结位的节点，由于不含冻结位，R0 节点的译码不涉及路径扩展的操作，但是 $\mathcal{L}$ 路径的 PM 值要相应更新。由于所有路径均返回全 0 的 $\boldsymbol{\beta}$ 向量，PM 值的更新公式如下：

$$\mathrm{PM}'_l = \mathrm{PM}_l + \sum_{j=0}^{N_s-1} \mathrm{HD}(\boldsymbol{\lambda}_{s,l}[j]) \cdot \boldsymbol{\lambda}_{s,l}[j] \tag{5-27}$$

（2）REP 节点是前 $N_s - 1$ 个叶子节点为冻结位，最后一个节点为信息位的节点。由于只含有一个信息位，因此 $\mathcal{L}$ 条路径会扩展为 $2\mathcal{L}$ 条路径。对于第 l 条路径，其两条子路径分别返回全 0 和全 1 的 $\boldsymbol{\beta}$ 向量，对应的 PM 值的更新公式如下：

$$\begin{cases} \mathrm{PM}'_{l,\boldsymbol{\beta}_s=\boldsymbol{0}} = \mathrm{PM}_l + \sum_{j=0}^{N_s-1} \mathrm{HD}(\boldsymbol{\lambda}_{s,l}[j]) \cdot \boldsymbol{\lambda}_{s,l}[j] \\ \mathrm{PM}'_{l,\boldsymbol{\beta}_s=\boldsymbol{1}} = \mathrm{PM}_l + \sum_{j=0}^{N_s-1} \mathrm{HD}(-\boldsymbol{\lambda}_{s,l}[j]) \cdot \boldsymbol{\lambda}_{s,l}[j] \end{cases} \tag{5-28}$$

（3）R1 节点是指叶子节点均为信息位的节点。每一条路径均可以扩展出 2^{N_s} 条子路径，通过穷举出 2^{N_s} 个 $\boldsymbol{\beta}_s$ 的序列，可以根据式（5-26）计算出共 $2^{N_s}\mathcal{L}$ 个 PM 值。实际操作中，可以顺序地执行 N_s 次 $\mathcal{L} \to 2\mathcal{L} \to \mathcal{L}$ 的路径扩展和排序选择，以降低一次排序选择的复杂度。根据文献 [23] 和 [24]，路径扩展的次数可以从 N_s 进一步降低至 $\min(\mathcal{L}-1, N_s)$ 而不影响纠错性能。具体地，假设第 l 条路径的输入 LLR 向量具有如下关系：$\boldsymbol{\lambda}_{s,l}[j_0] \leqslant \boldsymbol{\lambda}_{s,l}[j_1] \leqslant \cdots \leqslant \boldsymbol{\lambda}_{s,l}[j_{N_s-1}]$，第 t 次路径扩展会将 R1 节点中第 j_t 比特扩展为 0 和 1 两种情况，涉及的 PM 值更新如下所示。

R1 节点 PM 的更新公式如下：

$$\begin{cases} \mathrm{PM}^t_{l,0} = \mathrm{PM}^{t-1}_l \\ \mathrm{PM}^t_{l,1} = \mathrm{PM}^{t-1}_l + |\boldsymbol{\lambda}_{s,l}[j_t]| \end{cases} \tag{5-29}$$

其中，子路径 0 对应 $\boldsymbol{\beta}_s[j_t] = \mathrm{HD}(\boldsymbol{\lambda}_{s,l}[j_t])$ 的情况，子路径 1 对应相反的判决值，PM^{-1}_l 对应该节点在译码前第 l 条路径的 PM 值。在实际操作中，可以在第 t 次路径扩展所在的时钟周期寻找第 j_t 个比特索引，以降低对 $\boldsymbol{\lambda}_{s,l}$ 一次全排序的复杂度。

（4）SPC 节点是第 1 个叶子节点为信息位，后 N_s-1 个节点均为信息位的节点。每一条路径均可以扩展出 2^{N_s-1} 条子路径，通过穷举出 2^{N_s-1} 个 $\boldsymbol{\beta}_s$ 的序列，可以根据式（5-26）计算出共 $2^{N_s-1}\mathcal{L}$ 个 PM 值。实际操作中，可以先检查 $\boldsymbol{\lambda}_{s,l}$ 的硬判决是否满足 SPC 节点的校验限制，如果不满足，则翻转 $\boldsymbol{\lambda}$ 向量中绝对值最小的 LLR 值满足校验限制，在此基础上，顺序地执行 N_s-1 次 $\mathcal{L} \to 2\mathcal{L} \to \mathcal{L}$ 的路径扩展和排序选择。当 SPC 节点的校验限制被满足时，剩余的 N_s-1 个比特可以被看成是一个码率为 1 的序列。因此，可以类比 R1 节点，将路径扩展的次数从 N_s-1 降低至 $\min(\mathcal{L}-1, N_s-1)$ 而不影响纠错性能。具体地，假设第 l 条路径的输入 LLR 向量具有如下关系：$\boldsymbol{\lambda}_{s,l}[j_0] \leqslant \boldsymbol{\lambda}_{s,l}[j_1] \leqslant \cdots \leqslant \boldsymbol{\lambda}_{s,l}[j_{N_s-1}]$，首先判断 $\boldsymbol{\lambda}_{s,l}$ 的硬判决是否满足 SPC 节点的校验限制：

$$\mathcal{P}_l = \bigoplus_{j=0}^{N_s-1} \mathrm{HD}(\boldsymbol{\lambda}_{s,l}[j]) \tag{5-30}$$

然后得到每一条路径的 $\boldsymbol{\beta}_s$ 向量的 ML 解，即在 $\mathrm{HD}(\boldsymbol{\lambda}_{s,l})$ 的基础上，将第 j_0 比

特赋为 $\mathrm{HD}(\boldsymbol{\lambda}_{s,l}[j_0]) \oplus \mathcal{P}_l$，其对应的 PM 值为 $\mathrm{PM}_l + \mathcal{P}_l|\boldsymbol{\lambda}_{s,l}[j_0]|$。接下来，基于这 $\mathcal{L}$ 条路径的 $\mathcal{L}$ 个 ML 解，进行 $\min(\mathcal{L}-1, N_s-1)$ 次路径扩展，第 t 次路径扩展对应 SPC 节点中第 j_{t+1} 比特为 0 和 1 两种情况，涉及的 PM 值更新如下：

$$\begin{cases} \mathrm{PM}_{l,0}^t = \mathrm{PM}_l^{t-1} \\ \mathrm{PM}_{l,1}^t = \mathrm{PM}_l^{t-1} + |\boldsymbol{\lambda}_{s,l}[j_{t+1}]| + (1-2\mathcal{P}_l)|\boldsymbol{\lambda}_{s,l}[j_0]| \end{cases} \tag{5-31}$$

其中，子路径 0 对应 $\boldsymbol{\beta}_s[j_{t+1}] = \mathrm{HD}(\boldsymbol{\lambda}_{s,l}[j_{t+1}])$ 的情况，子路径 1 对应相反的判决值，为满足校验限制，需要再一次翻转 j_0 比特的判决值，对应地，$\mathcal{P}_l$ 也需翻转，以保证第 $t+1$ 次路径扩展时，j_0 比特对应的 LLR 绝对值不会被累加或累减。举例说明，如果第 l 条路径通过翻转 j_0 比特满足校验，则第 1 次路径扩展对应的子路径 0 对应于在 LLR 向量的硬判决基础上翻转 j_0 比特，子路径 1 对应于在 LLR 向量的硬判决基础上翻转一次 j_1 比特和两次 j_0 比特，即翻转 j_1 比特。子路径 0 在第 2 次路径扩展产生的两条子路径分别对应在 LLR 向量的硬判决基础上翻转 j_0 比特和翻转 j_2 比特；子路径 1 在第 2 次路径扩展产生的两条子路径分别对应在 LLR 向量的硬判决基础上翻转 j_1 比特和翻转 j_1、j_2、j_0 比特（j_0 比特被翻转 3 次），以此类推。

需要强调的是，对于 R1 节点和 SPC 节点，每次涉及路径排序选择操作时，都要对应地完成路径更新操作。因此，如果采用指针复制，第 l 条路径需要借助指针矩阵读取对应的 $\boldsymbol{\lambda}_s$ 的物理内存。

文献 [27] 中提出的 TYPE-I 节点至 TYPE-V 节点可以看成 REP 节点和 SPC 节点的扩展。其中，TYPE-I 节点、TYPE-II 节点和 TYPE-V 节点可以看成 REP 节点的扩展，它们分别包括 2、3 和 4 个信息位，可以通过对每条路径枚举所有情况进行译码，分别涉及 $4\mathcal{L} \to \mathcal{L}$、$8\mathcal{L} \to \mathcal{L}$ 和 $16\mathcal{L} \to \mathcal{L}$ 的路径选择。TYPE-III 节点可以看成 SPC 节点的扩展，其包含两个冻结位，即包含两个校验限制，译码时可以将该节点按照奇元素和偶元素拆分成两个子 SPC 节点考虑。TYPE-IV 节点中前三个叶节点为冻结位，译码时可以首先枚举该节点中从左至右第 4 比特的值，将路径数目扩展一倍然后从中选出最可靠的 $\mathcal{L}$ 条路径作为满足校验限制的 ML 解，然后将该节点看成 4 个子 SPC 节点的组合进行译码。更多细节可以参考文献 [27]。

5.2.4 CRC 辅助 SCL 译码算法

CRC 辅助 SCL（CRC-aided SCL，CA-SCL）译码算法 [9,29] 是一种广泛使用的 SCL 优化译码算法。CA-SCL 译码算法可以用图 5-6 所示的流程图表示。从图中可以看出，与原始的 SCL 译码算法相比，CA-SCL 译码算法的区别主要体现在：

（1）在编码阶段，待传输的源信息比特序列需要先经过 CRC 编码，生成附加 CRC 比特的源信息比特序列，然后再进行极化码的编码。

（2）在译码阶段，当 SCL 译码器结束最后一个比特的扩展时，译码器根据 $\mathcal{L}$ 条路径的 PM 值，按从小到大的顺序对每条路径的结果进行 CRC 检测。当出现第一条通过 CRC 检测的路径时，SCL 译码器将该路径对应的判决结果作为译码的输出结果，并且结束译码。当所有路径均无法通过 CRC 检测时，SCL 译码器输出 PM 值最小的路径对应的判决结果，并且结束译码。

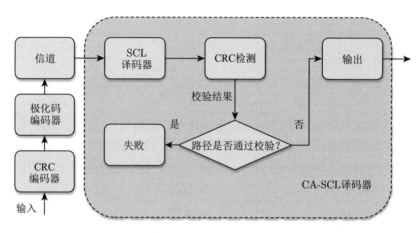

图 5-6   CA-SCL 译码算法编译码流程图

版权来源：© [2021] IEEE. Reprinted, with permission, from Ref. [28]

相比于原始的 SCL 译码算法，CA-SCL 译码算法能够获得较大的性能增益。这是由于原始的 SCL 译码在结果输出阶段，仅根据 PM 值并不一定能够挑选出正确的译码路径，从而影响了译码性能。通过添加 CRC 比特辅助检测的方法，CA-SCL 译码算法保证了正确路径的选择，从而极大地提升了输出译码结果的准确性。CA-SCL 译码算法可以使得极化码在纠错性能上超过 LDPC 码和 Turbo 码。更进一步地，文献 [10] 和 [30] 提出了基于 LLR 域的 SCL 译码，使得路径度量（path metric，PM）值的更新仅通过加法即可完成，大大降低了 SCL 译码器的硬件复杂度，促进了 SCL 译码器的实际应用。在极化码的 5G 标准化进程中，考虑将 $\mathcal{L}=8$ 的 CA-SCL 译码方案作为基准译码方案。

图 5-7 给出了 CA-SCL 译码算法对 PC(1024,512) 的 FER 译码性能，同时与原始 SCL 译码算法的性能进行对比。图 5-7 提供了两种算法在 $\mathcal{L}$ 为 2、4、8、16 情况下的性能对照。对于图 5-7 中实线表示的 SCL 译码算法来说，随着列表容量 $\mathcal{L}$ 的增大，其 FER 性能有了显著提升，但同时随着列表容量不断增加，其带来的增益效果不断减小。从对比 SCL 译码算法 $\mathcal{L}=2$ 和 $\mathcal{L}=4$ 的性能增益与

$\mathcal{L} = 8$ 和 $\mathcal{L} = 16$ 的性能增益可以看出，同样对列表容量 $\mathcal{L}$ 增加一倍，后者之间的性能几乎没有明显差别。再者，可以看出随着信噪比 E_b/N_0 的升高，由列表容量 $\mathcal{L}$ 带来的性能增益开始出现收窄，尤其是在 $E_b/N_0 = 2.0$ dB 以后。而到了 $E_b/N_0 = 2.75$ dB 时，SCL 译码算法中 $\mathcal{L}$ 为 4、8、16 时的性能增益几乎没有差别。而图 5-7 中虚线表示的 CA-SCL 译码算法就极大地改善了上述原始算法的不足。可以看出，随着列表容量 $\mathcal{L}$ 的翻倍，CA-SCL 译码算法的性能不断提升且随信噪比 E_b/N_0 的升高以及列表容量 $\mathcal{L}$ 的增大不会出现性能曲线上翘、性能增益收窄的现象。其中对比 CA-SCL 译码算法 $\mathcal{L} = 2$ 和 $\mathcal{L} = 16$ 在达到 FER $= 10^{-3}$ 的性能时，后者提升了 0.62 dB 的性能增益。

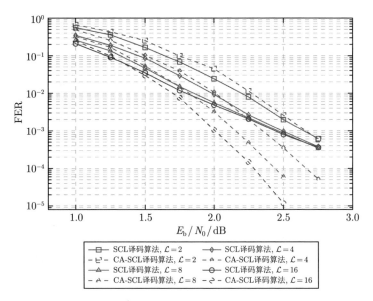

图 5-7　在不同列表容量 $\mathcal{L}$ 下 SCL、CA-SCL 译码算法对 PC(1024, 512) 的误帧率性能对比

在 CA-SCL 译码算法中，CRC 比特通常被添加在源信息比特序列的末尾。因此，SCL 译码器必须要等到完成最后一位译码比特的扩展后，才能通过 CRC 检测模块，验证当前路径是否正确。这种译码方式增加了 CA-SCL 译码算法的复杂度冗余。如果可以在译码过程中及时获取当前路径的 CRC 检测结果，就能提前删除无效的扩展路径，从而较大程度地降低译码复杂度。基于上述思路，参考文献 [28] 和 [31] 提出了一种改进的分段式 CA-SCL（segmented CA-SCL，SCA-SCL）译码算法。

图 5-8 展示分段数为 2 时的 SCA-SCL 译码算法编译码流程。在 SCA-SCL 译码算法的编码端，源信息比特序列首先被按照指定长度分段，然后分别在每

一段子序列末尾处添加 CRC 比特，该末尾处位置称为断点（breaking point）。最后，所有子序列再组合成新的信息比特序列，并且经过极化码编码。在译码端，SCA-SCL 译码器每次译码到断点位置时，会对所有当前保留的路径结果进行 CRC 检测，并且删除校验失败的路径。当出现所有路径均校验失败的情况时，SCA-SCL 译码器提前终止译码，译码失败。通过这种方式，译码器能够提前发现并且删除译码错误的路径，以及当发现所有扩展路径都不正确时，提前终止译码过程，从而有效地降低译码复杂度。值得注意的是，在 2016 年，一共有三种基于分段 CRC 比特的 SCL 译码被独立提出[28,32,33]，其中文献 [28] 和 [32] 基于码长对比特序列进行等分，并对每段比特序列中的信息位附加 CRC 比特，文献 [33] 基于信息长度对信息位进行等分，并对每段信息序列附加 CRC 比特。随后，文献 [31] 和 [34] 探索了如何合理地为每段序列分配 CRC 比特。此外，基于码长等分的方案可以节省最上方译码层的内存消耗[35]。在文献 [36] 中，作者基于 PM 差为每一段分配了不同的列表大小以降低平均路径数。除了上述分段方案，还可以基于信道极化性质进行分段[17]，使得除第一段外每一段的起始部分为连续分布的信息比特，从而可以在 CRC 检测后进行路径删除以降低平均路径数。文献 [37] 还采用了 BCH-CRC 编码来实现类似的分段策略，以获得更好的译码性能。

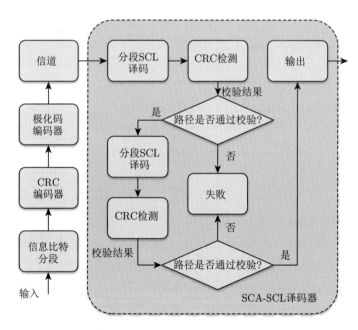

图 5-8   分段数为 2 时的 SCA-SCL 译码算法编译码流程图

5.2.5 自适应 SCL 译码算法

SCL 译码算法在码长较长时，其译码性能优于 Turbo 码和 LDPC 码。但是 SCL 译码算法在译码过程中，总是维持固定的列表路径集合，因此不能满足实际情况中对于译码复杂度和性能灵活的需求。自适应 SCL（adaptive SCL）译码算法可以很好地解决该问题。自适应 SCL 译码算法可以分为两类：译码间自适应 SCL 算法和译码内自适应 SCL 算法。译码间自适应 SCL 译码在每次译码时实现传统的 SCL 译码算法，进行自适应的仅仅是每次译码时列表容量 $\mathcal{L}$ 的大小；译码内自适应 SCL 译码则通过 LLR 信息辅助、CRC 检测辅助或者其他手段有选择地进行路径删除。

1. 译码间自适应 SCL 译码算法

文献 [38] 介绍了一种译码间自适应 SCL 译码算法，从 $\mathcal{L}=1$，即 SC 译码算法进行译码，对最后得到的所有路径进行 CRC 检测，输出通过 CRC 检测中可靠度最高的路径；如果没有一条路径通过 CRC 检测，则将列表容量 $\mathcal{L}$ 扩大到 $2\mathcal{L}$，重新进行 SCL 译码直到至少有一条通过 CRC 检测的路径或 $\mathcal{L}$ 大于一个预设的列表容量阈值 $\mathcal{L}_{\max}$；若后一种情况发生，则直接输出可靠度最高的路径。该方法实质上是用复杂度兑换译码性能的范例。一种优化的方案是 SC 译码结果未通过 CRC 检测后直接进行列表容量为 $\mathcal{L}_{\max}$ 的 SCL 译码 [39]。当信道状况良好时，大部分码字可以被 SC 译码直接译对，因此，尽管自适应 SCL 译码的最差时延取决于列表容量为 $\mathcal{L}_{\max}$ 的 SCL 译码，但其平均时延被大大降低。

2. 译码内自适应 SCL 译码算法

译码内自适应 SCL 译码算法的一个典型思路是：引入自适应机制，在性能不变的情况下降低复杂度。Zhang 等 [40] 采用合理的度量标准，如软信息（soft message），在 SCL 译码的每一阶段保留置信度最高的一条/几条路径，同时删除冗余路径。该方法可以在译码性能不变的情况下，有效地减少所需路径数量，从而降低译码复杂度（尤其是在高信噪比区域）。同时，译码复杂度还可以通过降低对应的排序复杂度来进一步地降低 [41]。值得注意的是，5.2.4 节所介绍的 SCA-SCL 译码算法也是一种译码内自适应机制 [28]，可以降低译码复杂度（尤其是在低信噪比区域）。吸取文献 [28] 和 [41] 的优点，本书提出了两者的结合版本，针对不同的信噪比区域均取得良好的复杂度降低，相关具体描述请见文献 [42]。在文献 [43]、[44] 和 [45] 中，对于每个信息比特，通过比较扩展后的每条路径的路径度量值与预先设定的阈值大小，直接删除置信度低的路径，这种方案也称为列表剪枝。此外，文献 [46] 提出的路径分裂减少自适应 SCL 译码算法通过减少路径分裂的个数来降低译码复杂度，具体地，对于每个信息比特，当一条路径对应的比特 LLR 值的绝对值大于基于比特信道可靠度设置的阈值时,则无须对该路径进行分裂。

5.3　SCS 译码算法

如前文所述,如果将度量信息存储在 "栈" 结构中,并进行相应排序和筛选,便得到 SCS 译码算法。下面将介绍 SCS 译码算法的具体细节。

5.3.1　基本版 SCS 译码算法

可以发现,对于一条确定的译码路径 u_0^{i-1} 而言,其转移概率不可以小于它的子代。这就是说,对于 u_0^{i-1} 的任意子代 u_0^{j-1},式 (5-32) 成立:

$$W_N^{(i)}(u_1^i|y_1^N) \geqslant W_N^{(j)}(u_1^j|y_1^N) \tag{5-32}$$

因此,如果一个长度为 N 的译码路径的转移概率大于另一个长度小于 N 的译码路径的转移概率,那么它也一定大于后者任何长度为 N 的后代。

与在每层找出所有满足条件的 $\mathcal{L}$ 个候选路径的 SCL 译码算法不同,可以沿着单个候选路径继续搜索,直到其转移概率不再是最大的。一旦在所有候选路径中找到具有最大转移概率,且长度为 N 的候选路径,则将其输出为最后的译码结果,译码到此结束。以这种方式译码,可以节省用于扩展其他路径的不必要的计算。上述讨论构成了 SCS 译码算法的基本原理 [47]。

SCS 译码器使用一个有序的栈 $\mathbb{S}$ 来存储候选路径,并尝试通过沿栈中的最佳候选者进行扩展搜索来找到最佳译码路径。每当栈中具有最大转移概率的顶部路径达到码长 N 时,译码过程停止并输出该路径。与卷积码不同,SCS 译码算法不需要在存储路径的数组中添加一个偏置。与 SCL 译码算法中长度相同的竞争者不同,SCS 译码中的候选路径具有不同的长度。

用 D 和 T 分别表示栈的最大深度和当前深度,$L_{\max}$ 表示某一长度路径的最大访问次数,$d_0^{i-1} = (d_0, d_1, \cdots, d_{i-1})$ 表示译码路径,SCS 译码算法步骤如下所示。

(1) 初始化:将栈深度 T 设为 0,计算仅含有根节点的单节点路径对应的概率值。将这条空路径入栈并将栈深度加 1,即 $T = T + 1$。

(2) 出栈:将路径 d_0^{i-1} 从栈顶移出,并将栈深度减 1,即 $T = T - 1$。

(3) 扩展:若译码信息 u_i 是一个冻结位,则简单地将路径扩展为 $d_0^i = (d_0, d_1, \cdots, d_{i-1}, 0)$;否则将路径扩展为 $(d_0, d_1, \cdots, d_{i-1}, 0)$ 和 $(d_0, d_1, \cdots, d_{i-1}, 1)$,并计算其 PM,其方法同 SCL 译码算法。

（4）入栈：如果 $T > D - 2$，则删除栈底路径并使 $T = T - 1$。对于信息位 u_i，将两条扩展路径入栈，并使 $T = T + 2$；对于冻结位，将 $d_0^i = (d_0, d_1, \cdots, d_{i-1}, 0)$ 入栈，并使 $T = T + 1$。

（5）排序：将栈中的路径从顶部到底部按转移概率降序排序。

（6）判断：如果栈顶路径到达码树底部，译码算法终止并输出栈顶路径作为译码路径；否则，回到（2）。

图 5-9 演示了一个 $N = 8$ 的 SCS 译码器。如图所示，SCS 译码算法专注于寻找概率值最大的路径，与 SCL 译码器相同，SCS 译码器也成功找到了最佳路径，并成功减小了计算复杂度。

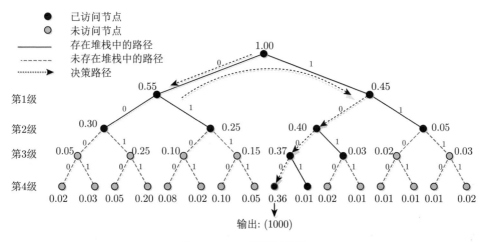

图 5-9　SCS 译码树结构

版权来源：© [2021] IEEE. Reprinted, with permission, from Ref. [48]

与 SCL 译码器相比，SCS 译码器的时间复杂度和空间复杂度分别为 $\mathcal{O}(\mathcal{L}N \log_2 N)$、$\mathcal{O}(DN)$，可以发现在 $L_{\max}$ 相同的情况下，SCL 译码器和 SCS 译码器复杂度近似，性能相同，在最差情况下，SCS 译码器的计算次数与 SCL 译码器相同，但 SCS 译码器的空间复杂度远大于 SCL 译码器。

与 SCL 译码器类似，SCS 译码器同样可以通过 CRC 辅助，实现性能的进一步提升[29]。CRC 码在实际通信系统中被广泛地用于错误检测，如 3GPP 标准。纠错编码器的 K 位输入由 k 个信息位和 m 位 CRC 序列组成，即 $K = k + m$。通过查看作为纠错码源位的一部分的 CRC 位，码率仍被定义为 $R = K/N$。一个 SCS 译码器和 CRC 检测器的组合，如图 5-10 所示。在接收机处，SCS 译码器将候选序列输出到 CRC 检测器，后者反馈将检查结果以帮助码字确定。

CRC 辅助的 SCS 译码算法步骤如下所示。

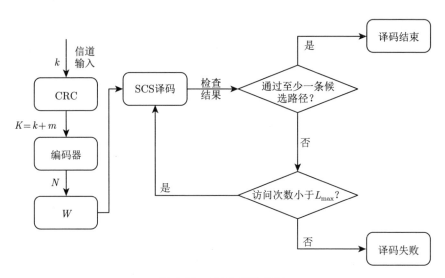

图 5-10　CRC 辅助方案

版权来源：© [2021] IEEE. Reprinted, with permission, from Ref. [49]

（1）～（6）步与上述 SCS 译码算法步骤相同。

（7）CRC 辅助路径筛选：如果栈顶路径到达码树底部，将它从栈中移出，并设置长度为 N 的路径访问次数加 1，以及栈深度减 1。对出栈的路径 d_1^N 进行 CRC 检测。如果检测通过，算法停止并输出 d_1^N 作为最终结果；如果检测未通过且当前路径长度访问次数等于 $L_{\max}$，译码宣布失败；否则，回到第（2）步。

在 AWGN 信道下的仿真结果表明，CA-SCS 译码器可以实现超过 turbo 码的 0.5dB 的显著增益。CA-SCS 译码器的时间复杂度远低于 Turbo 码译码器，并且可以在高 SNR 方案中接近于 SC 译码器。此外，在 CRC 辅助下的译码器中极化码的性能可以超过在 ML 译码中的性能。

5.3.2　简化版 SCS 译码算法

正如 SSC 译码算法之于 SC 译码算法，SCS 译码算法也有其简化版本，即简化版 SCS 译码算法 [50,51]。基本原理仍然是基于极化码中的三种特殊节点：码率为 0 的节点 (R0 节点)、码率为 1 的节点 (R1 节点) 及只包含一位信息位的节点 (REP 节点)。基本原理仍然是基于极化码的特殊节点，通过特殊处理，减少译码过程中的冗余计算，从而实现简化。具体细节详见文献 [50] 和 [51] 的图 5，下面简要介绍基于 R0 节点、R1 节点和 REP 节点的 SCS 译码算法相关步骤。

1. R0 节点处理

由于译码器具有先验知识，即所有冻结位的值均为 0，因此将码率为 0 的节点的译码视为立即执行，而无须将 LLR 传播到子图中，对应的路径度量值更新如下：

$$\text{PM}'_l = \text{PM}_l + \sum_{j=1}^{N_s-1} |\min\{0, \boldsymbol{\lambda}_{s,l}[j]\}| \tag{5-33}$$

2. R1 节点处理

与 R0 节点相反，R1 节点仅包含信息位。对于包含 N_s 个信息位的子图，考虑 N_s 个位每个可能的组合，可以产生 2^{N_s} 个解码候选，这会导致候选集的指数扩展，并且当 N_s 并非很小时，考虑所有候选是不切实际的。因此，不考虑所有 2^{N_s} 个解码候选，而是采用最可能的 $N_s - 2$ 个最可靠比特的硬判决值，并考虑通过改变两个最低可靠比特的值而获得的四个可能的候选路径将其入栈，对应的 PM 值计算如下：

$$\begin{cases} \text{PM}'_{l,0} = \text{PM}_l, \text{PM}'_{l,1} = \text{PM}_l + |\boldsymbol{\lambda}_{s,l}(j_{\min 1})|, \\ \text{PM}'_{l,1} = \text{PM}_l + |\boldsymbol{\lambda}_{s,l}(j_{\min 2})|, \text{PM}'_{l,3} = \text{PM}_l + |\boldsymbol{\lambda}_{s,l}(j_{\min 1})| + |\boldsymbol{\lambda}_{s,l}(j_{\min 2})| \end{cases} \tag{5-34}$$

3. REP 节点处理

在 REP 节点中，相应的 N_s 个编码比特仅具有两个可能的硬判决，即 n 个 0 或 n 个 1，因此为了保证路径扩展，两条路径均可被保留入栈，对应的 PM 值更新如下：

$$\begin{cases} \text{PM}'_{l,\beta_s=0} = \text{PM}_l + \sum_{j=0}^{N_s-1} |\min\{0, \boldsymbol{\lambda}_{s,l}[j]\}|, & \hat{u}_{N_s-1} = 0 \\ \text{PM}'_{l,\beta_s=1} = \text{PM}_l + \sum_{j=0}^{N_s-1} \max\{0, \boldsymbol{\lambda}_{s,l}[j]\}, & \hat{u}_{N_s-1} = 1 \end{cases} \tag{5-35}$$

5.3.3 SCS 译码算法的低复杂度策略

1. 分段 CRC 策略

虽然 CA-SCS 译码器实现了比 SCS 译码器更好的性能，但有两个缺点：① 由于在译码的最后一步之前不能信任译码的有效性，所以会发生不必要的解码复杂度；② 目前已经证明译码失败通常与频繁回溯有关，因此在 SCS 译码处理一次错误传播时，会有额外的译码复杂度。因此，传统的 SCS 译码在这种情况下并不合适，可以使用早期停止标准来改进 SCS 译码，基于分段 CRC 的 SCS（segmented CRC-aided SCS，SCA-SCS）译码算法被提出 [48]。

数值结果显示，分段 CRC 的引进使算法复杂度降低，特别是在低信噪比区域有很大改进。与传统的 CRC 辅助方案相比，CRC 检测器不仅在译码过程结束时被采用，而且在译码过程中其他断点处被采用。借助这些 CRC 检测器，可以更早地减少无效路径和不必要的复杂性。

分段 CRC 辅助方案可以由 $(P, l \times M)$ 描述，其中 P、l、M 分别表示分段的数目、CRC 检测器的长度和 CRC 检测器的数量。图 5-11 显示了四种分段方式的 CRC 预编码方案。

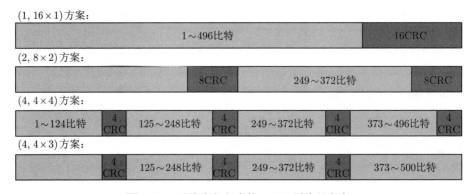

图 5-11　四种分段方式的 CRC 预编码方案

版权来源：© [2021] IEEE. Reprinted, with permission, from Ref. [48]

已知对于任意 B-DMC，信道分裂将码率和置信度从中间移向两边，且极化效应体现在信道容量上。因此考虑极化码编码时的比特翻转操作，可以推断出 i 接近 N 的极化信道 $W_N^{(i)}$ 具有较高的置信度。当分段数 P 相当大时，可以将 CRC 检测器集中放置在前 $P-1$ 段中，用最后一段的所有比特来传递信息。这为最后一段不放置 CRC 检测器提供了可行性。

以 $(4, 4 \times 4)$ SCA-SCS 译码算法为例，其对应的预编码操作如图 5-12 所示，将每个 CRC 译码器的最后一位在比特中的位置依次标记为 index1 $\sim$ index4。

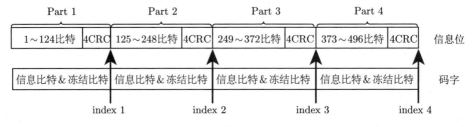

图 5-12　$(4, 4 \times 4)$ SCA-SCS 译码算法对应的预编码操作图

版权来源：© [2021] IEEE. Reprinted, with permission, from Ref. [48]

$(4, 4 \times 4)$ SCA-SCS 译码算法可以总结如下。

（1）初始化：将空路径入栈。将 q_1^N 初始化为一个长度为 N 的全零数组（此处从 1 开始计数，因为扩展后路径长度始终大于零），用于存储当前长度路径的访问次数，并将栈深度 T 置为 1。

（2）出栈：将路径 d_0^{i-1} 从栈顶移出，并将栈深度变为 $T = T - 1$，如果路径非空，则令长度为 $i - 1$ 的路径访问次数加 1，即 $q(i-1) = q(i-1) + 1$。

（3）竞争：如果 $q(i-1) = L$，删除栈中所有长度小于或等于 $i-1$ 的路径并重新更新栈深度 T。

（4）CRC 辅助早中断准则。

① 如果出栈路径长度等于 index1，将栈顶路径从栈中移出，并令 $q(\text{index1}) = q(\text{index1}) + 1, T = T - 1$。对 part 1 进行 CRC 检测。如果检测通过，跳转到第（5）步；如果检测未通过且 $q(\text{index1}) = L_{\max}$ 或 $T = 0$，译码终止并宣布失败；否则，回到第（2）步。

② 如果出栈路径长度等于 index2，将栈顶路径从栈中移出，并令 $q(\text{index2}) = q(\text{index2}) + 1, T = T - 1$。对 part 2 进行 CRC 检测。如果检测通过，跳转到第（5）步；如果检测未通过且 $q(\text{index2}) = L_{\max}$ 或 $T = 0$，译码终止并宣布失败；否则，回到第（2）步。

③ 如果出栈路径长度等于 index3，将栈顶路径从栈中移出，并令 $q(\text{index3}) = q(\text{index3}) + 1, T = T - 1$。对 part 3 进行 CRC 检测。如果检测通过，跳转到第（5）步；如果检测未通过且 $q(\text{index3}) = L_{\max}$ 或 $T = 0$，译码终止并宣布失败；否则，回到第（2）步。

④ 如果出栈路径长度等于 index4，将栈顶路径从栈中移出，并令 $q(\text{index4}) = q(\text{index4}) + 1, T = T - 1$。对 part 4 进行 CRC 检测。如果检测通过，跳转到第（5）步；如果检测未通过且 $q(\text{index4}) = L_{\max}$ 或 $T = 0$，译码终止并宣布失败；否则，回到第（2）步。

⑤ 当出栈的路径长度不等于 index 1～ index 4 时，继续下面的步骤。

（5）扩展：若译码信息 d_i 是一个冻结位，则简单地将路径扩展为 $d_0^i = (d_{i-1}, 0)$；否则将路径扩展为 $(d_{i-1}, 0)$ 和 $(d_{i-1}, 1)$，并计算其转移概率。

（6）入栈：如果 $T > D - 2$，删除栈底路径并令 $T = T - 1$。对于信息位 d_i，将两条扩展路径入栈，并令 $T = T + 2$；对于冻结位，将 $d_0^i = (d_{i-1}, 0)$ 入栈，并令 $T = T + 1$。

（7）排序：将栈中的路径从顶部到底部按转移概率降序重新排序，并回到第（2）步。

一个通用的 $(4, 4 \times 4)$ SCA-SCS 译码算法流程图如图 5-13 所示。其余分段的 SCA-SCS 译码算法也可以按照其实现。

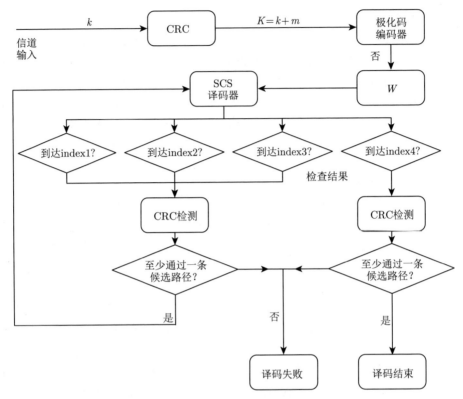

图 5-13   (4,4 × 4) SCA-SCS 译码算法流程图

2. 自适应策略

此外，传统的 SCS 算法存在下述问题：① 其最大定长路径访问次数 L 是固定的，不能根据译码场景而变化；② 其路径扩展策略是固定的，扩展路径必须入栈。基于此，自适应策略被提出以减少访问次数及栈中路径数目 [49,52,53]。

对于信息位，在入栈时，两条扩展路径无论其似然比如何，均为入栈排序，这样很有可能会造成额外的计算复杂度。此外，文献 [47] 中显示，为了达到与 ML 译码器相近的性能，栈深 D 至少应与码长 N 相等，这样 SCS 译码算法的空间复杂度为 $\mathcal{O}(N^2)$，远高于 SCL 译码算法所需的 $\mathcal{O}(LN)$。因此本书提出了修枝策略，设定了路径入栈的条件，以减小栈深度，降低空间复杂度。

该策略在路径扩展后增加决断策略，当且仅当扩展后的路径与栈底路径（栈中当前似然比最小的路径）似然比之差小于阈值时才可以入栈。当 d_i 为信息位时，令 P_0 为栈底路径与 $(d_{i-1}^0, 0)$ 的对数似然比之差，P_1 为栈底路径与 $(d_{i-1}^0, 1)$ 的对数似然比之差，阈值为 T，stk 表示存储路径的栈，stk_i 表示栈中的第 i 条路径，n 表示当前栈深度，决断策略如算法 5.1 所示。

算法 5.1 自适应栈深的决断策略

1: **if** $P_0 < T \&\& P_1 < T$ **then**
2:      $\text{stk}\{n-1\} = (d_0^{i-1}, 0)$;
3:      $\text{stk}\{n\} = (d_0^{i-1}, 1)$;
4:      $n = n + 1$;
5: **else if** $P_0 < T \&\& P_1 > T$ **then**
6:      $\text{stk}\{n-1\} = (d_0^{i-1}, 0)$;
7: **else if** $P_0 > T \&\& P_1 < T$ **then**
8:      $\text{stk}\{n-1\} = (d_0^{i-1}, 1)$;
9: **else**
10:      $n = n - 1$.
11: **end if**

随着某固定长度路径最大访问次数 $L_{\max}$ 的变大，算法性能会越来越好，但与此同时，译码复杂度也会相应地呈线性增加。为了追求性能，毫无限制地提高 $L_{\max}$ 的限定显然是不合理的。因此，本书提出了一种自适应调整 $L_{\max}$ 的方法以实现复杂度与性能的平衡。

令路径长度为 $(1, 2, \cdots, i, \cdots, N)$，则长度为 i 的路径对应的当前出栈次数为 $q_i = (0, 1, \cdots, j, \cdots, L_{\max} - 1)$，则长度为 i 的路径中，第 j 次出栈的路径对数似然比为 $\text{LLR}_{(i,j)}$。当满足决断策略时，L 由 $L_{\max}$ 降为 $L_{\max}/2$，否则，$L_{\max}$ 保持不变。决断策略如算法 5.2 所示。

算法 5.2 降低 $L_{\max}$ 的决断策略

1: **if** $\text{LLR}_{(i, L_{\max}/2-1)} - \text{LLR}_{(i, L_{\max}/2)} > T$ **then**
2:      $L = L_{\max}/2$;
3: **else if** $\text{LLR}_{(i, L_{\max}/2-1)} - \text{LLR}_{(i, L_{\max}/2)} < T$ **then**
4:      $L = L_{\max}$.
5: **end if**

将上述两个算法结合在一起，令某定长路径最大出栈次数为 $L_{\max}$，栈深为 D，长度为 i 的路径访问次数为 q_i，将长度为 i 时，第 i 次出栈的路径似然比存为 $\text{LLR}_{(i,j)}$，T_1 为入栈阈值，T_2 为出栈次数限制阈值。可以得到完整的自适应 SCS 译码算法如算法 5.2 所示。

（1）初始化：将空路径入栈并将对应的似然比置为 0，出栈路径似然比置为 0，初始化栈深 $D = 1$，并将搜索限制 L 置为 $L_{\max}$。

（2）出栈：将路径 d_0^{i-1} 从栈顶移出，如果路径非空，令 $q_{i-1} = q_{i-1} + 1$。

（3）扩展：若 d_i 为冻结位，将路径扩展为 $d_0^i = (d_0^{i-1}, 0)$，否则，将路径扩展为 $(d_0^{i-1}, 0)$ 及 $(d_0^{i-1}, 1)$，并计算对应的似然比。

（4）入栈：对于冻结位，直接将路径入栈；否则，计算扩展路径与栈顶路径的似然比之差，仅在差值超过阈值 T_1 时，将满足条件的路径入栈，具体准则如算法 5.1 所示。

（5）判决：如果 $\mathrm{LLR}_{(i, L_{\max}/2 - 1)} - \mathrm{LLR}_{(i, L_{\max}/2)} > T$，令 $L = L_{\max}/2$，否则 $L = L_{\max}$。具体准则如算法 5.2 所示。

（6）竞争：如果 $q_{i-1} = L$，从栈中删除所有长度小于 i 的路径，重新计算栈深 D。

（7）排序：将候选路径自栈顶至栈底按似然比降序排列。

（8）决断：如果出栈路径长度 $i = N$，译码结束，将该路径输出作为译码结果，否则回到第（2）步。

在介绍了几种低复杂度策略下的 SCS 译码算法之后，图 5-14 给出了 SCS 译码算法在各低复杂度策略包括不同分段 CRC 策略、自适应策略与传统 SCL、SCS 译码算法的 FER 性能进行比较。

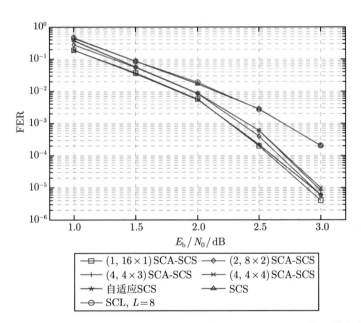

图 5-14　SCS、SCA-SCS、自适应 SCS 译码算法对 PC(1024,512) 的误帧率性能对比

自此，关于 SCS 译码算法低复杂度的策略介绍完毕。如果读者对更多算法细节感兴趣，可以参考文献 [49]、[52]、[53]。

5.4　SCH 译码算法

5.3 节讨论了基于栈的 SCS 译码算法。尽管相比于 SCL 译码算法，SCS 译码算法可以减少搜索路径和访问的节点，从而降低译码复杂度。但是栈结构中的数据存储是无序的，因此 SCS 译码算法每次在寻找最大转移概率对应的路径时，需要对堆栈内所有的节点遍历查找，因此面临着较高的搜索复杂度。针对此问题，文献 [54] 提出了一种新的存储结构，用于存储译码过程中每次扩展之后的路径，该存储结构称为堆（heap）结构。本节先介绍堆结构以及该存储结构的性质，然后再介绍应用堆结构的 SCH 译码算法，最后给出 SCH 译码和 SCS 译码的性能对比结果。

5.4.1　基本版 SCH 译码算法

1. 堆结构简介

堆结构是一种特殊的树型数据结构，其特点是任意一个父节点的所有子节点均按键值（key）大小有序排列。堆结构可以分为最大值堆（max-heap）结构和最小值堆（min-heap）结构。在最大值堆结构中，根节点拥有最大键值，并且父节点的键值总是大于或等于其任意子节点的键值。图 5-15 表示一个完整的二进制最大值堆结构，并且标出了每个节点的键值。图中的黑色箭头表示指向最后一个有效节点的尾指针。为了维护堆结构的节点顺序，通常需要两种操作：① 向上移

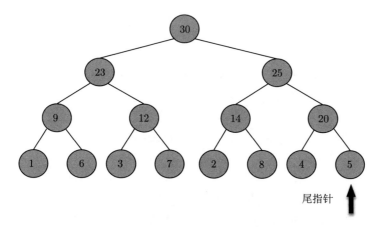

图 5-15　完整的二进制最大值堆结构示意图

位（shift-up）操作；② 向下移位（shift-down）操作。向上移位操作指的是将一个节点沿着边向根节点移动，直到移动至符合节点顺序的位置；向下移位则正好相反，指的是将一个节点沿着边向下移动到合适的位置。一个总共有 D 个节点的最大值堆结构一共包含 $\log_2 D$ 层，其常用操作所对应的复杂度如表 5-1 所示。从表中可以看出，堆结构的查找最大值操作所需时间复杂度仅为 $\mathcal{O}(1)$，插入节点操作的时间复杂度仅为 $\mathcal{O}(\log_2 D)$，远远小于 5.3 节提到的栈结构 $\mathcal{O}(D)$ 的复杂度。因此，基于最大堆值结构的 SCH 译码算法比 SCS 译码算法具有更高的译码效率。

表 5-1　最大值堆结构常用操作复杂度

操作	描述	时间复杂度
查找最大值	查找键值最大的节点	$\mathcal{O}(1)$
插入节点	新增节点	$\mathcal{O}(\log_2 D)$
删除节点	根节点弹出，并且尾部压入新节点	$\mathcal{O}(\log_2 D)$
替换节点	根节点弹出，并且压入新的节点	$\mathcal{O}(\log_2 D)$

2. SCH 译码算法细节

在 SCH 译码算法中，不同长度路径的 PM 值被当作键值存储在堆结构中。假设堆结构的总点数为 D，并且当前的节点为第 $s(s \leqslant D)$ 个节点。假设只考虑信息比特的扩展，堆结构在初始化时，堆内存放的是第一个信息比特扩展得到的两条路径。每次当译码器根据根节点的原有路径，完成对信息比特的路径扩展时，会得到两条新的路径。此时，把新路径中 PM 值较大的路径称为好路径，而PM 值较小的路径称为坏路径。随后，根节点原先的路径会被好路径替换，并且通过向下移位操作到达相应的节点位置。同时，坏路径的替换过程需要考虑到当前堆存储是否已满：若当前堆结构仍有空节点（未存储路径的节点），则坏路径直接插入最底层空节点位置并通过向上移位操作到达合适的节点位置；若当前堆结构所有节点已满，则用坏路径替换最后堆结构一层中，PM 值最小的节点中路径，并且再通过向上移位操作到达合适的节点位置。

图 5-16 展示了 SCH 译码过程中，信息比特扩展时堆结构对应的操作。图中每个节点都存放着一条候选路径，节点内数字代表当前路径的 PM 值，节点下方是当前路径的信息比特译码结果。图 5-16(a) 表示当前堆结构节点未满时，译码路径扩展的过程。首先，译码根节点路径的 PM 值为 −3，并且译码结果为（0101）。针对根节点原有路径进行路径扩展，得到两条新的路径，其译码结果分别为（01010）和（01011），对应的 PM 值为 −6 和 −9。显然，译码结果为（01010）的路径为好路径。因此，用该路径替换根节点路径。同时，译码结果为（01011）的坏路径直接存入最底层空节点。随后，两条新增路径对应的节点分别通过向下移位和向

上移位操作，到达合适的节点位置，该信息比特的路径扩展结束。图 5-16(b) 表示当前的堆结构为满节点时，译码路径扩展的过程。与图 5-16(a) 不同之处在于，路径扩展后的坏路径无法直接插入最底层的空节点。按照前面提到的方法，此时需要寻找最底层节点中，PM 值最小的节点，然后用坏路径替换。然而在实际译码过程中，寻找最后一层节点的最小 PM 值所需要的复杂度较高，会带来无法忍受的译码时延。因此，一个简单有效的方法是在堆结构的最后一层节点中，随机选取某个节点，将其 PM 值与当前坏路径的 PM 值进行比较。若选取的随机节点 PM 值小于当前坏路径的 PM 值，则用当前坏路径直接替换选取节点中存储的路径；反之，则丢弃当前的坏路径。图中的坏路径就是与随机选取的最后一层 PM 值为 −14 的节点比较，并且替换了原节点中的路径。通过这种方式，满节点存储的堆结构路径扩展时延被大幅度降低，同时最后一层节点存放的都是 PM 值相对较小的路径，因此随机选取节点进行比较替换的规则也不会对整体的译码性能造成太大的影响。

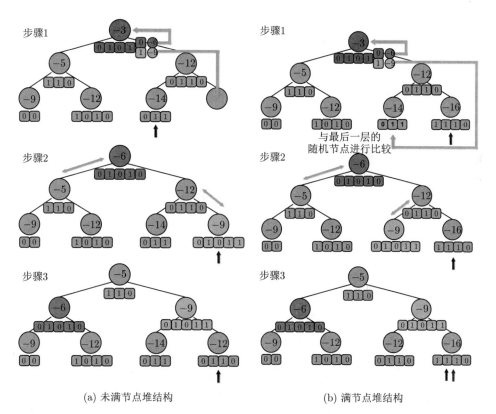

(a) 未满节点堆结构 (b) 满节点堆结构

图 5-16 SCH 译码算法的路径扩展示意图

　　SCH 译码算法的路径扩展不仅要考虑每个节点对应的 PM 值，还需要考虑其路径长度。这是因为译码过程中，PM 值总是会随着扩展路径的长度增加而减小，并且路径扩展总是基于根节点的原有路径发生，从而导致长度较小的未扩展路径反而拥有较大的 PM 值。如果在路径扩展过程中仅考虑 PM 值，就有可能造成最优路径因为 PM 值较小而被舍弃，从而影响译码性能。因此，在上述 SCH 译码算法过程中，需要考虑路径删除（path deletion）操作。实现路径删除操作需要首先定义一个当前所有路径的最大长度 $L_{\max}$，并且在译码开始时将 $L_{\max}$ 初始化为 0。SCH 译码器首先对根节点的路径进行扩展，并且更新 $L_{\max}$ 为扩展路径的长度。随后译码器将按照图 5-16 的操作流程完成对堆结构节点存储路径的更新。紧接着，译码器将根节点存储路径的路径长度 L_{root} 与 $L_{\max}$ 进行比较，如果 $L_{\mathrm{root}} < L_{\max}$，就需要执行路径删除操作。译码器对堆结构的所有节点从尾指针位置开始遍历，逐个将当前节点存储路径的长度与 $L_{\max}$ 比较，直到检索到路径长度不小于 $L_{\max}$ 的节点。此时，译码器将当前检索到的节点与根节点替换位置，并且删除当前尾指针所在位置以及后续位置的节点。被替换后的根节点再通过向下移位操作到达相应位置。至此，SCH 译码器完成了一次针对信息比特的路径扩展。图 5-17 展示了 SCH 译码算法中的路径删除操作。需要注意的是，对多余节点的路径删除所需的复杂度可以忽略不计，因为上述操作的实现仅需在堆结构中将尾指针的位置向前移动一位即可。

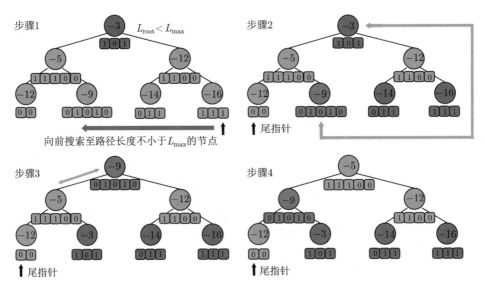

图 5-17　SCH 译码算法的路径删除操作示意图

5.4.2 简化版 SCH 译码算法

基于特殊节点的简化计算方法仍然适用于 SCH 译码算法，其基本原理仍然是关于 R0 节点、R1 节点、REP 节点和 SPC 节点等几种特殊节点的简化。由于简化方案和 5.1 节的简化方案并无不同，这里不再赘述。此外，与 SCS 译码算法类似，CRC 检测同样可以用于辅助 SCH 译码，其具体的实现方式和 5.3 节 SCS 译码中的实现方式相同，这里不再讨论。对 SCH 译码算法感兴趣的读者，想要了解更多算法实现的细节，请参考文献 [54]。

如果把 SCL 译码归为广度优先译码，那么 SCS 译码、SCH 译码可以归为深度优先译码。深度优先译码算法会一直沿着码树中可能性最大的路径进行扩展。除此以外，深度优先译码还包括连续消除优先（SC priority，SCP）译码 [55,56]、顺序译码（sequential decoding）[56,57] 以及 SC-Fano 译码 [58] 等。与计算复杂度固定的 SC 译码及 SCL 译码不同，深度优先译码算法的复杂度主要取决于当前的信噪比，随着信噪比的增加，其计算复杂度逐渐趋近 SC 译码。

5.5　SCF 译码算法

鉴于 SC 译码算法的串行特性，可以考虑在译码过程中适时地引入比特翻转机制来提升译码性能，这就是 SCF 译码算法的基本原理。本节将介绍 SCF 译码算法及其相关优化策略。

5.5.1 单比特翻转的 SCF 译码算法

在 SC 译码中，整个译码过程是串行的，第 i 个比特结果依赖前 $i-1$ 个比特的估计值，因此在译码过程中，第一个出错的比特会使得当前节点返回的 β 出错，进一步使得依赖其得到的 λ 软信息出错，导致其后的数个比特出错。因此，可以将极化码一个误帧中的误码归为两类：因信道噪声产生的误码和因先前错误译码产生的误码。后续描述中，分别将其称为一类误码和二类误码。

不难得出，只需要纠正一类误码，其对应的二类误码也可以随之解决，从而使得当前帧正确译码。观察一类误码的频率，不难发现，在某误帧中绝大多数情况一类误码仅出现一到两次。也就是说，在 CRC 检测不通过后，只需挑出并翻转一到二位一类误码即可使当前帧译码正确，从而极大提升译码器性能。

基于上述思想，我们称这种在 SC 译码过程中对可能的误码进行翻转的译码方法为 SCF 译码。文献 [59] 中提出了一种最初的译码方案，即在第一轮译码中，用 CRC 检测到错误之后，寻找拥有最小的 T 个信息位 LLR 绝对值对应的比特下标，将其组成集合 $\mathbb{F}_{\text{flip}}$。在后续的译码尝试中，依次翻转这 T 个下标所对应的比特估计值，直到译码结果通过 CRC 检测或遍历完整个集合 $\mathbb{F}_{\text{flip}}$，具体算法如

算法 5.3 所示。在算法 5.3 中，函数 $\mathrm{SCF}(\boldsymbol{\lambda}_{n,0}, N, \mathcal{A}, i)$ 表示在信道输出 LLR 为 $\boldsymbol{\lambda}_{n,0}$ 时，对码长为 N、信息比特集合为 $\mathcal{A}$ 的极化码进行 SC 译码，并且在译码过程中对下标为 i 的比特结果进行翻转。函数 $\mathrm{Sort}(|\boldsymbol{\lambda}|, T)$ 返回的是 $\boldsymbol{\lambda}$ 向量中绝对值最小的 T 个元素对应的索引组成的集合。

算法 5.3　极化码 SCF 译码算法

1: $\mathbb{F}_{\mathrm{flip}} \leftarrow \varnothing$

2: $\hat{\boldsymbol{u}} \leftarrow \mathrm{SCF}(\boldsymbol{\lambda}_n, N, \mathcal{A}, -1)$

3: $\mathbb{F}_{\mathrm{flip}} \leftarrow \mathrm{Sort}(\{|\lambda_{0,i}|\}_{i \in \mathcal{A}}, T)$

4: **if** CRC_pass$(\hat{\boldsymbol{u}})$ **then**

5: 　**return** $\hat{\boldsymbol{u}}$

6: **else**

7: 　**for** $i = 0 \rightarrow T - 1$ **do**

8: 　　$\hat{\boldsymbol{u}} \leftarrow \mathrm{SCF}(\boldsymbol{\lambda}_{n,0}, N, \mathcal{A}, \mathbb{F}_{\mathrm{flip}}[i])$

9: 　　**if** CRC_pass$(\hat{\boldsymbol{u}})$ **then**

10: 　　　**return** $\hat{\boldsymbol{u}}$

11: 　　**end if**

12: 　**end for**

13: **end if**

　　然而，在实际情形下，如上文所述，由于极化码的串行特性，往往一个比特的错误就能造成后面多个比特出错，由于 SCF 译码中，其按照 LLR 绝对值判断该比特是否应当进行翻转，但 LLR 绝对值只能体现当前比特错误概率，而无法体现该比特是否为一个一类误码，即是否为第一个出错的比特。若翻转的比特并非第一个错误比特，则该帧仍错误。因此，度量某个比特在译码中翻转与否不仅需要当前比特的 LLR 信息，还需要其之前的译码信息，以判断其是否为一类误码。关于如何通过选取度量值（FM）来提升 SCF 译码性能，本节也有相应的讨论。

5.5.2　多比特翻转的 SCF 译码算法

　　在信噪比较低时，一类误码可能会多次发生，因此在一定情况下，如果每次翻转只翻转一个比特并不能保证译码正确。文献 [60] 中提出了一种改进的 SCF 算法，即在翻一位的翻转集合全部尝试过且 CRC 检测均失败后，进行同时翻转多位的尝试。

　　定义函数 $\mathrm{SCF}(\boldsymbol{\lambda}_{n,0}, N, \mathcal{A}, \{i, j\})$ 表示在信道输出 LLR 为 $\boldsymbol{\lambda}_{n,0}$ 时，对码长为 N、信息比特集合为 $\mathcal{A}$ 的极化码进行 SC 译码，并且在译码过程中分别对下标为 i 和 j 的比特结果进行翻转。在翻转一位的 SCF 译码中 $\{i, j\} = \{i\}$。同时

FilpDetermine($\{\boldsymbol{\lambda}_{n,i}\}_{i\in\mathcal{A}}, \mathbb{F}_{\text{flip}}[i], T$) 表示使用本次 SC 译码的信息位叶节点对应的 LLR 计算翻转度量值，返回选出的 T 组元素数量为 2 的翻转集合。在每组翻转集合中，第一位为当前译码已经翻转的比特（$\mathbb{F}_{\text{flip}}[i]$），第二位为 FilpDetermine 函数新选出的翻转比特。

算法 5.4 极化码翻转 2 位的 SCF 译码算法

1: $\mathbb{F}_{\text{flip}}^{(1)} \leftarrow \varnothing$

2: $\hat{\boldsymbol{u}} \leftarrow \text{SCF}(\boldsymbol{\lambda}_n, N, \mathcal{A}, -1)$

3: **if** CRC_pass($\hat{\boldsymbol{u}}$) **then**

4:     **return** $\hat{\boldsymbol{u}}$

5: **else**

6:     $\mathbb{F}_{\text{flip}}^{(1)} \leftarrow \text{FilpDetermine}(\{\lambda_{0,i}\}_{i\in\mathcal{A}}, -1, T^{(1)})$

7:     **for** $i = 0 \rightarrow T^{(1)} - 1$ **do**

8:         $\hat{\boldsymbol{u}} \leftarrow \text{SCF}(\boldsymbol{\lambda}_{n,0}, N, \mathcal{A}, \mathbb{F}_{\text{flip}}^{(1)}[i])$

9:         **if** CRC_pass($\hat{\boldsymbol{u}}$) **then**

10:             **return** $\hat{\boldsymbol{u}}$

11:         **end if**

12:         **if** $i < T^{(2,1)}$ **then**

13:             $\mathbb{F}_{\text{flip}}^{(2)} \leftarrow \{\text{FilpDetermine}(\{\lambda_{0,i}\}_{i\in\mathcal{A}}, \mathbb{F}_{\text{flip}}^{(1)}[i], T^{(2,2)}) \cup \mathbb{F}_{\text{flip}}^{(2)}\}$

14:         **end if**

15:     **end for**

16:     **for** $i = 0 \rightarrow T^{(2,1)} - 1$ **do**

17:         **for** $j = 0 \rightarrow T^{(2,2)} - 1$ **do**

18:             $\hat{\boldsymbol{u}} \leftarrow \text{SCF}(\boldsymbol{\lambda}_n, N, \mathcal{A}, \mathbb{F}_{\text{flip}}^{(1)}[j + i \cdot T^{(2,2)}])$

19:             **if** CRC_pass($\hat{\boldsymbol{u}}$) **then**

20:                 **return** $\hat{\boldsymbol{u}}$

21:             **end if**

22:         **end for**

23:     **end for**

24: **end if**

    算法 5.4 是在一次 SC 译码中，最多同时翻转两个比特的算法，同时翻转 ω 个比特的算法与之类似。在算法 5.4 中，与算法 5.3 相同，先进行第一次原始的 SC 译码，若 CRC 检测不通过则计算翻一位的翻转集合 $\mathbb{F}_{\text{flip}}^{(1)}$，规定该集合共有 $T^{(1)}$ 个元素。然后对每一组翻转集合进行尝试，尝试的顺序即翻转集合按照 FM

从小到大排序，越小的 FM 表明错误概率更高。若该尝试 CRC 检测不通过，则基于本次译码的叶节点的 λ 值，计算并选出有两个元素的翻转集合 $\mathbb{F}_{\text{flip}}^{(2)}$，同样，规定该集合大小为 $T^{(2,2)}$。其中，每个元素对应两个下标，第一个翻位下标为当前翻一位的对应下标。选择在翻一位的 $T^{(1)}$ 次尝试中的前 $T^{(2,1)}$ 次中选取翻转集合，最终共得到 $T^{(2,1)} \cdot T^{(2,2)}$ 组翻转集合。每次得到的翻转集合直接接在当前已有的翻转方案的集合后。若翻转一位的尝试均未通过 CRC 检测，开始进行规模为 2 的翻转集合的尝试。

5.5.3　FM 的优化策略

5.5.1 节和 5.5.2 节分别介绍了单比特翻转和多比特翻转 SCF 译码的整体逻辑。然而仿真显示，以绝对值为衡量翻转集合优先级的标准是次优的，往往需要一个较大的 T 才能搜索到正确的翻转方案，这给 SCF 译码带来了冗余的复杂度和次优的性能。Zhang 等 [60] 对翻位集合的度量做了进一步探究。定义某一翻位集合为 $\varepsilon_\omega = \{i_0, \cdots, i_{\omega 1}\}$，与之相关的 FM 为 $M_a(\varepsilon_\omega)$。值得注意的是，此处的翻位集合 ε_ω 与之前定义的翻转集合 $\mathbb{F}_{\text{flip}}$ 意义并不相同。ε_ω 中的 ω 个元素指的是一次 SC 译码尝试过程中要同时被翻转的 ω 个比特位置。而 $\mathbb{F}_{\text{flip}}$ 中的 T 个元素分别对应着 T 个 ε_ω。每次 SC 译码尝试只用到 $\mathbb{F}_{\text{flip}}$ 中的一个元素。简单来说，ε_ω 是 $\mathbb{F}_{\text{flip}}$ 的子集合。对于 5.5.1 节中描述的单比特翻转 SCF 译码，$\varepsilon_\omega = \{i_0\}$，FM 如式（5-36）中所示：

$$M_a[\varepsilon_\omega] = M_a[\{i_0\}] = |\lambda_{0,i_0}| \tag{5-36}$$

式（5-36）中所示 FM 计算方案为次优的原因为其并未将 SC 译码的串行性质考虑入其中，即一个出错的比特可能导致后续的一串比特出错。该 FM 只能衡量当前比特的出错概率而不能衡量其是否是第一个出错的比特。对一个比特输出 $\hat{u}_k$，其为第一个错误比特的概率为 $P_{\text{first\_error}}(k)$：

$$P_{\text{first\_error}}(k) = P_e(\hat{u}_k) \prod_{i=0}^{k-1} (1 - P_e(\hat{u}_i))$$

$$= \Pr(\hat{u}_k \neq u_k | \boldsymbol{\lambda}_n, \hat{u}_0^{k-1} = u_0^{k-1}) \prod_{i=0}^{k-1} (1 - \Pr(\hat{u}_i \neq u_i | \boldsymbol{\lambda}_n, \hat{u}_0^{i-1} = u_0^{i-1}))$$

$$\tag{5-37}$$

其中，无法保证 k 位之前的比特全部译码正确，因此 P_e 的值无法实际计算出。对此估计如下：

$$P_e(\hat{u}_k) = \Pr(\hat{u}_k \neq u_k | \boldsymbol{\lambda}_n, \hat{u}_0^{k-1} = u_0^{k-1})$$

$$\approx \Pr(\hat{u}_k \neq u_k | \boldsymbol{\lambda}_n, \hat{u}_0^{k-1}) = \frac{1}{1 + \exp(|\lambda_{0,i}|)} \tag{5-38}$$

对于冻结位，已由收发双方约定好，所以不可能出错。并且使用参数 a 来补偿式 (5-38) 中的近似，得到

$$P_{\text{first\_error}}(k) = \frac{1}{1 + \exp(a|\lambda_{0,k}|)} \cdot \prod_{i=0,i\in\mathcal{A}}^{k-1} \left(\frac{1}{1 + \exp(a|\lambda_{0,i}|)} \right) \tag{5-39}$$

为了消除连乘计算，将式（5-39）通过 $-\frac{1}{a} \cdot \ln(\cdot)$ 转换成对数域形式，其中 $a > 0$。由此得到式（5-40），将其作为比特 $\hat{u}_k$ 对应的 FM 值。其中补偿因子 a 可以通过在不同 SNR 下的蒙特卡罗仿真或者借助神经网络学习来得到。

$$M_a[k] = |\lambda_{0,k}| + \frac{1}{a} \cdot \sum_{i=0,i\in\mathcal{A}}^{k} \ln(1 + \exp(-a \cdot |\lambda_{0,i}|)) \tag{5-40}$$

观察式（5-40），可以发现式中的第一项等价于式（5-36）。公式的后半部分是一个大于零的值，可以看成对位置靠后的比特的一种惩罚值。换句话说，根据 SC 译码的串行特性，越靠后译出的比特越不可能是第一个出错的比特。由于 $-\frac{1}{a} \cdot \ln(\cdot)$ 转换公式改变了单调性，所以 $P_{\text{first\_error}}$ 越大对应的比特，其 M_a 越小，越有可能是第一个出错的比特。

另外，为了降低动态生成翻转集合的复杂度，文献 [61] 和 [62] 提出了关键集合的概念，该集合由每个 R1 节点第一个比特的索引构成，对于特定的码长和码率，是一个固定的集合。此外，固定集合也可以基于蒙特卡罗[63] 或高斯近似[64] 等方案生成，尽管这类固定集合节省了实时判断翻转比特的时间，但是性能并不优于文献 [65] 所提出的方案。

5.5.4 DSCF 译码算法

虽然文献 [60] 较好地提升了 SCF 译码算法的性能，然而 $\mathcal{O}(T^{(2,1)} \cdot T^{(2,2)})$ 的最坏搜索复杂度仍然增加了搜索的规模，SC 译码的串行性质更加凸显了其在时延上的劣势。于是，动态 SCF 译码（DSCF）在文献 [65] 中被提出，其特点是在每次 SC 尝试的过程中，动态更新翻转集合并进行排序。而在之前的非动态 SCF 译码中，翻转集合确定之后就不会发生变化，只是在接下来的译码过程中依次对翻转集中的元素对应的比特进行翻转。在 DSCF 译码的 FM 计算上，进一步基于 SC 译码的串行性进行推导，在对第 ω 个翻位比特进行选择，并对所有可能的 FM 进行计算时，考虑前 $\omega-1$ 位翻位的正确概率。因此，在下列计算中，由 $\varepsilon_{\omega-1} = \{i_0, \cdots, i_{\omega-2}\}$ 表示在计算第 ω 个翻位比特对应的 FM 时，已有的 $\omega-1$ 位的翻位集合。同时，用 $\hat{u}[\varepsilon_\omega]$ 表示在翻位集合 ε_ω 作用下，SCF 译码输出的估计比特向量结果。

1. DSCF 译码算法的 FM

对于一个翻位集合 ε_ω，与式（5-37）类似，其能够翻位正确当且仅当该翻转集合的前 $\omega-1$ 个翻位能够正确地译出第 $0 \sim i_{\omega-1}$ 的所有比特，且第 $i_{\omega-1}$ 个比特在没有翻的时候是错误的。换句话说，在翻位集合 $\varepsilon_{\omega-1}$ 能够正确翻位的基础上，从 $\varepsilon_{\omega-1}$ 最后一个元素 $i_{\omega-2}$ 的后一个比特位置到 $i_{\omega-1}$ 的前一个比特位置所对应的所有比特译码正确。且 $i_{\omega-1}$ 对应的比特在翻位集合为 $\varepsilon_{\omega-1}$ 时，发生错误。这样的话，增加了一个元素的翻位集合 ε_ω 就可以正确地译出比特。对于翻位集合 ε_ω 其能够翻位正确的概率为

$$
\begin{aligned}
P(\varepsilon_\omega) &= \Pr(\hat{\boldsymbol{u}}[\varepsilon_{\omega-1}]_{i_{\omega-1}} \neq \boldsymbol{u}_{i_{\omega-1}}, \hat{\boldsymbol{u}}[\varepsilon_{\omega-1}]_0^{i_{\omega-1}-1} = \boldsymbol{u}_0^{i_{\omega-1}-1}) \\
&= P_{\mathrm{e}}(\hat{\boldsymbol{u}}[\varepsilon_{\omega-1}]_{i_{\omega-1}}) \prod_{i=i_{\omega-2}+1, i\in\mathcal{A}}^{i_{\omega-1}-1} (1 - P_{\mathrm{e}}(\hat{\boldsymbol{u}}[\varepsilon_{\omega-1}]_i)) \cdot P(\varepsilon_{\omega-1})
\end{aligned} \tag{5-41}
$$

由于在 SCF 译码中，从 0 到 $i_{\omega-1}$ 对应的比特的译码软硬信息在翻位集合为 ε_ω 和 $\varepsilon_{\omega-1}$ 时完全一样。由此可以将式（5-41）的递归形式展开。式（5-42）的含义是 ε_ω 中所有的元素对应的比特在翻位之前均译码错误，且在 $i_{\omega-1}$ 之前所有没有被 ε_ω 选中并翻位的信息比特全部译码正确的概率。

$$
P(\varepsilon_\omega) = \prod_{i\in\varepsilon_\omega} P_{\mathrm{e}}(\hat{\boldsymbol{u}}[\varepsilon_{\omega-1}]_i) \cdot \prod_{i<i_{\omega-1}, i\in\mathcal{A}\setminus\varepsilon_\omega} (1 - P_{\mathrm{e}}(\hat{\boldsymbol{u}}[\varepsilon_{\omega-1}]_i)) \tag{5-42}
$$

与式（5-38）与式（5-39）类似，对式（5-42）进行近似，并用参数 a 进行补偿，有

$$
P_{\mathrm{e}}(\hat{\boldsymbol{u}}[\varepsilon_{\omega-1}]_i) \approx \frac{1}{1 + \exp(a|\lambda[\varepsilon_{\omega-1}]_{0,i}|)} \tag{5-43}
$$

其中，$\lambda[\varepsilon_{\omega-1}]_{0,i}$ 表示当翻位集合为 $\varepsilon_{\omega-1}$ 时，第 0 层从左往右第 i 个节点对应的软信息。将式（5-43）代入式（5-42），得到式（5-42）的近似形式：

$$
\begin{aligned}
P(\varepsilon_\omega) &= \prod_{i\in\varepsilon_\omega} \left(\frac{1}{1 + \exp(a|\lambda[\varepsilon_{\omega-1}]_{0,i}|)}\right) \cdot \prod_{i<i_{\omega-1}, i\in\mathcal{A}\setminus\varepsilon_\omega} \left(\frac{1}{1 + \exp(-a|\lambda[\varepsilon_{\omega-1}]_{0,i}|)}\right) \\
&= \frac{1}{1 + \exp(a|\lambda[\varepsilon_{\omega-1}]_{0,i}|)} \cdot \prod_{i=i_{\omega-2}+1, i\in\mathcal{A}}^{i_{\omega-1}-1} \left(\frac{1}{1 + \exp(-a|\lambda[\varepsilon_{\omega-1}]_{0,i}|)}\right) \cdot P(\varepsilon_{\omega-1})
\end{aligned}
$$

$$\tag{5-44}$$

同样的该式可以写成递归形式，递归初始值为 $P(\varnothing) = 1$。

根据等式 $\dfrac{1}{\exp(x)} = \dfrac{\exp(-x)}{1 + \exp(-x)}$，式（5-44）又可以写成

$$P(\varepsilon_\omega) = \prod_{i \in \varepsilon_\omega} (\exp(-a|\lambda[\varepsilon_{\omega-1}]_{0,i}|)) \cdot \prod_{i < i_{\omega-1}, i \in \mathcal{A}} \left(\frac{1}{1 + \exp(-a|\lambda[\varepsilon_{\omega-1}]_{0,i}|)} \right) \quad (5\text{-}45)$$

同样地，为了方便实现，将式（5-45）根据 $-\dfrac{1}{a} \cdot \ln(\cdot)$ 转换到对数域，如式（5-46）所示：

$$\begin{aligned}
M_a(\varepsilon_\omega) &= \sum_{i \in \varepsilon_\omega} (|\lambda[\varepsilon_{\omega-1}]_{0,i}|) + \frac{1}{a} \sum_{i < i_{\omega-1}, i \in \mathcal{A}} (\ln(\exp(-a|\lambda[\varepsilon_{\omega-1}]_{0,i}|))) \\
&= |\lambda[\varepsilon_{\omega-1}]_{0,i_{\omega-1}}| + \frac{1}{a} \sum_{i \geqslant i_{\omega-2}+1, i \in \mathcal{A}}^{i < i_{\omega-1}, i \in A} (\ln(\exp(-a|\lambda[\varepsilon_{\omega-1}]_{0,i}|))) + M_a(\varepsilon_{\omega-1})
\end{aligned}$$
$$(5\text{-}46)$$

由此得到了翻位集合 ε_ω 对应的 FM。其中，M_a 的值越小代表着该翻位集合越有可能正确翻位。

2. FM 计算的简化

由式（5-46）可知，在 DSCF 译码中，计算翻转度量值 FM 需要经过指数和对数运算，这些运算在硬件实现时需要较大的复杂度且在数值上是不稳定的，指数运算容易溢出，对数运算对精度要求较高。因此，需要针对硬件实现，对 DSCF 译码中的 FM 计算找到一种合理的简化，使得在性能接近的前提下减小 FM 计算模块实现的时延和复杂度。

定义 $h(x)$ 函数为

$$h(x) = \frac{1}{a} \ln(1 + \exp(-a|x|)) \quad (5\text{-}47)$$

则式（5-46）的迭代形式可以改写为

$$\begin{aligned}
M_a(\varepsilon_\omega) &= \sum_{i \in \varepsilon_\omega} |\lambda[\varepsilon_{\omega-1}]_{0,i}| + \sum_{i < i_{\omega-1}, i \in \mathcal{A}} h(\lambda[\varepsilon_{\omega-1}]_{0,i}) \\
&= |\lambda[\varepsilon_{\omega-1}]_{0,i_{\omega-1}}| + \sum_{i \geqslant i_{\omega-2}+1, i \in \mathcal{A}}^{i < i_{\omega-1}} h(\lambda[\varepsilon_{\omega-1}]_{0,i}) + M_a(\varepsilon_{\omega-1})
\end{aligned}$$
$$(5\text{-}48)$$

可以发现，在式（5-48）中，除了 $h(x)$ 函数之外，其他运算均为取绝对值与加法等复杂度较低的运算。因此，式（5-48）的复杂度主要取决于 $h(x)$ 函数的计算。

想要降低计算复杂度，必须简化 $h(x)$ 函数。文献 [66] 指出，$h(x)$ 可以近似为以下分段函数：

$$h(x) = \begin{cases} -0.25|x| + 1, & |x| \leqslant 4 \\ 0, & \text{其他} \end{cases} \tag{5-49}$$

文献 [67] 采用了针对常数的 log-MAP 近似公式，将 $h(x)$ 近似为以下形式：

$$h(x) = \begin{cases} 1.5, & |x| \leqslant 5 \\ 0, & \text{其他} \end{cases} \tag{5-50}$$

需要注意的是，此时 $a = 0.3$，该最优化数值是通过蒙特卡罗仿真方法得到的。对比式（5-49），式（5-50）进一步降低了 $h(x)$ 的计算复杂度。

除了上述的近似方法，$h(x)$ 函数的简化还可以通过神经网络训练参数的方法实现。文献 [68] 在神经网络中使用 $\text{ReLU}(x)$ 函数来简化 $h(x)$，并且根据 ω 的取值训练出不同的简化结果，如式（5-51）所示：

$$h(x) = \begin{cases} \text{ReLU}(2.801 - |x|), & \omega = 1 \\ \text{ReLU}(2.196 - |x|), & \omega = 2 \end{cases} \tag{5-51}$$

为了选择合理的简化方案，在采用 PC(1024, 512) 极化码，添加 11 比特 CRC，最大迭代次数 $T = 50$，并且 $\omega = 2$ 的仿真条件下，分别选取上述几种 $h(x)$ 的简化公式，得到不同的 DSCF 译码算法的 FER 性能曲线。如图 5-18 所示，采用上述几种简化 $h(x)$ 函数的 DSCF 译码算法相比于原始未近似的 DSCF 译码算法，在低 SNR 范围内性能均没有较大的衰减。甚至在较高的 SNR 区间内，采用式（5-50）简化的 DSCF 译码算法性能优于原始 DSCF 译码算法。综合比较性能和复杂度，式（5-50）是一种较优的简化方案。

3. DSCF 翻转集合的更新

与 SCF 译码不同，DSCF 译码在每次 SC 译码结果未通过 CRC 检测后会根据 FM 计算产生新的翻位集合 $\varepsilon_{\omega-1}$，并将其按照由小到大的顺序插入翻转集合 $\mathbb{F}_{\text{flip}}$ 中。假设 DSCF 译码设定的最大翻位集合个数为 T，在第一次 SC 译码中，根据式（5-40），能够得到每个信息位各自构成的翻转集合的 FM，选择最大，即最有可能出错的 T 个构成初始的集合。注意到，DSCF 译码的第一次译码尝试其实是一次 $\omega = 1$ 的 DSCF 译码，也就是 5.5.1 节中讲述的一次翻转一位的 SCF 译码。

在随后的每一次 SC 译码尝试中，若不通过 CRC 检测，且当前翻位集合未达到最大长度，则将当前正在尝试的翻位集合后新增一个元素，并将新增后的翻

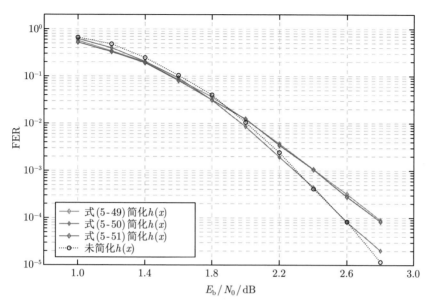

图 5-18 $T = 50$，$\omega = 2$ 时不同 $h(x)$ 简化公式得到的误帧率译码性能

转集合代入式（5-46）中的递归形式，基于正在尝试的翻位集合对应的 FM 进行计算，并将得到的新的翻位集合对原有的 $\mathbb{F}_{\mathrm{flip}}$ 进行选择插入，若其 FM 值大于当前 $\mathbb{F}_{\mathrm{flip}}$ 中拥有最大 FM 值的翻位集合，将当前集合由小到大插入 $\mathbb{F}_{\mathrm{flip}}$ 中对应位置。同时，$\mathbb{F}_{\mathrm{flip}}$ 中拥有最大 FM 值的翻位集合被挤掉。待所有新的翻位集合判断并插入完成后，进行 $\mathbb{F}_{\mathrm{flip}}$ 中下一个翻转集合的尝试。若当前翻位集合已达到最大长度 ω，则直接对下一个翻位集合进行尝试。

DSCF 译码算法流程如算法 5.5 所示，其中定义 $\mathcal{M}_{\mathbb{F}_{\mathrm{flip}}}$ 为翻转集合 $\mathbb{F}_{\mathrm{flip}}$ 中每个翻位集合所对应的 FM 值组成的集合。若 $M_a(\cdot)$ 函数代表如式（5-46）所示的 FM 计算，则 $\mathcal{M}_{\mathbb{F}_{\mathrm{flip}}}[i] = M_a(\mathbb{F}_{\mathrm{flip}}[i])$。此外，函数 $\mathrm{Update}(\mathbb{F}_{\mathrm{flip}}, \mathcal{M}_{\mathbb{F}_{\mathrm{flip}}}, \{\lambda_{0,i}\}_{i \in \mathcal{A}}, \varepsilon_\omega)$ 实现的是翻位集合 ε_ω 的更新，并将其插入翻转集合 $\mathbb{F}_{\mathrm{flip}}$ 中，具体算法如算法 5.6 所示。各变量含义与之前相同，N 为极化码码长，$\mathcal{A}$ 为信息位集合，$a[\mathrm{last}]$ 代表的是数组 a 的最后一个元素。size 函数返回的是目标数组的元素个数，SCF 函数的定义请参考 5.5.1 节。

4. 参数 a 的确定

对于式（5-46）中的参数 a，文献 [65] 提出了一种确定最优参数 a 的模型：

$$a_{\mathrm{model}}(\mathrm{iFER}) = a_1 \ln(\mathrm{iFER})^2 + a_2 \ln(\mathrm{iFER}) + a_3 \tag{5-52}$$

其中，iFER 代表 SC 译码的理想 FER，即 SC 译码 FER 的下界，通过蒙特卡罗仿真确定。$a_1 = 0.0038$，$a_2 = 0.0779$，$a_3 = 0.5716$，其确定方法也是蒙特卡罗仿真得到一组最优的参数。a_{model} 随 SNR 变化而变化。SNR 越大，SC 译码的 FER 越小，a_{model} 也随之减小；SNR 越小，SC 译码的 FER 越大，a_{model} 也随之变大。

算法 5.5   DSCF 译码算法

1: $\mathbb{F}_{\text{flip}} \leftarrow \varnothing$

2: $\mathcal{M}_{\mathbb{F}_{\text{flip}}} \leftarrow \varnothing$

3: $\hat{\boldsymbol{u}} \leftarrow \text{SCF}(\boldsymbol{\lambda}_n, N, \mathcal{A}, -1)$

4: **if** $\text{CRC\_pass}(\hat{\boldsymbol{u}})$ **then**

5:     **return** $\hat{\boldsymbol{u}}$

6: **else**

7:     $\mathbb{F}_{\text{flip}} \leftarrow \text{Update}(\mathbb{F}_{\text{flip}}, \mathcal{M}_{\mathbb{F}_{\text{flip}}}, \{\lambda_{0,i}\}_{i \in \mathcal{A}}, \varnothing)$

8:     **for** $i = 0 \to T - 1$ **do**

9:         $\varepsilon_t \leftarrow \mathbb{F}_{\text{flip}}[\boldsymbol{\lambda}_n]$

10:        $\hat{\boldsymbol{u}} \leftarrow \text{SCF}(\boldsymbol{\lambda}_{n,0}, N, \mathcal{A}, \varepsilon_t)$

11:        **if** $\text{CRC\_pass}(\hat{\boldsymbol{u}})$ **then**

12:            **return** $\hat{\boldsymbol{u}}$

13:        **else**

14:            $\mathbb{F}_{\text{flip}} \leftarrow \text{Update}(\mathbb{F}_{\text{flip}}, \mathcal{M}_{\mathbb{F}_{\text{flip}}}, \{\lambda_{0,i}\}_{i \in \mathcal{A}}, \varepsilon_t)$

15:        **end if**

16:     **end for**

17:     **return** $\hat{\boldsymbol{u}}$

18: **end if**

算法 5.6   DSCF 译码中翻转集合的更新算法

1: **for** $j = \varepsilon_t[\text{last}] + 1 \to N$ **do**

2:     **if** $j \in \mathcal{A}$ **then**

3:         $\varepsilon = \{\varepsilon_t \cup j\}$

4:         $m = M_a(\varepsilon)$

5:         **if** $m < \mathcal{M}_{\mathbb{F}_{\text{flip}}}[\text{last}]$ **and** $\text{size}(\varepsilon) < \omega$ **then**

6:             Insert ε into $\mathbb{F}_{\text{flip}}$

7:         **end if**

8:     **end if**

9: **end for**

10: **return** $\mathbb{F}_{\text{flip}}, \mathcal{M}_{\mathbb{F}_{\text{flip}}}$

5.5.5 Fast-SSCF 译码算法

尽管 SCF 译码算法通过判断并翻转错误比特的方式在性能上相较于 SC 算法有了显著的提升，但是新增的 FM 计算与排序，使得 SCF 译码器在整体时延上要长于 SC 译码器。为了降低时延并减小计算复杂度，受 Fast-SSC 译码启发，文献 [69] 提出了基于快速 SSC 译码的翻转译码算法。随后，首个基于文献 [65] 中翻转指标值的快速 SCF 译码由文献 [70] 提出。文献 [66] 为 SCF 译码引入了特殊节点简化，并提出了改进型 Fast-SSCF 译码算法。

5.5.3 节推导了每次翻转一位时每个比特对应的 FM 计算公式如式（5-40）所示，为了方便进一步讨论，将式（5-40）改写为

$$M_a[k] = |\lambda_{0,k}| + h(\lambda_{0,k}) + \sum_{i=0,i\in\mathcal{A}}^{k-1} h(\lambda_{0,i}) \qquad (5\text{-}53)$$

其中，$h(x) = \dfrac{1}{a}\ln(1+\exp(-a|x|))$。进一步定义 $m(x) = |x| + h(x)$，$\theta = \sum_{i=0,i\in\mathcal{A}}^{k-1} h(\lambda_{0,i})$。
关于特殊节点的返回 $\boldsymbol{\beta}$ 向量的计算在 5.1.3 节已经详细讨论过，这里就不再赘述。我们重点研究的是对于不同的特殊节点，其由于比特翻转所带来的 FM 值的计算。详细的 FM 计算算法如算法 5.7 所示，其中 n 代表的是当前特殊节点的规模，cnt（count）被初始化为 0。

R1 节点的所有叶节点都是信息位，所以其每个比特的 FM 值计算可以直接使用式（5-53）。R0 节点是一个冻结节点，其所有叶节点都是冻结位，所以译码结果直接返回全零向量，且不会牵涉 FM 值的计算。对于 REP 节点，由于只有最后一个叶节点是信息位，根据编码关系，输入 $\boldsymbol{\lambda}$ 向量所有元素的和将用来判决其唯一的信息比特。且只有此信息比特位需要计算 FM 值。SPC 节点的叶节点除了第一个其余全部都是信息位。函数 DSPC$(\cdot)$ 被定义用来找到输入 $\boldsymbol{\lambda}$ 向量中的最小值（ϵ）及其位置（j_ϵ），同时计算输入 $\boldsymbol{\lambda}$ 硬判决之后的奇偶性（$\mathcal{P}$），若 $\mathcal{P} = 1$，可以发现算法 5.7 中的第 11 行可以删去。

5.5.6 Fast-DSSCF 译码算法

虽然带翻位的 SC 译码器（SCF-ω，DSCF-ω 等）增加了极化码的性能，但是当误码时翻位并再进行一次 SC 译码的尝试使得原本由串行性质造成时延较大的 SC 译码拥有了更加糟糕的时延。为了解决该问题，在极化码 DSCF 译码中引入文献 [6] 中的 Fast-SSC 译码特殊节点，以期在不损耗 DSCF 译码性能的前提下，利用特殊节点减少时延。

Ercan 等 [71] 使用了 Fast-SSC 译码的特殊节点，基于文献 [59] 中取绝对值计算 FM 的方法，对各个特殊节点对应的 FM 进行归纳，但由于 SPC 节点自带翻

算法 5.7   Fast-SCF 译码中 FM 值的计算

1: **if** node == R1 **then**

2:      **for** $j = 0 \rightarrow n - 1$ **do**

3:         $M_a[\text{cnt} + j] \leftarrow m(\boldsymbol{\lambda}_{s,i}[j]) + \theta$

4:      **end for**

5:      $\theta \leftarrow \theta + \sum\limits_{j=0}^{n-1} h(\boldsymbol{\lambda}_{s,i}[j]); \text{cnt} \leftarrow \text{cnt} + n$

6: **else if** node == REP **then**

7:      $M_a[\text{cnt} + n - 1] \leftarrow m\left(\sum\limits_{j=0}^{n-1} \boldsymbol{\lambda}_{s,i}[j]\right) + \theta$

8:      $\theta \leftarrow \theta + h\left(\sum\limits_{j=0}^{n-1} \boldsymbol{\lambda}_{s,i}[j]\right); \text{cnt} \leftarrow \text{cnt} + n$

9: **else if** node == SPC **then**

10:      $(\epsilon, j_\epsilon, \mathcal{P}) \leftarrow \text{DSPC}(\boldsymbol{\lambda}_{s,i})$

11:      **for** $j = 0 \rightarrow n - 1$ **and** $j \neq j_\epsilon$ **do**

12:         $M_a[\text{cnt} + j] \leftarrow m(\boldsymbol{\lambda}_{s,i}[j]) + (1 - \mathcal{P}) \cdot m(\epsilon) + \theta$

13:      **end for**

14:      $\theta \leftarrow \theta + \sum\limits_{j=0}^{n-1} h(\boldsymbol{\lambda}_{s,i}[j]) + \mathcal{P} \cdot \epsilon; \text{cnt} \leftarrow \text{cnt} + n$

15: **end if**

位，因此在其 FM 计算中造成了一定性能损失，使得引入了特殊节点的 SCF 译码性能下降。根据式（5-38），其可以拆分为

$$M_a(\varepsilon_\omega) \stackrel{\text{def}}{=} m_a(\varepsilon_\omega) + m_a''(\varepsilon_\omega)$$

$$m_a''(\varepsilon_\omega) \stackrel{\text{def}}{=} \sum_{i \in \varepsilon_{\omega-1}} |\lambda[\varepsilon_{\omega-1}]_{0,i}| + \sum_{i \leqslant i_{\omega-1}, i \in \mathcal{A}} h(\lambda[\varepsilon_{\omega-1}]_{0,i}) \tag{5-54}$$

$$m_a(\varepsilon_\omega) \stackrel{\text{def}}{=} |\lambda[\varepsilon_{\omega-1}]_{0,i_{\omega-1}}|$$

其中，$m_a(\varepsilon_\omega)$ 为当前加入翻位集合的位置对整个翻位集合概率的影响；$m_a''(\varepsilon_\omega)$ 为 SC 译码在该比特之前的过程对整个翻位集合概率的影响。在整个译码过程中，$m_a''(\varepsilon_\omega)$ 为逐渐累加的。每次累加的值如下：

$$\Delta m_a''(i) = \begin{cases} H_a(\lambda[\varepsilon_{\omega-1}]_{0,i}) + |\lambda[\varepsilon_{\omega-1}]_{0,i}|, & i \in \varepsilon_{\omega-1} \\ H_a(\lambda[\varepsilon_{\omega-1}]_{0,i}), & i \notin \varepsilon_{\omega-1}, i \in \mathcal{A} \end{cases} \tag{5-55}$$

译码时每遇到一次信息比特累加一次。

1. 单比特翻转情形

本节基于文献 [66]，使用文献 [60] 中的 FM 计算方法对翻 1 比特的 FM 进行推导，在第 5 部分中，扩展到翻多比特的情形。在本节中，讨论对象为 ε_1。

引入特殊节点后，对译码错误概率的分析单位由串行的比特变成每一个能产生码字的节点，包括 R1 节点、REP 节点、SPC 节点和 SC 译码树中的叶节点。R0 节点由于不产生错误码字而不在考虑范围内，一个独立，不属于任何特殊节点的信息位叶节点被看成 $N_v = 1$ 的 R1 节点。

由于特殊节点返回的为对应层数经过编码后的结果 β_v，因而翻位集合也须针对其进行翻转，因而新的翻位集合变为 $\varepsilon_1 = \{V_{\text{Node}_{i_0}}[j_0]\}$。

定义任意叶节点 V_{Node_i} 在前面所有叶节点均正确译码的前提下，正确译码的概率如式（5-56）所示：

$$P(V_{\text{Node}_i}) \stackrel{\text{def}}{=} \Pr(\hat{\beta}_{\text{Node}_i} = \beta_{\text{Node}_i} | \hat{\beta}_{\text{Node}_0} = \beta_{\text{Node}_0}, \cdots, \hat{\beta}_{\text{Node}_{i-1}} = \beta_{\text{Node}_{i-1}}, \lambda_{n,0})$$
(5-56)

由于在真实情形下，β_{Node_j} 难以得到，因此用 $Q(V_{\text{Node}_j})$ 估计 $P(v_i)$，有

$$Q(V_{\text{Node}_i}) \stackrel{\text{def}}{=} \Pr(\hat{\beta}_{\text{Node}_i} = \beta_{\text{Node}_i} | \hat{\beta}_{\text{Node}_0} = \beta_{\text{Node}_0}, \cdots, \hat{\beta}_{\text{Node}_{i-1}} = \beta_{\text{Node}_{i-1}}, \lambda_{n,0})$$
(5-57)

对于 $\varepsilon_1 = \{V_{\text{Node}_{i_0}}[j_0)]\}$，由于在讨论单一比特的情形，其 FM 描述为该比特为首个错误的概率，即将在之前所有特殊节点返回的比特均正确的情形下，当前比特错误的概率。根据式（5-54）中对对数域中 FM 的拆分，有

$$m_a''(\varepsilon_1) = \sum_{i=0}^{i_0-1} Q_a'(V_{\text{Node}_i})$$
(5-58)

其中，$Q_a'(V_{\text{Node}_i})$ 为对数域下的 $P(V_{\text{Node}_i})$ 估计并以 a 为参数进行补偿后的结果，即 $Q_a'(V_{\text{Node}_i}) = \log(Q_a(V_{\text{Node}_i}))$。

同时对每种不同的节点，其累加的 $\Delta m_a''(V_{\text{Node}_i})$ 各不相同。下面将对不同节点累加的 $\Delta m_a''(V_{\text{Node}_i})$ 以及该节点中某个比特出错误的概率进行分析。

有了上述定义，根据式（5-38），可以对每一个生成硬信息的译码节点进行分析。在上文对 SC 译码的树型结构介绍时，对每个节点，传入的 LLR 值为 λ_s。

2. R1 节点的错误分析

对于 R1 节点，由于其节点返回的所有比特在运算过程中为直接硬判决且完全独立，其节点的错误概率为其中所有比特的错误概率之积。而其单个比特的错误概率不受其他比特影响。如式（5-59）所示：

$$Q(V_{\text{Node}_i})_{\text{R1}} = \prod_{j=0}^{N_s-1} \frac{1}{1 + \exp(-|\lambda_s[j]|)}$$
(5-59)

对应入对数域中，有

$$\Delta m_a''(V_{\text{Node}_i})_{\text{R1}} = -\frac{1}{a} \sum_{j=0}^{N_s-1} \ln \left(\frac{1}{1 + \exp(-a|\boldsymbol{\lambda}_s[j]|)} \right)$$

$$= \sum_{k=0}^{N_s-1} h(\boldsymbol{\lambda}_s[j]) \tag{5-60}$$

对于 R1 节点中某单独比特 $V_{\text{Node}_i}[j]$，由于 $m_a(\varepsilon_\omega)$ 仅和 $i_{\omega-1}$ 有关，因而 $m_a(\varepsilon_\omega) = m_a(i_{\omega-1})$，即可以进行单比特分析：

$$m_a(V_{\text{Node}_i}[j])_{\text{R1}} = h\left(\boldsymbol{\lambda}_s[j]\right) \tag{5-61}$$

3. REP 节点的错误分析

对于 REP 节点，由于其仅有最后一位为信息位，因此其返回的硬编码向量的所有位同为 0 或 1。其节点的误码概率和单个比特的误码概率相同，因而有 $\Delta m_a''(V_{\text{Node}_i})_{\text{REP}} = m_a'(V_{\text{Node}_i})[j]_{\text{REP}}$，且其节点最终用于判决的 LLR 值为所有输入 LLR 之和，因此有

$$Q(V_{\text{Node}_i})_{\text{REP}} = \frac{1}{1 + \exp\left(-\left|\sum_{j=0}^{N_s-1} \boldsymbol{\lambda}_s[j]\right|\right)} \tag{5-62}$$

放入对数域中并进行估计，有

$$m_a(V_{\text{Node}_i}[j])_{\text{REP}} = \Delta m_a''(V_{\text{Node}_i}[j])_{\text{REP}} = h\left(\sum_{j=0}^{N_s-1} \boldsymbol{\lambda}_s[j] \right) \tag{5-63}$$

4. SPC 节点的错误分析

对于 SPC 节点，由于 SPC 节点的翻位需要保证节点的奇偶性，因而同时需要两个比特进行翻位，即在 $N_s - 1$ 个信息位中，选择两个最不靠谱的比特进行翻位。该翻位操作考虑的是在 Fast-SSC 译码中，若奇偶性不符合和为 0 的要求，则对 SPC 节点中，LLR 绝对值最小的比特进行翻位。由 SPC 节点的性质，其最不靠谱的比特即为具有最小 LLR 绝对值的比特，因此，在某个比特翻位后，SPC 节点该比特必须翻位。在计算概率的过程中，由于 SPC 节点中本需要翻位的节点与其他节点的值不相互独立，因此需要分开考虑。

已知 SPC 节点在纠错前的所有比特的模 2 和为 $\mathcal{P}$，$\boldsymbol{\lambda}_s$ 中 LLR 绝对值最小的位置记作 $j_{\min}$。当 $\mathcal{P} = 1$ 时，若将 SPC 节点译码结果看成相互独立，则可估计该 SPC 节点译码正确的概率为：$j_{\min}$ 所在的比特错误的概率与其他位置所在

的比特正确的概率之积。而 $\mathcal{P} = 0$ 时，SPC 节点的译码结果与 R1 节点相同，因此该 SPC 节点译码正确的概率为所有比特译码正确的概率之积，即

$$
Q(V_{\mathrm{Node}_i})_{\mathrm{SPC}} \approx \begin{cases} \dfrac{1}{1 + \exp(-|\boldsymbol{\lambda}_s[j_{\min}]|)} \displaystyle\prod_{j=0,\ j\neq j_{\min}}^{N_s-1} \dfrac{1}{1 + \exp(-|\boldsymbol{\lambda}_s[j]|)}, & \mathcal{P} = 1 \\[4mm] \displaystyle\prod_{j=0}^{N_s-1} \dfrac{1}{1 + \exp(-|\boldsymbol{\lambda}_s[j]|)}, & \mathcal{P} = 0 \end{cases}
$$

$$(5\text{-}64)$$

将式（5-64）整理归纳，并改写，可得

$$
Q(V_{\mathrm{Node}_i})_{\mathrm{SPC}} \approx \exp(-\mathcal{P} \cdot \boldsymbol{\lambda}_s[j_{\min}]) \prod_{j=0}^{N_s-1} \dfrac{1}{1 + \exp(-|\boldsymbol{\lambda}_s[j]|)} \tag{5-65}
$$

到对数域，由于式（5-65）中 $\exp(-\mathcal{P} \cdot \boldsymbol{\lambda}_s[j_{\min}])$ 部分不受估计影响，因此直接取对数并取负，那么有

$$
\begin{aligned}
\Delta m_a''(V_{\mathrm{Node}_i})_{\mathrm{SPC}} &= \mathcal{P} \cdot |\boldsymbol{\lambda}_s[j_{\min}]| + \frac{1}{a} \sum_{j=0}^{N_s-1} \ln\left(\frac{1}{1 + \exp(-a|\boldsymbol{\lambda}_s[j]|)}\right) \\
&= \mathcal{P} \cdot |\boldsymbol{\lambda}_s[j_{\min}]| + \sum_{j=0}^{N_s-1} h(\boldsymbol{\lambda}_s[j])
\end{aligned} \tag{5-66}
$$

对于单个比特，若 $\mathcal{P} = 1$，其翻位的概率可以估计为其独立错误的概率；若 $\mathcal{P} = 0$，由于奇偶性限制，其翻位需要同时翻其本身和 $j_{\min}$ 位，所以其翻位正确的概率可以估计为其本身和第 $j_{\min}$ 位同时错误的概率，其对应的每个比特对 FM 的附加值可以归纳为

$$
m_a(V_{\mathrm{Node}_i}[j])_{\mathrm{SPC}} = (1 - \mathcal{P})h(\boldsymbol{\lambda}_s[j_{\min}]) + h(\boldsymbol{\lambda}_s[j]) \tag{5-67}
$$

5. 多比特翻转情形

为了进一步提升性能，将上一节扩展到翻多位的情况，参照在介绍 DSCF 译码中的推导，对于一个翻位集合 $\varepsilon_{\omega-1}$ 扩展到 ε_ω，由式（5-42）可知，ε_ω 翻位集合正确的概率为在 $\varepsilon_{\omega-1}$ 翻位正确的前提下，其间所有节点译码正确，且当前 $i_{\omega-1}$ 比特错误的概率，可以表示为

$$
P(\varepsilon_\omega) = P(\varepsilon_{\omega-1})P_{\mathrm{e}}(v_{i_{\omega-1}}[j_{\omega-1}']) \cdot \prod_{i=i_{\omega-2}+1}^{i_{\omega-1}-1} P_{\mathrm{Node}}(v_i) \tag{5-68}
$$

这里设比特 $i_{\omega-2}$ 和 $i_{\omega-1}$ 所属的特殊节点分别为 $V_{\mathrm{Node}_{i_{\omega-2}}}$ 和 $V_{\mathrm{Node}_{i_{\omega-1}}}$，定义 $j_{\omega-1}'$ 为 $i_{\omega-1}$ 比特在节点中的相对下标。

考虑实际情形，有

$$P(\varepsilon_\omega) \approx Q(\varepsilon_{\omega-1}) Q_{\mathrm{e}}(v_{i_{\omega-1}}[i'_{\omega-1}]) \cdot \prod_{i=i_{\omega-2}+1}^{i_{\omega-1}-1} Q_{\mathrm{Node}}(V_{\mathrm{Node}_i}) \qquad (5\text{-}69)$$

其中，$Q_{\mathrm{e}}(v_{i_{\omega-1}}[j'_{\omega-1}])$ 为从接收端移植的信息估计到的 $i_{\omega-1}$ 节点的错误概率。因此，可以得到 ε_ω 对应的 FM 如下：

$$M_a(\varepsilon_\omega) = M_a(\varepsilon_{\omega-1}) + \sum_{i=i_{\omega-2}+1}^{i_{\omega-1}-1} \Delta m''_a(V_{\mathrm{Node}_i}) + m_a(v_{i_{\omega-1}}[j'_{\omega-1}]) \qquad (5\text{-}70)$$

注意此处对于每个特殊节点而言，最多只能进行一位翻位。

6. 算法性能与结果分析

本节中，若不加以特殊说明，统一以 $(1024, 512)$ 极化码（含 11 比特 CRC 码位）进行仿真。首先在不同 a 值下测试 Fast-DSSCF 的性能如图 5-19 所示，可以得出在 $a = 0.5$ 时获得最好性能。

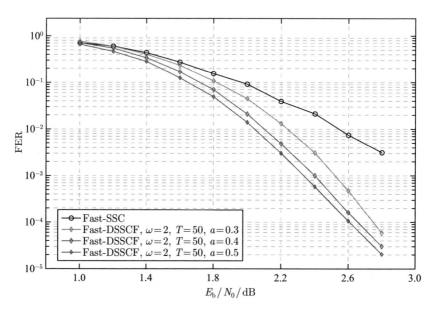

图 5-19　不同 a 参数下 Fast-DSSCF 误帧率性能对比

对于多比特翻位的 Fast-DSSCF 的 SC 译码尝试次数，取 $a = 0.5$，$\omega = 2$，T 分别等于 10 和 50 时，DSCF 和 Fast-DSSCF 两种译码算法进行对比。同时，与 5.5.5 节提到的单比特翻转的改进型 Fast-SSCF 译码算法在相同参数下进行比较。由图 5-20 可以看出动态选取翻转集合所带来的性能提升是明显的，在 FER=10^{-4} 时，约有 0.25dB 的性能提升。

从图 5-21 中可以看出，在 $a = 0.5$ 时低信噪比下，Fast-DSSCF 译码在 $\omega = 2$ 的多比特翻位时，所需的尝试次数比 DSCF 译码略多。但考虑到快速译码器在硬件实现时的极低时延，上述增加的 SC 译码次数可以忽略。

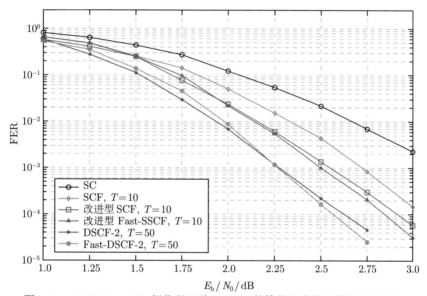

图 5-20 PC(1024, 512) 极化码几种 SCF 及其简化方案的误帧率性能对比

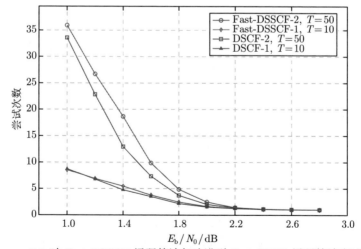

图 5-21 $a = 0.5$ 时 Fast-DSSCF 译码算法与改进型 Fast-SSCF 译码算法尝试次数对比

5.6　本 章 小 结

本章分类介绍了 SC 大类的译码算法, 分别包括基本的 SC 译码算法、SCL 译码算法、SCS 译码算法、SCH 译码算法、SCF 译码算法等。同时, 给出了对应译码算法的改进和优化策略。因为篇幅所限, 本章主要着眼于读者所需的常见 SC 大类译码算法和常见优化方法。对更多细节感兴趣的读者可以参阅文献 [72]～[75]。第 6 章将着重介绍极化码译码算法的另一大类: BP 大类译码算法。

参 考 文 献

[1] Arıkan E. Channel polarization: A method for constructing capacity-achieving codes for symmetric binary-input memoryless channels. IEEE Transactions on Information Theory, 2009, 55(7): 3051-3073.

[2] Alamdar-Yazdi A, Kschischang F R. A simplified successive-cancellation decoder for polar codes. IEEE Communications Letters, 2011, 15(12): 1378-1380.

[3] Sarkis G, Gross W J. Increasing the throughput of polar decoders. IEEE Communications Letters, 2013, 17(4): 725-728.

[4] Vangala H, Viterbo E, Hong Y. A new multiple folded successive cancellation decoder for polar codes//Proceedings of IEEE Information Theory Workshop, Hobart, 2014: 381-385.

[5] Li B, Shen H, Tse D, et al. Low-latency polar codes via hybrid decoding//Proceedings of IEEE International Symposium on Turbo Codes and Iterative Information Processing, Bremen, 2014: 223-227.

[6] Sarkis G, Giard P, Vardy A, et al. Fast polar decoders: Algorithm and implementation. IEEE Journal on Selected Areas in Communications, 2014, 32(5): 946-957.

[7] Hanif M, Ardakani M. Fast successive-cancellation decoding of polar codes: Identification and decoding of new nodes. IEEE Communications Letters, 2017, 21(11): 2360-2363.

[8] Condo C, Bioglio V, Land I. Generalized fast decoding of polar codes//Proceedings of IEEE Global Communications Conference, Abu Dhabi, 2018: 1-6.

[9] Tal I, Vardy A. List decoding of polar codes. IEEE Transactions on Information Theory, 2015, 61(5): 2213-2226.

[10] Balatsoukas-Stimming A, Parizi M B, Burg A. LLR-based successive cancellation list decoding of polar codes. IEEE Transactions on Signal Processing, 2015, 63(19): 5165-5179.

[11] Balatsoukas-Stimming A, Bastani Parizi M, Burg A. On metric sorting for successive cancellation list decoding of polar codes//Proceedings of IEEE International Symposium on Circuits and Systems, Lisbon, 2015: 1993-1996.

[12] Gal B L, Delomier Y, Leroux C, et al. Low-latency sorter architecture for polar codes successive-cancellation-list decoding//Proceedings of IEEE Workshop on Signal Processing Systems, Coimbra, 2020: 1-5.

[13] Song H C, Zhang S Q, You X H, et al. Efficient metric sorting schemes for successive cancellation list decoding of polar codes//Proceedings of IEEE International Symposium on Circuits and Systems, Baltimore, 2017: 1-4.

[14] Kong B Y, Yoo H, Park I. Efficient sorting architecture for successive-cancellationlist decoding of polar codes. IEEE Transactions on Circuits and Systems II: Express Briefs, 2016, 63(7): 673-677.

[15] Bioglio V, Gabry F, Godard L, et al. Two-step metric sorting for parallel successive cancellation list decoding of polar codes. IEEE Communications Letters, 2017, 21(3): 456-459.

[16] Liang X, Yang J M, Zhang C, et al. Hardware efficient and low-latency CA-SCL decoder based on distributed sorting//Proceedings of IEEE Global Communications Conference, Washington, 2016: 1-6.

[17] Shen Y F, Li L P, Yang J M, et al. Low-latency segmented list-pruning software polar list decoder. IEEE Transactions on Vehicular Technology, 2020, 69(4): 3575-3589.

[18] Fan Y F, Chen J, Xia C Y, et al. Low-latency list decoding of polar codes with double thresholding//Proceedings of IEEE International Conference on Acoustics, Speech and Signal Processing, South Brisbane, 2015: 1042-1046.

[19] Lin J, Xiong C R, Yan Z Y. A high throughput list decoder architecture for polar codes. IEEE Transactions on Very Large Scale Integration, Systems, 2016, 24(6): 2378-2391.

[20] Balatsoukas-Stimming A, Raymond A J, Gross W J, et al. Hardware architecture for list successive cancellation decoding of polar codes. IEEE Transactions on Circuits and Systems II: Express Briefs, 2014, 61(8): 609-613.

[21] Lin J, Yan Z Y. A hybrid partial sum computation unit architecture for list decoders of polar codes//Proceedings of IEEE International Conference on Acoustics, Speech and Signal Processing, South Brisbane, 2015: 1076-1080.

[22] Sarkis G, Giard P, Vardy A, et al. Fast list decoders for polar codes. IEEE Journal on Selected Areas in Communications, 2016, 34(2): 318-328.

[23] Hashemi S A, Condo C, Gross W J. Fast simplified successive-cancellation list decoding of polar codes//Proceedings of IEEE Wireless Communications and Networking Conference Workshops, San Francisco, 2017: 1-6.

[24] Hashemi S A, Condo C, Gross W J. Fast and flexible successive-cancellation list decoders for polar codes. IEEE Transactions on Signal Processing, 2017, 65(21): 5756-5769.

[25] Ji H R, Shen Y F, Zhang Z C, et al. Flexible and adaptive path splitting of simplified successive cancellation list polar decoding//Proceedings of IEEE International Conference on ASIC, Chongqing, 2019: 1-4.

[26]　Lee H Y, Pan Y H, Ueng Y L. A node-reliability based CRC-aided successive cancellation list polar decoder architecture combined with post-processing. IEEE Transactions on Signal Processing, 2020, 68: 5954-5967.

[27]　ArdakaniMH, Hanif M, Ardakani M, et al. Fast successive-cancellation-based decoders of polar codes. IEEE Transactions on Communications, 2019, 67(7): 4562-4574.

[28]　Zhou H Y, Zhang C, Song W Q, et al. Segmented CRC-aided SC list polar decoding// Proceedings of IEEE Vehicular Technology Conference, Nanjing, 2016: 1-5.

[29]　Niu K, Chen K. CRC-aided decoding of polar codes. IEEE Communications Letters, 2012, 16(10): 1668-1671.

[30]　Yuan B, Parhi K K. Successive cancellation list polar decoder using log-likelihood ratios//Proceedings of IEEE Asilomar Conference on Signals, Systems and Computers, Pacific Grove, 2014: 548-552.

[31]　Zhou H Y, Liang X, Li L P, et al. Segmented successive cancellation list polar decoding with tailored CRC. Journal of Signal Processing Systems, 2019, 91(8): 923-935.

[32]　Hashemi S A, Balatsoukas-Stimming A, Giard P, et al. Partitioned successivecancellation list decoding of polar codes//Proceedings of IEEE International Conference on Acoustics, Speech and Signal Processing, Shanghai, 2016: 957-960.

[33]　Guo J F, Shi Z P, Liu Z L, et al. Multi-CRC polar codes and their applications. IEEE Communications Letters, 2016, 20(2): 212-215.

[34]　Hashemi S A, Mondelli M, Hassani S H, et al. Decoder partitioning: Towards practical list decoding of polar codes. IEEE Transactions on Communications, 2018, 66(9): 3749-3759.

[35]　Hashemi S A, Condo C, Ercan F, et al. Memory-efficient polar decoders. IEEE Journal on Emerging and Selected Topics in Circuits and Systems, 2017, 7(4): 604-615.

[36]　Rowshan M, Viterbo E. Stepped list decoding for polar codes//Proceedings of IEEE International Symposium on Turbo Codes & Iterative Information Processing, Hong Kong, 2018: 1-5.

[37]　Liang X, Zhou H Y, Wang Z F, et al. Segmented successive cancellation list polar decoding with joint BCH-CRC codes//Proceedings of IEEE Asilomar Conference on Signals, Systems and Computers, Pacific Grove, 2017: 1509-1513.

[38]　Li B, Shen H, Tse D. An adaptive successive cancellation list decoder for polar codes with cyclic redundancy check. IEEE Communications Letters, 2012, 16(12): 2044-2047.

[39]　Sarkis G, Giard P, Vardy A, et al. Increasing the speed of polar list decoders// Proceedings of IEEE Workshop on Signal Processing Systems, Belfast, 2014: 1-6.

[40]　Zhang C, Wang Z F, You X H, et al. Efficient adaptive list successive cancellation decoder for polar codes//Proceedings of IEEE Asilomar Conference on Signals, Systems and Computers, Pacific Grove, 2014: 126-130.

[41] Yang J M, Zhang C, Xu S G, et al. Low-complexity adaptive successive cancellation list polar decoder based on relaxed sorting//Proceedings of IEEE International Conference on Wireless Communications & Signal Processing, Nanjing, 2015: 1-5.

[42] Song W Q, Zhang C, Zhang S Q, et al. Efficient adaptive successive cancellation list decoders for polar codes//Proceedings of IEEE International Conference on Digital Signal Processing, Beijing, 2016: 218-222.

[43] Chen K, Niu K, Lin J R. A reduced-complexity successive cancellation list decoding of polar codes//Proceedings of IEEE Vehicular Technology Conference, Dresden, 2013: 1-5.

[44] Chen J, Fan Y Z, Xia C Y, et al. Low-complexity list successive-cancellation decoding of polar codes using list pruning//Proceedings of IEEE Global Communications Conference, Washington, 2016: 1-6.

[45] Chen K, Li B, Shen H, et al. Reduce the complexity of list decoding of polar codes by tree-pruning. IEEE Communications Letters, 2016, 20(2): 204-207.

[46] Zhang Z Y, Zhang L, Wang X B, et al. A split-reduced successive cancellation list decoder for polar codes. IEEE Journal on Selected Areas in Communications, 2016, 34(2): 292-302.

[47] Niu K, Chen K. Stack decoding of polar codes. Electronics Letters, 2012, 48(12): 695-697.

[48] Song W Q, Zhou H Y, Zhao Y, et al. Low-complexity segmented CRC-aided SC stack decoder for polar codes//Proceedings of IEEE Asilomar Conference on Signals, Systems and Computers, Pacific Grove, 2016: 1189-1193.

[49] Song W Q, Zhou H Y, Niu K, et al. Efficient successive cancellation stack decoder for polar codes. IEEE Transactions on Very Large Scale Integration Systems, 2019, 27(11): 2608-2619.

[50] Aurora H, Gross W J. Towards practical software stack decoding of polar codes. ArXiv preprint arXiv:1809.03606, 2018.

[51] Xiang L P, Zhong S D, Maunder R G, et al. Reduced-complexity low-latency logarithmic successive cancellation stack polar decoding for 5G new radio and its software implementation. IEEE Transactions on Vehicular Technology, 2020, 69(11): 12449-12458.

[52] Aurora H, Condo C, Gross W J. Low-complexity software stack decoding of polar codes//Proceedings of IEEE International Symposium on Circuits and Systems, Florence, 2018: 1-5.

[53] Xiang L P, Egilmez Z B K, Maunder R G, et al. CRC-aided logarithmic stack decoding of polar codes for ultra reliable low latency communication in 3GPP new radio. IEEE Access, 2019, 7: 28559-28573.

[54] Zhou H Y, Liang X, Zhang C, et al. Successive cancellation heap polar decoding//Proceedings of IEEE Global Communications Conference, Washington, 2016: 1-6.

[55] Guan D, Niu K, Dong C, et al. Successive cancellation priority decoding of polar codes. IEEE Access, 2019, 7: 9575-9585.

[56] Song W Q, Shen Y F, Fu Y X, et al. Adaptive successive cancellation priority decoder for 5G polar codes//Proceedings of IEEE International Symposium on Circuits and Systems, Daegu, 2021: 1-5.

[57] Miloslavskaya V, Trifonov P. Sequential decoding of polar codes. IEEE Communications Letters, 2014, 18(7): 1127-1130.

[58] Jeong M O, Hong S N. SC-Fano decoding of polar codes. IEEE Access, 2019, 7: 81682-81690.

[59] Afisiadis O, Balatsoukas-Stimming A, Burg A. A low-complexity improved successive cancellation decoder for polar codes//Proceedings of IEEE Asilomar Conference on Signals, Systems and Computers, Pacific Grove, 2014: 2116-2120.

[60] Chandesris L, Savin V, Declercq D. An improved SC-flip decoder for polar codes// Proceedings of IEEE Global Communications Conference, Washington, 2016: 1-6.

[61] Zhang Z Y, Qin K J, Zhang L, et al. Progressive bit-flipping decoding of polar codes over layered critical sets//Proceedings of IEEE Global Communications Conference, Singapore, 2017: 1-6.

[62] Zhang Z Y, Qin K, Zhang L, et al. Progressive bit-flipping decoding of polar codes: A critical-set based tree search approach. IEEE Access, 2018, 6: 57738-57750.

[63] Ercan F, Condo C, Gross W J. Improved bit-flipping algorithm for successive cancellation decoding of polar codes. IEEE Transactions on Communications, 2018, 67(1): 61-72.

[64] Lv Y, Yin H, Li J P, et al. Modified successive cancellation flip decoder for polar codes based on Gaussian approximation//Proceedings of IEEE Wireless and Optical Communications Conference, Beijing, 2019: 1-5.

[65] Chandesris L, Savin V, Declercq D. Dynamic-SC-flip decoding of polar codes. IEEE Transactions on Communications, 2018, 66(6): 2333-2345.

[66] Zeng J, Zhou Y C, Lin J, et al. Hardware implementation of improved fast-SSC-flip decoder for polar codes//Proceedings of IEEE Computer Society Annual Symposium on VLSI, Miami, 2019: 580-585.

[67] Ercan F, Tonnellier T, Doan N, et al. Simplified dynamic SC-flip polar decoding// Proceedings of IEEE International Conference on Acoustics, Speech and Signal Processing, Barcelona, 2020: 1733-1737.

[68] Doan N, Hashemi S A, Ercan F, et al. Neural dynamic successive cancellation flip decoding of polar codes//Proceedings of IEEE International Workshop on Signal Processing Systems, Nanjing, 2019: 272-277.

[69] Giard P, Burg A. Fast-SSC-flip decoding of polar codes//Proceedings of IEEE Wireless Communications and Networking Conference Workshops, Barcelona, 2018: 73-77.

[70] Zhou Y C, Lin J, Wang Z F. Improved fast-SSC-flip decoding of polar codes. IEEE Communications Letters, 2019, 23(6): 950-953.

[71] Ercan F, Tonnellier T, Gross W J. Energy-efficient hardware architectures for fast polar decoders. IEEE Transactions on Circuits and Systems I: Regular Papers, 2020, 67(1): 322-335.

[72] 杨俊梅. 5G 无线通信高效检测及译码的算法与实现研究. 南京: 东南大学, 2017.

[73] 宋文清. 5G 移动通信极化码译码算法与实现研究. 南京: 东南大学. 2017.

[74] 申怡飞. 面向 5G 的高效极化码算法与低延时实现研究. 南京: 东南大学, 2018.

[75] 周华羿. 面向下一代移动通信系统的高效极化码解码算法设计. 南京: 东南大学, 2020.

第 6 章　BP 大类译码算法介绍

本章将着重介绍极化码译码算法的另一大类：BP 大类译码算法。此大类算法的内核是具有内生并行机制的 BP 译码算法，即在给定的因子图（factor graph）上进行迭代译码。在此基础上根据不同的遍历和中断策略形成了：BPL（BP list）译码算法、BPF（BP flip）译码算法、SCAN（soft cancellation）译码算法等。上述算法之间的关系如图 6-1 所示。

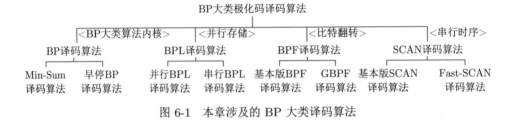

图 6-1　本章涉及的 BP 大类译码算法

6.1　BP 译码算法

1962 年，Gallager[1] 首次提出了 BP 译码算法。Tanner[2] 在 1981 年又给出了 BP 译码算法的 Tanner 图解释。此后，基于因子图的 BP 译码算法逐渐发展成熟，成为一类重要的译码算法。3.1 节提到过，BP 译码算法依赖于因子图模型结构表达，其表现形式是在因子图左右两侧执行 VN 和 CN 之间的消息传递。由于极化码的编码和译码操作可以用因子图模型表示，所以 BP 译码算法同样适用于极化码译码。本节介绍极化码的 BP 译码算法，主要包括译码算法的迭代规则、译码算法的早停策略，以及译码算法的错误类型。

6.1.1　BP 译码算法的迭代规则

PC(N, K) 的 BP 译码算法依赖生成矩阵 $\boldsymbol{G} = \boldsymbol{F}^{\otimes n}$（$n = \log_2 N$）的因子图表达。生成矩阵对应的编码图共包括 $n+1$ 级比特列，将第 s 列第 i 个比特记成 $v_{s,i}$，基于编码公式可以得到比特之间满足 $v_{s,i} \oplus v_{s,i+2^s} = v_{s+1,i}$ 和 $v_{s,i+2^s} = v_{s+1,i+2^s}$ 的校验限制。将每一个比特看成一个变量节点 VN，每一个校验可视化为一个校验节点 CN，可以得到极化码的因子图，共包括 $n+1$ 列 VN 节点和 n 列 CN 节点，每列节点个数为 N。编码时的校验限制可以在译码端转化为和积操作，该操作可以在硬件中通过处理单元（processing element，PE）实现，对应的译码图共包括 n 级 PE 阵列，每一级包括 $N/2$ 个 PE。图 6-2 显示了 PC(8,4) 的 BP 译码图，表示概率的软信息在该图上迭代地进行信息传递，图中传递的信息包括从右向左传递的左信息（用 L 信息表示）和从左向右传递的右信息（用 R 信息表示）。在每次信息传递的迭代过程中，PE 都会根据输入的 L 信息和 R 信息，完成输出 L 信息和 R 信息的更新。

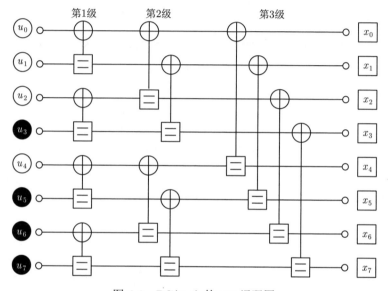

图 6-2　PC(8,4) 的 BP 译码图

图 6-3 给出了一个具体的 PE 示意图，从图中可以看出，在 PE 的左右两端分别涉及两个 LLR 信息的输入和输出。对于比特 $v_{s,i}$，其接收到的 L 信息记成 $L_{s,i}$，其向右传递的 R 信息记成 $R_{s,i}$。PE 的信息传递过程可以表示为

$$\begin{cases} L_{s,i} = f\left(L_{s+1,i}, R_{s,i+2^s} + L_{s+1,i+2^s}\right) \\ L_{s,i+2^s} = f\left(L_{s+1,i}, R_{s,i}\right) \times L_{s+1,i+2^s} \end{cases} \tag{6-1}$$

$$\begin{cases} R_{s+1,i} = f\left(R_{s,i}, R_{s,i+2^s} + L_{s+1,i+2^s}\right) \\ R_{s+1,i+2^s} = f\left(R_{s,i}, L_{s+1,i}\right) \times R_{s+1,i+2^s} \end{cases} \tag{6-2}$$

其中，f 函数定义为

$$f(x,y) = \frac{1+xy}{x+y} \tag{6-3}$$

有关式（6-1）和式（6-2）的推导过程，感兴趣的读者可以参阅文献 [3]，获取更

详细的内容。

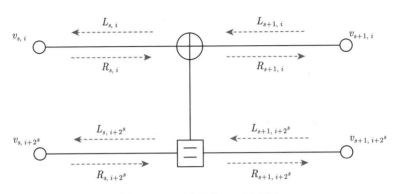

图 6-3   BP 译码的 PE 示意图

在极化码的 BP 译码开始前，BP 译码器需要对迭代信息进行初始化。图 6-2 的右侧 x 端使用信道接收信息初始化，其初始化信息对应因子图中的 $L_{n,i}$ 信息。$L_{n,i}$ 信息的初始化公式为

$$L_{n,i} = \frac{p(y_i|x_i = 0)}{p(y_i|x_i = 1)} \tag{6-4}$$

其中，$p(y_i|x_i)$ 为基于信道输入 x_i 和输出 y_i 的信道转移概率。

图 6-2 的左侧 u 端同样需要对 $R_{0,i}$ 信息初始化，其初始化方式为将冻结比特对应的节点信息 $R_{0,i}$ $(i \in \mathcal{A}_c)$ 设置为无穷大，而信息比特对应的节点信息 $R_{0,i}$ $(i \in \mathcal{A})$ 设置为 1。完成上述初始化操作后，BP 译码迭代更新所有 L 信息和 R 信息，直到达到最大迭代次数 $I_{\max}$，或者满足迭代早停条件，译码器停止迭代，并通过以下硬判决公式，输出译码结果：

$$\hat{u}_i = \begin{cases} 0, & L_{0,i}R_{0,i} > 1 \\ 1, & 其他 \end{cases} \tag{6-5}$$

其中，$\hat{u}_i$ 表示第 i 个比特的估计结果。

上述 BP 译码过程中，因子图传播的信息均为似然比（LR）信息。然而，在 BP 译码器的实现过程中，基于 LR 的信息迭代所涉及的乘法和除法计算复杂度较高。为了简化运算，在译码器实现中通常采用基于 LLR 信息的 BP 译码算法。此时，上述 f 函数变为以下对数形式：

$$f(x,y) \approx \mathrm{sgn}(x)\mathrm{sgn}(y)\min(|x|,|y|) \tag{6-6}$$

同时，式（6-1）和式（6-2）中的乘法运算变成加法运算，即为以下形式：

$$\begin{cases} L_{s,i} = f\left(L_{s+1,i}, R_{s,i+2^s} + L_{s+1,i+2^s}\right) \\ L_{s,i+2^s} = f\left(L_{s+1,i}, R_{s,i}\right) + L_{s+1,i+2^s} \end{cases} \tag{6-7}$$

$$\begin{cases} R_{s+1,i} = f\left(R_{s,i}, R_{s,i+2^s} + L_{s+1,i+2^s}\right) \\ R_{s+1,i+2^s} = f\left(R_{s,i}, L_{s+1,i}\right) + R_{s,i+2^s} \end{cases} \tag{6-8}$$

此外，还需要注意此时的初始化信息也需要采用其对数形式，并且可以采用以下硬判决公式：

$$\hat{u}_i = \begin{cases} 0, & \Lambda_i^u > 0 \\ 1, & \text{其他} \end{cases} \tag{6-9}$$

其中，$\Lambda_i^u = L_{0,i} + R_{0,i}$，表示 u 端第 i 个节点用于判决的 LLR 信息。

式（6-6）的 f 函数的近似表达采用了 MS 算法，便于实现。但该近似操作造成了 BP 译码性能的损失，常见的近似误差弥补方案有两种。一种是在 f 函数基础上乘以一个归一化系数，用于补偿近似误差，该方法称为 NMS 译码算法 [4,5]。此时 f 函数可以写为

$$f(x,y) \approx \alpha \cdot \text{sgn}(x)\text{sgn}(y)\min(|x|,|y|) \tag{6-10}$$

其中，α 是用来补偿 MS 算法中估计误差的系数，α 的常见取值为 0.9375。

相比于 MS 算法，NMS 算法的 f 函数虽然增加了一次乘法运算，但是其译码性能有所提升。另一种简单且有效的方案是在 f 函数中增加一个偏移因子 β，用于补偿近似误差，该方法称为 OMS 译码算法 [6,7]。相应地，此时的 f 函数可以表示为

$$f(x,y) \approx \text{sgn}(x)\text{sgn}(y) \times \max(\min(|x|,|y|) - \beta, 0) \tag{6-11}$$

其中，max 函数用于消除幅值小于偏移因子 β 的 LLR 项的影响，通常，将计算 L 信息用到的 β 设为 0，将计算 R 信息用到的 β 设为 0.25。相比于 NMS 译码算法，OMS 译码算法在改善译码性能的同时，对于硬件实现更加友好。

6.1.2　BP 译码算法的早停策略

同 LDPC 码的 BP 译码算法类似，极化码的 BP 译码算法作为迭代算法，存在通过压缩迭代次数来降低复杂度的可能性 [5,8-11]。本节将介绍极化码 BP 译码算法的早停策略。

（1）**基于 G 矩阵的早停准则**。如 6.1.1 节所述，BP 算法是在极化码因子图上执行的。由于生成矩阵 $\boldsymbol{G} = \boldsymbol{F}^{\otimes n}$ 特殊的对偶性质，BP 译码器的因子图只是对编码器（G 矩阵）的边对边的估计。在经过多次迭代后，Λ_i^u 和 Λ_i^x（$\Lambda_i^x = L_{n,i} + R_{n,i}$）的硬判决结果分别接近于 u_i 和 x_i，因此可以看成是 $\boldsymbol{u}$ 和 $\boldsymbol{x}$ 的估计，并记为 $\hat{\boldsymbol{u}}$ 和

$\hat{x}$。对于任何极化码 $x = uG$，所以 $\hat{u}$ 和 $\hat{x}$ 是有效估计，则 $\hat{x} = \hat{u}G$ 也成立。因此，建立如下基于 G 的早停标准 [5]：如果 $\hat{x} = \hat{u}G$，则 $\hat{u}$ 可以认为是对于 u 的有效估计。译码器直接输出 $\hat{u}$ 并且停止后续的迭代。

（2）**基于最小 LLR 的早停准则**。上述早停准则是基于对 Λ_i^x 和 Λ_i^u 的硬判决来检测合理的 $\hat{u}$。这里再介绍一种仅需 Λ_i^u 的有效早停准则 [5]。从式（6-9）可以看出 $\hat{u}_i$ 的硬判决过程仅利用符号部分的信息，而完全不使用幅度部分的信息，即 $|\Lambda_i^u|$。实际上 Λ_i^u 与 $\hat{u}_i$ 取值的概率有关，所以直观上 $|\Lambda_i^u|$ 越大，相应的硬判决的值越可靠，即 $|\Lambda_i^u|$ 可以用来衡量 $\hat{u}_i$ 估计的可靠性，故可以用最小 $|\Lambda_i^u|$（最小 LLR）检测合理的 $\hat{u}$：如果最小 LLR 大于阈值 β，则相应的 $\hat{u}_i$ 可以被认为是 u_i 的有效估计。译码器将输出并停止进一步的迭代。当最小 LLR 大于 β 时，意味着所有 $|\Lambda_i^u|$ 都大于 β。考虑到 β 通常大于 2.5，这表明每个对应 $\hat{u}_i$ 的硬决策为 0 或 1 的概率至少是其为 1 或 0 的概率的 $e^{2.5}(\approx 12)$ 倍。在这种情况下，所有 $\hat{u}_i$ 译码都是高度可靠的。因此，$\hat{u}$ 很可能是 u 正确的估计。

（3）**基于 LLR 的差值早停准则**。还有一种便于操作的策略是比较两次迭代输出软信息的差值，当差值为 0 时，对应的迭代即可停止。因此有早停条件为

$$\text{cov}^t = \max |L_{0,i}^{(t)} - L_{0,i}^{(t-1)}| = 0 \tag{6-12}$$

其中，cov^t 是第 t 次迭代 LLR 同第 $t-1$ 次迭代 LLR 的差值。这种早停准则又称为 LLR 幅值辅助的早停（LLR-magnitude aided，LMA）准则 [8]。

（4）**基于 CRC 的早停准则**。类似地，还可以在发送端对 u 进行 CRC 编码。在迭代译码过程中，每个迭代周期对 $\hat{u}$ 进行 CRC 检测，如果能通过即可停止迭代 [8]。

6.1.3　BP 译码算法的错误类型

为了理解 BP 译码失败的原因，可以在每次 BP 译码迭代后进行硬判决，得到判决结果。根据判决结果，可以推断当前 BP 译码迭代是否收敛。通常当几次连续迭代的硬判决结果保持一致时，就可以认为当前译码迭代过程已经收敛。然而，BP 译码迭代的收敛并不能保证译码结果的正确性，译码器仍然有可能输出错误的译码结果。文献 [12] 将 BP 译码的错误类型分为如下三类。

（1）**未收敛错误**。如果连续迭代的硬判决结果不能在最大允许迭代次数内达成一致，则称之为未收敛错误。在含噪信道中且低信噪比下，未收敛的错误是最常见且译码器无法解决的错误。

（2）**收敛错误**。随着信噪比的增加，未收敛错误开始消失，收敛错误开始出现。如果连续硬判决是稳定且保持一致的，但译码信息仍不正确，即 $\hat{u} \neq u$，则称之为收敛错误。大多数收敛错误是由译码器的迭代结果收敛到局部最优值，从

而导致错误的判决结果。在中到高的信噪比下，收敛错误是最常见的，并且通常只需要少量的迭代就可以达到稳定状态。

（3）振荡错误。 如果连续迭代的硬判决结果不稳定，并在迭代过程中发生周期性变化，则称之为振荡错误。由于极化码的因子图中存在较多的环（loop），因此错误信息会不断地在 BP 译码器中传播，影响硬判决的结果，从而导致振荡错误。虽然振荡错误也是一种不收敛的误差，但振荡错误具有明显的周期性变化特性，因此被看成一种单独的错误类型。

在文献 [13] 中，针对上述三种错误类型分别提出了相应的修正方案，提升了 BP 译码算法的性能。有需要的读者可以参阅该文献，获取更为详细的内容。至此，本书已经介绍了极化码 BP 译码算法的基本内容，6.2 节将介绍极化码的 BPL 译码算法，以期能够为读者提供一种 BP 译码算法的优化思路。

6.2　BPL 译码算法

极化码的 BPL 译码算法最早由文献 [14] 所提出，并且是接近 SCL 性能的先进 BP 算法。该思想最早可以追溯到文献 [15]，作者指出了对于码长为 N 的极化码，共存在 $\log_2 N!$ 种因子图，并尝试基于原始因子图进行译码层循环移位得到 $\log_2 N$ 个因子图进行多次 BP 译码，这便是 BPL 译码的雏形。本节主要从 BPL 译码的原理出发，讲解两种主要译码结构，并研究目前为止对于 BPL 译码改进的流行算法。

6.2.1　BPL 译码算法原理

将原始因子图命名为 $[m_0, m_1, \cdots, m_{n-1}]$，那么对因子图阶层 m_i $(0 \leqslant i \leqslant n-1)$ 进行重拍，即可得到 $n!$ 个置换因子图。对于任意一个具有置换顺序 $[\pi_0, \pi_1, \cdots, \pi_{n-1}]$ 的因子图 π，可以用 $[m_{\pi_0}, m_{\pi_1}, \cdots, m_{\pi_{n-1}}]$ 进行表示。图 6-4 将以 $(16,8)$ 极化码为例，表征它的三个不同形式的置换因子图。

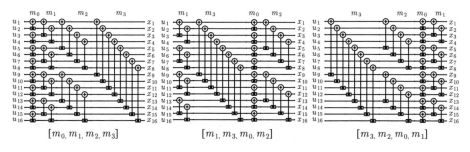

$$[m_0, m_1, m_2, m_3] \qquad [m_1, m_3, m_0, m_2] \qquad [m_3, m_2, m_0, m_1]$$

图 6-4　对于 PC(16,8) 的不同置换因子图表征 [16]

6.2.2　并行/串行 BPL 译码算法

1. 并行 BPL 译码算法分析

最早由文献 [14] 提出的 BPL 译码是针对一个确定码字构造，使用 L 个并行 BPL 译码器进行独立译码，并且每个 BP 译码器基于不同的因子图配置。在文献 [14] 中采取了从 $n!$ 因子图中随机选取 L 张因子图作为译码的候选集，其中令因子图为 FG_k $(0 \leqslant k \leqslant L-1)$。对于并行 BPL 译码器，所有的置换因子图都获得相同的接收信号，并且每个 BP 译码器单独进行早停判决，最后通过最大似然译码判决，其流程框图如图 6-5 所示。

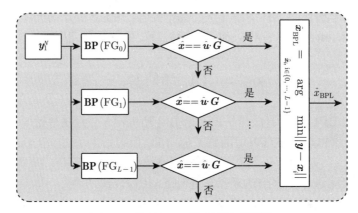

图 6-5　并行 BPL 译码器流程框图

在 BPL 译码器最后，需要额外一个欧氏距离判决器，如式（6-13）所示：

$$\hat{\boldsymbol{x}}_{\mathrm{BPL}} = \arg\min_{\hat{\boldsymbol{x}}_i} \|\boldsymbol{y} - \hat{\boldsymbol{x}}_i\|, i \in 0, \cdots, L-1 \tag{6-13}$$

其中，y 为接收信号，$\hat{x}_i$ 为第 i 组 BP 译码器输出的码字估计向量。

2. 串行 BPL 译码算法分析

对于第 1 部分涉及的并行 BPL 译码器，它存在诸多缺点，例如，硬件数量是普通 BP 译码器的 L 倍，功耗也将是普通 BP 译码器的 L 倍，这样导致并行 BPL 译码器基本在硬件上不可实现。文献 [18] 和 [19] 提出了一种串行 BPL 译码算法，利用置换比特索引位置来代替置换因子图的做法，使得串行 BPL 译码器可以复用同一个 BP 译码器，这样从本质上解决了 BPL 译码硬件的不可实现性。接下来将以 (8,4) 极化码，通过图 6-6 简单讲解下置换比特索引是如何达到置换因子图的效果。

因为之前将原始因子图定义为 $[m_0, m_1, \cdots, m_{n-1}]$，那么对于任意一个整数满足 $0 \leqslant i \leqslant 2^n - 1$，它的二进制展开可以写作 $\{b_{n-1}^i, \cdots, b_0^i\}$。文献 [18] 已证明对于在具有阶层排序为 $[m_0, m_1, \cdots, m_{n-1}]$ 的因子图上，子信道索引的二进制展开 $\{b_{n-1}^i, \cdots, b_0^i\}$ 等效于在具有任意阶层排序 $[m_{\pi_0}, m_{\pi_1}, m_{\pi_2}, \cdots, m_{\pi_{n-1}}]$ 的因子图 π 上的子信道索引的二进制展开 $\{b_{\pi_{n-1}}^i, \cdots, b_{\pi_0}^i\}$。另一种解读的方法是通过图 6-6 可以看出，将 "XOR" 运算视为 0，将 "dot" 运算视为 1，则子信道索引可通过每行的二进制展开得到索引排序，完成置换比特索引与置换因子图的等价转换。

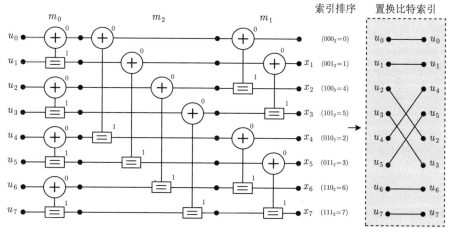

图 6-6　并行 BPL 译码器结构图 [16]

6.2.3　BPL 译码算法优化

1. 固定左侧因子图

随着码长 N 提高，通过置换可以得到的因子图数量将随着阶乘数增加，例如，当码长 $N = 1024$ 时，因子图个数已经达到 10! = 3628800。因为无论是并行 BPL 译码器，还是串行 BPL 译码器，都只能选取 L 个有限因子图进行译码，显然如何从 $n!$ 个因子图中选取 L 个较优因子图已经成为 BPL 译码的重要课题。文献 [18] 提出了一种经验方法来选择性能更好的因子图。

文献 [18] 通过实验发现，译码性能较优的因子图往往左侧保持固定，仅仅对右侧 k 层进行置换，即左侧保持 $[m_0, m_1, \cdots, m_{k-1}]$ $(1 \leqslant k \leqslant n)$ 固定，这样的做法大大降低了对译码性能优秀的因子图的搜索复杂度，性能比较将在 6.3 节给出。

2. 环路简化法

文献 [17] 和 [20] 提出了一个对所有 $n!$ 个因子图性能排序的算法，主要针对的就是文献 [18] 的方法无法对全部 $n!$ 因子图提供一种细致排序的问题。仿照

LDPC 码的码字构造中尽量减少最小环-4 的出现，文献 [21] 发现在进行极化码因子图置换过程中，因子图的最小环-12 的个数实际上发生了改变。因为极化码的 BP 算法是迭代的过程，因子图左侧存在许多冗余操作，破坏了部分最小环-12，并且这种破坏从因子图左侧向右侧传播，使得 $n!$ 个因子图具有不同分布的最小环-12 个数。

如图 6-7 所示，文献 [21] 给出了关于不同算法的性能比较，其中 PBP-B 译码指固定左侧因子图的方法，PBP-LS 译码指环路简化法。对于 PC(1024,512) 级联 CRC24 的极化码，设最大迭代次数 $I_{\max} = 100$，可以看出在相同列表数目 L 下，PBP-LS 算法性能优于 PBP-B 算法。

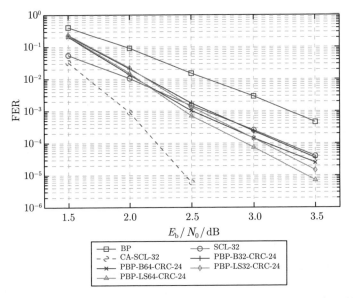

图 6-7   PC(1024, 512) 条件下 BP、SCL、CA-SCL、PBP-B、PBP-LS 译码算法的误帧率比较
版权来源：© [2021] IEEE. Reprinted, with permission, from Ref. [21]

3. 添加噪声的 BPL 译码算法

文献 [22] 和 [23] 提出了一种通过添加人为噪声构造的 BPL 译码器。与普遍意义上配置 L 个独立因子图的 BPL 译码器不同，添加噪声的 BPL 译码器只使用具有原始因子图的 BP 译码器，但是在 L 个 BP 译码器的输入端，伴随从信道接收的信息 y_1^N 的同时人为添加高斯白噪声，其标准差 $\sigma_i \in [0, 0.385]$。若构造具有 L 条路径的添加噪声 BPL 译码器，只需要对区间 $[0, 0.385]$ 进行 L 等分，生成相应的高斯白噪声即可。

4. 级联 CRC 码的 CRC-BPL 译码算法

由于 5G 标准规定了极化码级联 CRC 码，文献 [24] 和 [25] 针对级联 CRC 码的 BPL 译码，提出了 CRC 图二次迭代的思想，即每次在极化码因子图做完 BP 迭代后，将信息继续送入 CRC 图中继续迭代译码，普通的 BP 译码仅仅利用 CRC 的校验特性，该算法利用了 CRC 的校验纠错性能。文献 [25] 表示在短码情况下，具有列表数目 L 的 CRC-BPL 译码器可以达到相同列表数目的 CA-SCL 译码器性能。为了进一步提升性能，文献 [26] 利用神经网络学习了 CRC 因子图上的 MS 操作的补偿参数，文献 [25] 考虑了 CRC 因子图上的信息传递，提升了 BPL 的纠错性能。事实上，CRC 因子图不如 LDPC 因子图稀疏，考虑 LDPC 码和极化码的级联设计和对应的级联译码方案 [27-29] 会产生更好的效果。除了因子图级联策略，对信道极化构造的优化也可以优化 BP 译码的性能。目前主流的极化信道的选择通常以优化 SC 或 SCL 译码性能为目的，为了进一步提升 BP、BPL 和 BPF 等 BP 系列译码算法的性能，可以采用针对 BP 的极化信道选择方案，包括基于仿真的构造方案 [30,31] 和基于遗传算法的构造方案 [32,33]。

6.3 BPF 译码算法

本节主要讲述极化码 BP 译码算法的改进算法之一，即 BPF 译码算法。作为并行迭代算法，BP 译码算法具有很多优势，如在吞吐率、硬件实现等方面。其性能虽然比 SC 译码算法好，但却和 SCL 等一系列改进的 SC 译码算法有较大差距。BPF 译码算法作为改进的 BP 译码算法被提出来，目的就是在保持硬件实现的优势下，性能能够与 SCL 译码算法相媲美。

6.3.1 BPF 译码算法原理

BPF 译码算法 [34] 最初是借鉴了 SCF 译码算法 [35] 中的比特翻转策略，提出固定翻转比特位的 BPF 算法。这种思想最早可以追溯到文献 [36] 和 [37]，作者讨论了极化码的停止集，并借鉴 LDPC 码译码中的 BP 优化方案，对于极化码 BP 译码后可能出错的比特进行估计值的猜测。该算法提升了原始 BP 译码算法的性能，但是其参考 SCF 译码的固定翻转策略并将其直接应用到 BP 算法有一定的局限性。文献 [6] 提出了基于判决信息可靠度衡量的 BPF 译码算法，称为一般性 BPF（generalized BPF，GBPF）译码算法，其翻转策略以最终判决比特的软信息大小作为参考，提升性能的同时，降低了计算复杂度，增加了算法的灵活性。

在此基础上，文献 [38] 对文献 [6] 里整体译码运算流程进行了时序分析，提出超前 BPF（advanced BPF，A-BPF）译码算法，其比原来的 BPF 译码算法更有利于硬件实现，在保证译码性能的同时，提高了译码器的吞吐率和硬件利用效率。

除此之外，文献 [39] 基于 BP 因子图中 VN 和 CN 的关系，提出了一般性合并集 BPF（generalized BPF with merged set，GBPF-MS）。在定位不可靠翻转比特方面，其策略以判断 VN 所连接的 CN 是否满足校验为主，辅之以蒙特卡罗方法得到的固定翻转比特，在译码过程中形成了一个不可靠比特翻转合并集。其译码特点是省去了对判决信息可靠度大小的排序，通过 CN 定位易错比特和统计上的固定易错比特形成的比特翻转合并集，更有效地定位不可靠的翻转比特，降低了译码复杂度，提高了译码性能。

下面将挑选上述具有代表性的 BPF 译码算法，对各算法的译码特点、性能、复杂度等方面进行讨论。

6.3.2　GBPF 译码算法

文献 [6] 提出的 GBPF 译码算法定义了一种普遍意义上的比特翻转迭代译码算法的过程。译码器对接收码字进行传统极化码 BP 译码后，将判决码字进行 CRC 检测，如果码字通过 CRC 检测，则输出译码器，否则通过特定的比特翻转策略选取不可靠的比特形成翻转集合 $\mathcal{S}$ 后，依次改变翻转集合中比特的先验信息 R_0，重新进行一轮 BP 译码，直到译码码字通过 CRC 检测或翻转集合为空。算法 6.1 总结了 GBPF 译码算法的流程。

1. 比特翻转策略

GBPF 译码算法针对翻转集合 $\mathcal{S}$ 中的比特添加翻转策略，根据首轮 BP 译码得到的该比特的译码判决 $\hat{u}_i$，将其翻转为 $1 - \hat{u}_i$。具体的翻转操作如式（6-14）所示：

$$\forall i \in \mathcal{A}, R_{0,i} = \begin{cases} +\infty, & i \in \mathcal{S} \text{ 且 } \hat{u}_i = 1 \\ -\infty, & i \in \mathcal{S} \text{ 且 } \hat{u}_i = 0 \\ 0, & i \in \mathcal{A}/\mathcal{S} \end{cases} \tag{6-14}$$

式（6-14）内在含义是为翻转集合中翻转比特 i 提供先验信息 $R_{0,i}$，使下一轮迭代中带着不同的先验信息进行新的 BP 译码。

2. 翻转集合的建立

GBPF 译码算法建立翻转集合的原则就是根据首轮 BP 译码判决 LLR 绝对值的大小。判决 LLR 绝对值的大小反映了在判决码字时比特的可靠度，于是将 LLR 绝对值较小的比特视为易错比特来构建翻转集合 $\mathcal{S}$，其建立翻转集合 $\mathcal{S}$ 的过程可表示为

$$\text{gen\_FS\_GBPF}(\boldsymbol{L}, T) : \mathcal{S} \leftarrow i \in \mathcal{A} \text{ of } T \text{ smallest } |\boldsymbol{L}_i| \tag{6-15}$$

其中，T 表示翻转集合大小。

算法 6.1 GBPF 译码算法的流程

1: **Input:**
2: 信道输出的后验 LLR 信息 L_n，
   冻结位比特的先验信息 R_0。
3: 迭代译码：
4: $\hat{u} \leftarrow \text{BP\_Decoding}(L_n, R_0)$;
5: **if** Codeword_Detection$(\hat{u})$ 译码成功 **then**
6:    返回 $\hat{u}$
7: **else**
8:    $\mathcal{F} \leftarrow \text{Flip\_Set\_Construction}()$; // 产生长度为 T 的翻转比特集合
9:    **for** $t = 1$ **to** T **do**
10:       $i_t \leftarrow \mathcal{F}$;
11:       $R_{0,i_t} \leftarrow R_0\text{-message\_ Setup}(i_t)$;
12:       下一轮迭代译码：
13:       $\hat{u}^{(t)} \leftarrow \text{BP\_Decoding}(L_n, R_0^{(t)})$;
14:       $t \leftarrow t + 1$;
15:       **if** Codeword_Detection$(\hat{u}^{(t)})$ 译码成功 **or** $t > T$ **then**
16:          返回 $\hat{u}^{(t)}$;
17:       **end if**
18:    **end for**
19: **end if**

    根据式（6-15），可以发现不可靠比特是通过在整个信息位集合 $\mathcal{A}$ 中进行排序而获得的，这就导致随着极化码信息位数 K 的增加，GBPF 译码算法在建立翻转集合 $\mathcal{S}$ 所付出的排序复杂度也随之增加，进而增大了整个译码的计算复杂度。文献也给出了相应降低计算复杂度的方法，即缩小建立翻转集合 $\mathcal{S}$ 的排序范围。在 GBPF 译码算法的基础上，文献 [6] 结合 5G 标准 [40] 中极化码的构造方法提出改进的 BPF（Enhanced BPF，EBPF）译码算法。5G 标准提供了此构造方法下极化码各比特信道的信道容量相对大小，可以用来衡量各比特位在传输信息时的可靠程度。由此根据极化码信道极化使各比特位的传输质量不同，GBPF 译码算法按照 5G 标准中的极化码比特信道传输质量序列，将信息位集合 $\mathcal{A}$ 中传输质量较差的信息比特建立搜索集合 $\varGamma$，对搜索集合 $\varGamma$ 中的比特进行排序并建立翻转集合 $\mathcal{S}$。其过程根据式（6-15）进行如下修改：

$$\text{gen\_FS\_EBPF}(\boldsymbol{L}, T) : \mathcal{S} \leftarrow i \in \Gamma \text{ of } T \text{ smallest } |\boldsymbol{L}_i|$$

显然，搜索集合 Γ 的大小 γ 会影响 GBPF 译码算法的性能。图 6-8 展示了不同参数的极化码在不同信噪比下，γ 的不同给译码误帧率带来的影响。从计算机仿真结果来看，在 $\gamma = K/2$ 时，GBPF 译码算法表现出较好的译码性能。

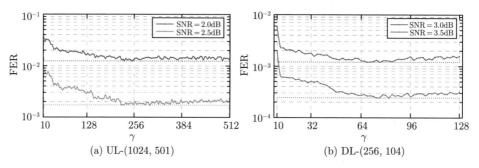

(a) UL-(1024, 501)   (b) DL-(256, 104)

图 6-8   在不同搜索集合大小下 EBPF 译码算法的误帧率性能比较

版权来源：© [2021] IEEE. Reprinted, with permission, from Ref. [6]

3. 译码性能和复杂度

本节对 GBPF 译码算法的性能以及复杂度与现有传统极化码译码算法进行比较。图 6-9 展示了在 5G 构造下 GBPF 译码的 FER 性能，加入 BP、BPF 和 SCL 译码算法作为对比，并提供 GBPF_bound 曲线作为参考，其表示翻转集合 $T = K$ 翻转一位情况下 GBPF 译码算法的理论极限性能。因为 BPF 译码算法在不同构造下采用固定翻转集合大小，所以在 5G 标准下码率为 1/3、1/2、2/3

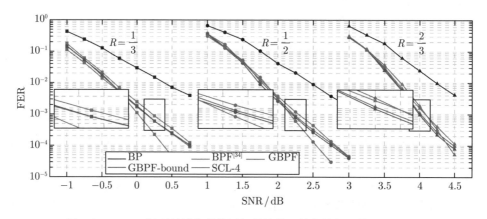

图 6-9   GBPF 译码算法与其他译码算法的误帧率性能比较（见彩图）

版权来源：© [2021] IEEE. Reprinted, with permission, from Ref. [6]

时，BPF 译码算法的翻转集合大小分别为 100、119、123，由于其双向翻转的策略，BPF 译码算法实际最大额外尝试次数为 200、238、246。为了保持参数相同，GBPF 译码算法采用有相同的最大额外尝试次数。

可以看出，GBPF 译码算法性能是略优于 BPF 译码算法的。随着码率的提升和最大额外尝试次数的增加，二者的性能差距会变小，并接近 GBPF 译码算法的理论极限性能。

接下来对比 GBPF 和 EBPF 译码算法。EBPF 译码算法根据 5G 构造合理地缩小易错比特的范围，达到降低译码复杂度的目的。图 6-10 比较了在不同翻转集合大小下 GBPF 和 EBPF 译码算法的 FER 性能。可以看出，在排序范围减半的情况下，EBPF 译码算法的 FER 性能提升了约 20%。

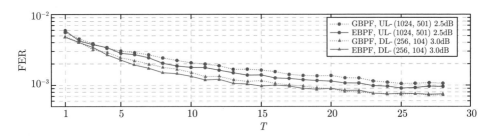

图 6-10 不同翻转集合大小下 GBPF 与 EBPF 译码算法的误帧率性能对比

版权来源：© [2021] IEEE. Reprinted, with permission, from Ref. [6]

6.4 SCAN 译码算法及其简化

实际上，在大多数通信标准中，数字接收机由多个模块（均衡器、检测器、解调器、纠错译码器等）组成，它们通过相互之间交换概率信息的方式进行工作。在这样的通信系统中，接收机的每个模块都应该能够对其决策产生置信度，这称为软决策。5.1 节介绍了极化码的 SC 译码。SC 译码虽然被证明在码长趋于无穷时性能可以达到香农限，但是其串行且不可迭代的特性使其很难在实际通信系统中得到应用。另外，6.1 节介绍的极化码的 BP 译码虽然是一种可迭代输出软信息的译码方式，但其较大的计算复杂度与硬件开销也使它的应用场景十分受限。因此，一种软输出消除算法，即软抵消 (SCAN) 译码算法[41] 被提出，它是 SC 译码和 BP 译码的一种结合体。一方面，SCAN 译码可以看成是一种增添了软信息计算的 SC 译码，另一方面，也可以将其看成一种串行的 BP 译码。

6.4.1 SCAN 译码算法原理

本节首先基于 SC 译码推导出 SCAN[41] 译码的公式。首先，假设用长度为 2 的极化码对比特 u_0、u_1 进行编码，分别映射到 $x_0, x_1 \in \{+1, -1\}$，然后将它们

以传输概率 $W(y|x)$ 发送至二进制离散无记忆信道 W 中。根据 SC 译码公式，即式（5-7），将向量信道 $W(y_0, y_1|u_0, u_1)$ 转换为两个分离的信道 W^-，W^+，其传输概率分别为 $W^-(y_0, y_1|u_0)$ 和 $W^+(y_0, y_1, u_0|u_1)$。SC 译码遵从以下两点假设：

（1）SC 译码器首先利用信道观测值 y_0、y_1 结合式（5-7）的第一个公式计算 u_0 的 LLR 值 $W^-(y_0, y_1|u_0)$ 时，假设 u_1 被判决为 0 或 1 的概率是相等的；

（2）在得到了 u_0 的估计值之后，SC 译码通过式（5-7）的第二个公式计算 u_1 的 LLR 值 $W^+(y_0, y_1, u_0|u_1)$ 时，假设 u_0 被正确估计。

只有当 E_b/N_0 很高时，假设（1）才成立，而假设（2）则显得过于简化。这两种假设都会在一定程度上影响 LLR 的估计，如果能在译码过程中结合 u_0 和 u_1 的软信息而不是直接进行硬判决，LLR 的估计将变得更加准确。首先在以下定理中说明当可以调用此类软信息时似然性计算发生的变化，然后说明如何在 SCAN 译码中提供此类软信息。

定理 6.1　设 $z_i\ i \in \{0, 1\}$ 作为 DMC P_i 的输出，在一定条件下是独立于 y_i 的，其中 P_i 的传输概率为 $P_i(z_i|u_i), u_i \in \{0, 1\}$。如果可以在 u_i 未知的情况下得到 z_i，则 SCAN 译码中 u_i 的 LLR 表达式为

$$\begin{cases} \lambda_{0,0} = f(\boldsymbol{\lambda}_{1,0}[0], \boldsymbol{\lambda}_{1,0}[1] + \beta_{0,1}) \\ \lambda_{0,1} = f(\boldsymbol{\lambda}_{1,0}[0], \beta_{0,0}) + \boldsymbol{\lambda}_{1,0}[1] \end{cases} \tag{6-16}$$

此定理的证明如下：

$$\begin{aligned} W^-(y_0, y_1|u_0) &= \sum_{u_1} W(y_0, y_1, z_1, u_1|u_0) \\ &= \frac{1}{2} \sum_{u_1} W(y_0|u_0 \oplus u_1) W(y_1|u_1) P(z_1|u_1) \end{aligned} \tag{6-17}$$

$$\begin{aligned} W^+(y_0, y_1, z_0|u_1) &= \sum_{u_0} W(y_0, y_1, z_0, u_0|u_1) \\ &= \frac{1}{2} W(y_1|u_1) \sum_{u_0} W(y_0|u_0 \oplus u_1) P(z_0|u_0) \end{aligned} \tag{6-18}$$

这里假设 u_0 和 u_1 等概率地为 0 或 1，结合式（6-17）和式（6-18）以及 LLR 的定义，可以得到式（6-16）。

下面，我们唯一要解决的问题是如何在译码过程中为运算单元提供上述软信息。在译码开始之前，我们可以根据事先约定好的冻结位比特，将最底层的 $\{\beta_{0,i}\}_{i \in \mathcal{A}_c}$ 初始化为 ∞。对于信息比特，假设它们等概率地等于 1 或 0，即初始化 $\{\beta_{0,i}\}_{i \in \mathcal{A}_c}$ 为 0。同时，初始化除了底层和顶层之外的所有中间层 $\boldsymbol{\beta}$ LLR，即

$\{\boldsymbol{\beta}_{s,i}[j]\}_{0<s<n}$ 为 0。在第一次迭代过程中，中间层的 $\boldsymbol{\beta}$ LLR 将会被更新并存储下来用于第二次迭代。一次迭代对应于一次完整的译码树遍历，开始于顶层节点向其左子节点的运算，结束于顶层节点的 $\boldsymbol{\beta}$ LLR 被更新。当迭代次数达到最大时，SCAN 译码结束。同时比特估计值可由底层的 $\boldsymbol{\lambda}$ LLR 进行硬判决得到，即 $\hat{u}_i = \mathrm{HD}(\lambda_{0,i})$。码字估计值可由顶层的 $\boldsymbol{\beta}$ LLR 进行硬判决得到，即 $\hat{\boldsymbol{x}} = \mathrm{HD}(\boldsymbol{\beta}_n)$。可以总结 SCAN 译码的公式如下：

$$\begin{cases} \boldsymbol{\lambda}_{s,2i}[j] = f(\boldsymbol{\lambda}_{s+1,i}[j], \boldsymbol{\lambda}_{s+1,i}[j+2^s] + \boldsymbol{\beta}_{s,2i+1}[j]), & \text{类型1} \\ \boldsymbol{\lambda}_{s,2i+1}[j] = f(\boldsymbol{\lambda}_{s+1,i}[j], \boldsymbol{\beta}_{s,2i}[j]) + \boldsymbol{\lambda}_{s+1,i}[j+2^s], & \text{类型2} \\ \boldsymbol{\beta}_{s+1,i}[j] = f(\boldsymbol{\beta}_{s,2i}[j], \boldsymbol{\beta}_{s,2i+1}[j] + \boldsymbol{\lambda}_{s,2i}[j+2^s]), & \text{类型3} \\ \boldsymbol{\beta}_{s+1,i}[j+2^s] = f(\boldsymbol{\beta}_{s,2i}[j], \boldsymbol{\lambda}_{s+1,i}[j]) + \boldsymbol{\beta}_{s,2i+1}[j], & \text{类型3} \end{cases} \tag{6-19}$$

其中，$f(a,b) = \mathrm{sgn}(x) \cdot \mathrm{sgn}(y) \cdot \min(|x|,|y|)$。定义父节点向其左节点更新 $\boldsymbol{\lambda}$ 的运算为类型 1 运算（Type1），父节点向其右节点更新 $\boldsymbol{\lambda}$ 的运算为类型 2 运算（Type2），左右子节点向其父节点更新 $\boldsymbol{\beta}$ 的运算为类型 3 运算（Type3）[42]。对于译码因子图中的一个一般的四端口运算单元，如图 6-11 所示，其信息更新规则如式（6-20）所示。

$$\begin{cases} \lambda_a = f(\lambda_c, \lambda_d + \beta_b), & \text{类型1} \\ \lambda_b = f(\lambda_c, \beta_a) + \lambda_d, & \text{类型2} \\ \beta_c = f(\beta_a, \beta_b + \lambda_d), & \text{类型3} \\ \beta_d = f(\beta_a, \lambda_c) + \beta_b, & \text{类型3} \end{cases} \tag{6-20}$$

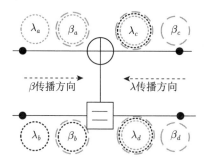

图 6-11 极化码 SCAN 译码运算单元

一个 $N = 8$ 的极化码 SCAN 译码树如图 6-12 所示。根据之前的描述，$\boldsymbol{\lambda}_{3,0}$ 和 $\boldsymbol{\beta}_0$ 分别表示信道输出的 LLR 信息和由冻结比特位得知的 $\boldsymbol{\beta}$ 先验信息。这两类信息在译码过程中是不会发生改变的。一次迭代开始于 $\mathcal{N}_{3,0}$ 节点向 $\mathcal{N}_{2,0}$ 节点的类型 1 运算，结束于 $\mathcal{N}_{2,0}$ 和 $\mathcal{N}_{2,1}$ 节点向 $\mathcal{N}_{3,0}$ 节点的类型 3 运算。我们可以发现 SCAN 译码遵循与 SC 译码相似的译码树遍历顺序，但有着与 BP 译码更相近的软信息传递公式。详细的 SCAN 译码算法见算法 6.2。

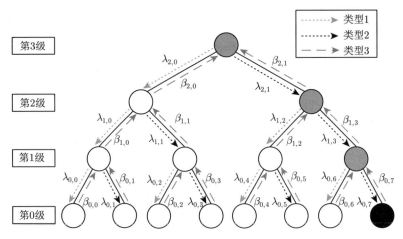

图 6-12　$N = 8$ 时极化码 SCAN 译码流程图

算法 6.2　极化码 SCAN 译码算法

1: $\boldsymbol{\lambda}_{n,0} \leftarrow$ 信道输出 LLR

2: $\{\beta_0\}_{i \in \mathcal{A}} \leftarrow 0, \{\beta_0\}_{i \in \mathcal{A}_c} \leftarrow \infty$

3: $\{\boldsymbol{\beta}_{s,i}[j]\}_{0 < s < n} \leftarrow 0$

4: **for** iter $= 0 \rightarrow I_{\max}$ **do**

5: 　　**for** $s =$ stage **down to** 0 **do**

6: 　　　　$\text{type}[s+1] = \text{type}[s+1] \oplus 1$

7: 　　　　**if** $\text{type}[s+1] == 1$ **then**

8: 　　　　　　根据式（6-19）进行类型 1 运算

9: 　　　　**else**

10: 　　　　　　根据式（6-19）进行类型 2 运算

11: 　　　　　　**while** $s <$ stage $- 1$ **do**

12: 　　　　　　　　根据式（6-19）进行类型 3 运算

13: 　　　　　　**end while**

14: 　　　　**end if**

15: 　　**end for**

16: **end for**

17: **for** $i = 0 \rightarrow (N-1)$ **do**

18: 　　$\hat{u}_i \leftarrow \text{HD}(\lambda_{0,i} + \beta_{0,i})$

19: **end for**

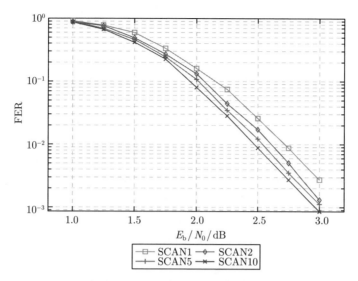

图 6-13 (1024, 512) 极化码 SCAN 译码在不同迭代次数下的误帧率性能对比

6.4.2 Fast-SCAN 译码算法

6.4.1 节讨论了 SCAN 译码的基本译码公式与流程。注意到在 SC 译码中自下向上传播的 β 编码向量是非零即一的硬信息，而在 SCAN 译码中 β 则代表着先验软信息。在硬件实现中，对于软信息的计算带来的时延将远大于硬信息间的异或与取反操作。这意味着，对于同等码长，SCAN 译码器的时延将大于 SC 译码器。为了进一步降低时延提升 SCAN 译码器的吞吐率，为 SCAN 译码引入了特殊节点简化 [43]。这种算法称为 Fast-SCAN 译码算法。

首先，考虑叶节点全是冻结比特的 R0 节点和叶节点全是信息比特的 R1 节点。对于 R0 节点，已知其底层叶节点的 $\{\beta_{0,i}\}_{i \in R0}$ 在译码开始前全部被初始化为 ∞。观察式（6-19）中的类型 3 运算，可以发现当 f 函数的输入 β 值全部为 ∞ 时，无论输入 λ 为何值，输出一定为 ∞。此规律逐层向上推导，可以得到位于 s 层的 R0 节点的 β 更新公式：$\beta_s = [\infty, \infty, \cdots, \infty]$。同理，由于 R1 节点的叶节点的 $\{\beta_{0,i}\}_{i \in R1}$ 在译码开始前全部被初始化为 0，可以推得 R1 节点的 β 更新公式：$\beta_s = [0, 0, \cdots, 0]$。

对于位于 s 层的 REP 节点和 SPC 节点，可以分别得到 β 更新法则如式（6-21）和式（6-22）所示：

$$\beta_{s,i}[j] = \sum_{k=0,k \neq j}^{2^s-1} \lambda_{s,i}[k] \qquad (6\text{-}21)$$

$$\boldsymbol{\beta}_{s,i}[j] = \begin{cases} (1 - 2 \cdot (\mathcal{P} \oplus h(\boldsymbol{\lambda}_{s,i}[j_0]))) \cdot |\boldsymbol{\lambda}_{s,i}[j_1]|, & j = j_0 \\ (1 - 2 \cdot (\mathcal{P} \oplus h(\boldsymbol{\lambda}_{s,i}[j]))) \cdot |\boldsymbol{\lambda}_{s,i}[j_0]|, & \text{其他} \end{cases} \tag{6-22}$$

其中，$\mathcal{P}$ 的定义与 Fast-SSC 译码中相同；j_0、j_1 分别代表传入 SPC 节点的 $\boldsymbol{\lambda}$ 中最小值和次小值对应的索引。

　　REP 节点的更新公式（6-21）的证明可以通过数学归纳法，为了便于读者理解，从一个规模为 4 的 REP 节点入手，并将得到的结论推广到任意规模。如图 6-14 所示，假设传入 $\mathcal{N}_{2,0}$ 节点的 $\boldsymbol{\lambda}$ 为 $\{\lambda_a, \lambda_b, \lambda_c, \lambda_d\}$，由于只有最后一个叶节点是信息位，所以前三个叶节点的 $\beta_{0,i}$ 被初始化为 ∞。由于 $\beta_{0,0}$ 和 $\beta_{0,1}$ 都是 ∞，根据式（6-20）中类型 3 计算公式可以发现，无论 $\boldsymbol{\lambda}_{1,0}$ 为何值，$\boldsymbol{\beta}_{1,0}$ 返回的一定是 ∞。根据 $\boldsymbol{\beta}_{1,0}$ 和 $\boldsymbol{\lambda}_{2,0}$ 运用类型 2 计算，可以得到 $\boldsymbol{\lambda}_{2,1} = \{\lambda_a + \lambda_c, \lambda_b + \lambda_d\}$。又因为 $\beta_{0,2} = \infty$，$\beta_{0,3} = 0$。运用类型 3 计算，可以计算得 $\boldsymbol{\beta}_{1,1} = \{\lambda_b + \lambda_d, \lambda_a + \lambda_c\}$。最后，结合 $\boldsymbol{\beta}_{1,0} = \infty$，可以得到顶层返回的 $\boldsymbol{\beta}_{2,0} = \{\lambda_b + \lambda_c + \lambda_d, \lambda_a + \lambda_c + \lambda_d, \lambda_a + \lambda_b + \lambda_d, \lambda_a + \lambda_b + \lambda_c\}$。我们发现 REP 节点返回的 $\boldsymbol{\beta}$ 中每个元素可以看成是输入 $\boldsymbol{\lambda}$ 所有元素之和减去对应位置的 λ。对于任意规模的 REP 节点，由于底层 $\boldsymbol{\beta}_0$ 的规律都相同（$\{\infty, \infty, \cdots, \infty, 0\}$），可以得到 REP 节点的更新公式（6-21）。

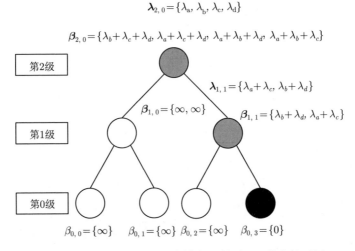

图 6-14　Fast-SCAN 译码规模为 4 的 REP 节点的更新

　　对于 SPC 节点的更新公式（6-22）的证明同样可以用上述方式，此时不同的是底层的 $\boldsymbol{\beta}_0 = \{\infty, 0, \cdots, 0\}$。经过整理并推广可以得到 SPC 节点返回的每一个 $\boldsymbol{\beta}$ 值实际上是输入 $\boldsymbol{\lambda}$ 所有元素（除了对应位置）做连续的 f 函数的结果，可以得到式（6-23）所示的形式：

$$\boldsymbol{\beta}_{s,i}[j] = \min_{0\leqslant k<2^s, k\neq j}(|\boldsymbol{\lambda}_{s,i}[k]|) \cdot \prod_{k=0,k\neq j}^{N^s-1}(\mathrm{sgn}(\boldsymbol{\lambda}_{s,i}[k])) \qquad (6\text{-}23)$$

此式可以改写为式（6-22）。

Fast-SCAN 译码算法也可以通过基于翻转提升纠错性能[44,45]。而对应的硬件实现，感兴趣的读者可以参考文献 [44]。与 BP 译码优化思路类似，SCAN 译码也可以探索多个转置因子图提升译码性能[46]。

6.5　本 章 小 结

本章介绍了 BP 大类译码算法，包括基本 BP 译码算法、BPL 译码算法、BPF 译码算法、SCAN 译码算法等。关于 BP 译码算法更详细的内容，感兴趣的读者可以参考文献 [16] 和 [47]。到此为止，本书完成了极化码译码算法的基本介绍。然而，极化码的广泛应用还取决于其在实际系统中的实现效率。从第 7 章开始，本节将用三章篇幅重点介绍极化码编码器和译码器的设计与实现。

参 考 文 献

[1] Gallager R. Low-density parity-check codes. IRE Transactions on Informations Theory, 1962, 8(1): 21-28.

[2] Tanner R. A recursive approach to low complexity codes. IEEE Transactions on Information Theory, 1981, 27(5): 533-547.

[3] Arli A Ç, Gazi O. A survey on belief propagation decoding of polar codes. China Communications, 2021, 18(8): 133-168.

[4] Yuan B, Parhi K K. Architecture optimizations for BP polar decoders//Proceedings of IEEE International Conference on Acoustics, Speech and Signal Processing, Vancouver, 2013: 2654-2658.

[5] Yuan B, Parhi K K. Early stopping criteria for energy-efficient low-latency belief-propagation polar code decoders. IEEE Transactions on Signal Processing, 2014, 62(24): 6496-6506.

[6] Shen Y F, Song W Q, Ren Y Q, et al. Enhanced belief propagation decoder for 5G polar codes with bit-flipping. IEEE Transactions on Circuits and Systems II: Express Briefs, 2020, 67(5): 901-905.

[7] Xu W H, Tan X S, Be'ery Y, et al. Deep learning-aided belief propagation decoder for polar codes. IEEE Journal on Emerging and Selected Topics in Circuits and Systems, 2020, 10(2): 189-203.

[8] Ren Y R, Zhang C, Liu X, et al. Efficient early termination schemes for belief-propagation decoding of polar codes//Proceedings of IEEE International Conference on ASIC, Chengdu, 2015: 1-4.

[9]　Yang C, Yang J M, Liang X, et al. BP polar decoders with early termination and belief enhancing//Proceedings of IEEE International Conference on Digital Signal Processing, Shanghai, 2018: 1-5.

[10]　Simsek C, Turk K. Simplified early stopping criterion for belief-propagation polar code decoders. IEEE Communications Letters, 2016, 20(8): 1515-1518.

[11]　Zhang Q S, Liu A J, Tong X H. Early stopping criterion for belief propagation polar decoder based on frozen bits. Electronics Letters, 2017, 53(24): 1576-1578.

[12]　Sun S H, Cho S G, Zhang Z Y. Error patterns in belief propagation decoding of polar codes and their mitigation methods//Proceedings of IEEE Asilomar Conference on Signals, Systems and Computers (ACSSC), Pacific Grove, 2016: 1199-1203.

[13]　Sun S H, Cho S G, Zhang Z Y. Post-processing methods for improving coding gain in belief propagation decoding of polar codes//Proceedings of IEEE Global Communications Conference, Singapore, 2017: 1-6.

[14]　Elkelesh A, Ebada M, Cammerer S, et al. Belief propagation list decoding of polar codes. IEEE Communications Letters, 2018, 22(8): 1536-1539.

[15]　Hussami N, Korada S B, Urbanke R. Performance of polar codes for channel and source coding//Proceedings of IEEE International Symposium on Information Theory, Seoul 2009: 1488-1492.

[16]　任雨青. 面向 5G 的极化码高效译码算法以及硬件实现框架的研究. 南京: 东南大学, 2020.

[17]　Ren Y Q, Xu W H, Zhang Z C, et al. Efficient belief propagation list decoding of polar codes//Proceedings of IEEE International Conference on ASIC, Chongqing, 2019: 1-4.

[18]　Doan N, Hashemi S A, Mondelli M, et al. On the decoding of polar codes on permuted factor graphs//Proceedings of IEEE Global Communications Conference, Abu Dhabi, 2018: 1-6.

[19]　Elkelesh A, Ebada M, Cammerer S, et al. Belief propagation decoding of polar codes on permuted factor graphs//Proceedings of IEEE Wireless Communications and Networking Conference, Barcelona, 2018: 1-6.

[20]　Arıkan E. Channel polarization: A method for constructing capacity-achieving codes for symmetric binary-input memoryless channels. IEEE Transactions on Information Theory, 2009, 55(7): 3051-3073.

[21]　Ren Y Q, Shen Y F, Zhang Z C, et al. Efficient belief propagation polar decoder with loop simplification based factor graphs. IEEE Transactions on Vehicular Technology, 2020, 69(5): 5657-5660.

[22]　Elkelesh A, Cammerer S, Ebada M, et al. Mitigating clipping effects on error floors under belief propagation decoding of polar codes//Proceedings of IEEE International Symposium on Wireless Communication Systems, Bologna, 2017: 384-389.

[23]　ÇağH, Gazi O. Noise-aided belief propagation list decoding of polar codes. IEEE Communications Letters, 2019, 23(8): 1285-1288.

[24] Tajima S, Takahashi T, Ibi S, et al. Iterative decoding based on concatenated belief propagation for CRC-aided polar codes//Proceedings of IEEE Asia-Pacific Signal and Information Processing Association Annual Summit and Conference, Honolulu, 2018: 1411-1415.

[25] Geiselhart M, Elkelesh A, Ebada M, et al. CRC-aided belief propagation list decoding of polar codes//Proceedings of IEEE International Symposium on Information Theory, Los Angeles, 2020: 395-400.

[26] Doan N, Hashemi S A, Mambou E N, et al. Neural belief propagation decoding of CRC polar concatenated codes//Proceedings of IEEE International Conference on Communications, Shanghai, 2019: 1-6.

[27] Guo J, Qin M H, Guillén i Fàbregas A, et al. Enhanced belief propagation decoding of polar codes through concatenation//Proceedings of IEEE International Symposium on Information Theory, Honolulu, 2014: 2987-2991.

[28] Elkelesh A, Ebada M, Cammerer S, et al. Improving belief propagation decoding of polar codes using scattered EXIT charts//Proceedings of IEEE Information Theory Workshop, Cambridge, 2016: 91-95.

[29] Yu Q P, Shi Z P, Deng L, et al. An improved belief propagation decoding of concatenated polar codes with bit mapping. IEEE Communications Letters, 2018, 22(6): 1160-1163.

[30] Qin M H, Guo J, Bhatia A, et al. Polar code constructions based on LLR evolution. IEEE Communications Letters, 2017, 21(6): 1221-1224.

[31] Sun S H, Zhang Z Y. Designing practical polar codes using simulation-based bit selection. IEEE Journal on Emerging and Selected Topics in Circuits and Systems, 2017, 7(4): 594-603.

[32] Elkelesh A, Ebada M, Cammerer S, et al. Decoder-tailored polar code design using the genetic algorithm. IEEE Transactions on Communications, 2019, 67(7): 4521-4534.

[33] Huang L C, Zhang H Z, Li R, et al. AI coding: Learning to construct error correction codes. IEEE Transactions on Communications, 2019, 68(1): 26-39.

[34] Yu Y R, Pan Z W, Liu N, et al. Belief propagation bit-flip decoder for polar codes. IEEE Access, 2019, 7: 10937-10946.

[35] Afisiadis O, Balatsoukas-Stimming A, Burg A. A low-complexity improved successive cancellation decoder for polar codes//Proceedings of IEEE Asilomar Conference on Signals, Systems and Computers, Pacific Grove, 2014: 2116-2120.

[36] Eslami A, Pishro-Nik H. On bit error rate performance of polar codes in finite regime// Proceedings of IEEE Annual Allerton Conference on Communication, Control, and Computing, Monticello, 2010: 188-194

[37] Eslami A, Pishro-Nik H. On finite-length performance of polar codes: Stopping sets, error floor, and concatenated design. IEEE Transactions on Communications, 2013, 61(3): 919-929.

[38] Ji H R, Shen Y F, Song W Q, et al. Hardware implementation for belief propagation flip decoding of polar codes. IEEE Transactions on Circuits and Systems I: Regular Papers, 2020, 68(3): 1330-1341.

[39] Shen Y F, Song W Q, Ji H R, et al. Improved belief propagation polar decoders with bit-flipping algorithms. IEEE Transactions on Communications, 2020, 68(11): 6699-6713.

[40] 3GPP. NR; Multiplexing and channel coding. https://protal.3gpp.org/desktopmodules/Specifications/SpecificationDetails.aspx?specificationId=3214.[2021-0824].

[41] Fayyaz U U, Barry J R. Low-complexity soft-output decoding of polar codes. IEEE Journal on Selected Areas in Communications, 2014, 32(5): 958-966.

[42] Berhault G, Leroux C, Jego C, et al. Hardware implementation of a soft cancellation decoder for polar codes//Proceedings of IEEE Conference on Design and Architectures for Signal and Image Processing, Krakow, 2015: 1-8.

[43] Lin J, Yan Z, Wang Z. Efficient soft cancelation decoder architectures for polar codes. IEEE Transactions on Very Large Scale Integration Systems, 2016, 25(1): 87-99.

[44] Zhang L Y, Sun Y T, Shen Y F, et al. Efficient fast-SCAN flip decoder for polar codes// Proceedings of IEEE International Symposium on Circuits and Systems, Daegu, 2021: 1-5.

[45] Wang X, Liu H, Li J, et al. SCAN-BF decoding of polar codes. IEEE Communications Letters, 2021, 25(8): 2507-2511.

[46] Pillet C, Condo C, Bioglio V. SCAN list decoding of polar codes//Proceedings of IEEE International Conference on Communications, Dublin, 2020: 1-6.

[47] 杨俊梅. 5G 无线通信高效检测及译码的算法与实现研究. 南京: 东南大学, 2017.

第 7 章　极化码编码器的硬件实现

本章将主要介绍极化码编码器的设计与实现。同其他线性分组码类似，极化码编码器的设计与实现要比译码器的设计与实现更简单。尽管如此，如何根据不同的应用需求，设计出面积、时延、吞吐率等指标满足需求的极化码编码器，仍然是值得探讨的。

7.1　全并行极化码编码器

极化码编码如第 4 章所述。令 u_1^N 为编码前的信息，x_1^N 为编码后的码字，则编码过程可由式（7-1）表示：

$$x_1^N = u_1^N \boldsymbol{G}_N = u_1^N \boldsymbol{B}_N \boldsymbol{F}^{\otimes n} \tag{7-1}$$

其中，$\boldsymbol{G}_N$ 与 $\boldsymbol{B}_N$ 分别为生成矩阵与比特翻转变换矩阵；$\boldsymbol{F}^{\otimes n}$ 为克罗内克幂且 $n = \log_2 N$，$\boldsymbol{F} = \left[\begin{smallmatrix} 1 & 0 \\ 1 & 1 \end{smallmatrix}\right]$。

对于 N 点的基-2（radix-2）快速傅里叶变换（fast Fourier transform，FFT），如果假设所有的旋转因子（twiddle factor）均为 1，则可由式（7-2）表示[1]：

$$x_1^N = u_1^N \mathbf{DFT}_N = u_1^N \boldsymbol{B}_N \mathbf{DFT}^{\otimes n} \tag{7-2}$$

其中，$\mathbf{DFT}_N$ 为 N 点 FFT 变换矩阵，而 $\mathbf{DFT} = \left[\begin{smallmatrix} 1 & 1 \\ 1 & -1 \end{smallmatrix}\right]$；$u_1^N$ 和 x_1^N 分别为快速傅里叶变换的输入和输出。

不难证明，只要把 N 点的基-2（radix-2）快速傅里叶变换数据流图中的蝶型（butterfly）架构置换成"异或通过"（XOR-and-PASS）模块，并且把所有的旋转因子改为 1，就能直接得到 N 点全并行极化码编码器的数据流图。对应的置换操作，如图 7-1 所示。相关证明细节，读者可参考文献 [1]。此处，不妨以 $N = 8$ 作为示例。图 7-2(a) 所示的 8 比特全并行极化码编码器，可根据上述置换方法由图 7-2(b) 所示的 8 比特基-2 按频率抽取（decimation in frequency，DIF）快速傅里叶变换处理器得到。

尽管全并行极化码编码器可以采用以上方法较为便利地实现，在实际应用中设计者通常需要根据场景给出不同的编码器设计，以满足对硬件面积、吞吐率及功耗等的要求。因此，基于流水线技术 [2] 的极化码编码器的硬件设计与实现 [1,3-5] 被提出，以平衡时间复杂度（吞吐率、时延）与硬件复杂度（面积、功耗）。

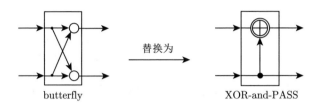

图 7-1　蝶型模块和"异或通过"模块的关系

版权来源: © [2021] IEEE. Reprinted, with permission, from Ref. [1]

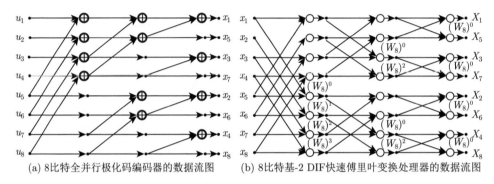

(a) 8比特全并行极化码编码器的数据流图　　　(b) 8比特基-2 DIF快速傅里叶变换处理器的数据流图

图 7-2　极化码编码器与快速傅里叶变换的对比

版权来源: © [2021] IEEE. Reprinted, with permission, from Ref. [1]

7.2　流水线极化码编码器

　　本节将讨论流水线极化码编码器。从字面上理解,流水线极化码编码器,通过在数据路径上添加寄存器(register)流水线,在不改变编码器功能的前提下,向设计者提供了合理、灵活平衡时间复杂度和空间复杂度。

　　流水线结构下的编码电路在全并行结构的基础上,通过寄存器的缓冲作用,减少所需处理模块数量,进而达到降低硬件复杂度的目的。与之对应的架构高级变换通常是折叠(folding)操作。流水线编码器通常从两个维度对全并行编码器进行折叠:纵向(并行度,M)和横向(级数,H)。两个维度的折叠可以分别进行,也可以同时进行。对于 N 比特的极化码编码器,有 $1 \leqslant M \leqslant N$,$1 \leqslant H \leqslant \log_2 N$。当且仅当 $M = N$ 且 $H = \log_2 N$ 时,流水线编码器变为全并行编码器。

　　不同的 M 和 H 的选择,会得到不同的编码器架构。从数据流的走向区分,可以分为前馈编码器和反馈编码器。合理的 M 和 H 的选择,会带来较好的性能与代价的平衡。而不合理的选择可能会导致流水线编码电路产生更多的硬件消耗,得到的却是相同的时延和吞吐率。

　　图 7-3 给出了 $N = 8$、$H = 2$ 的流水线编码电路示例。整个电路结构分为组合逻辑电路部分和时序逻辑电路部分。组合逻辑电路部分对应全并行结构中的前

H 个阶段,数据选择器用于进行反馈比特和输入比特的选择实现复用。时序逻辑电路部分用于提供反馈比特给数据选择器。值得注意的是,该流水线编码电路的输出不在最右端,而是位于中间连接处。具体解释和符号含义,读者可以参考文献 [6] 进一步了解。

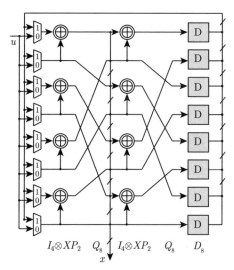

图 7-3　$N=8$、$H=2$ 的流水线编码电路示例

D 表示触发器

版权来源: © [2021] IEEE. Reprinted, with permission, from Ref. [6]

本节将主要介绍两种典型的流水线编码器,分别是前馈流水线极化码编码器和反馈流水线极化码编码器。为了便于读者理解,同时不失一般性,此处给定 $N=8$,$M=2$ 且 $H=3$。

7.2.1　前馈流水线极化码编码器

对于实际应用中要求较高编码吞吐率的场景,通常考虑采用前馈流水线极化码编码器。图 7-4 给出了 8 比特前馈流水线极化码编码器的示例。

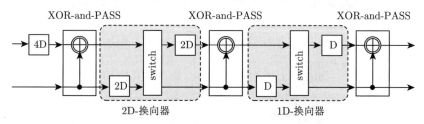

图 7-4　8 比特前馈流水线极化码编码器架构

switch 表示交换器;D 表示触发器

版权来源: © [2021] IEEE. Reprinted, with permission, from Ref. [1]

对应的数据处理步骤如图 7-5 所示。其中，每个寄存器上方的数字 i 对应图 7-2(a) 中全并行编码器的第 i 行输入。

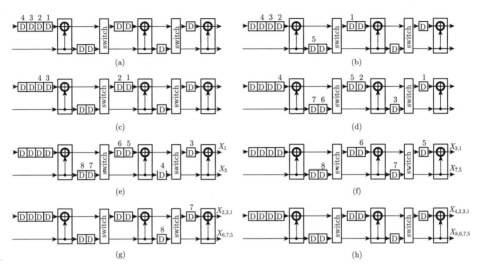

图 7-5　8 比特前馈流水线极化码编码器架构的数据处理步骤

版权来源：© [2021] IEEE. Reprinted, with permission, from Ref. [1]

推广到一般情况，N 比特前馈流水线极化码编码器架构如图 7-6 所示。

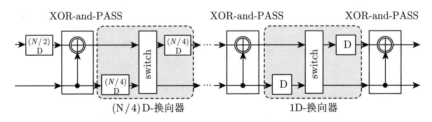

图 7-6　N 比特前馈流水线极化码编码器架构

版权来源：© [2021] IEEE. Reprinted, with permission, from Ref. [1]

对于前馈编码器架构，寄存器和 XOR 门的数量分别为：

$$\#_{\mathrm{MEM}} = \sum_{i=1}^{\log_2 N - 1} 2^i + N/2 = 3N/2 - 2, \quad \#_{\mathrm{XOR}} = \log_2 N \tag{7-3}$$

同时，可以计算出寄存器和 XOR 门的硬件效率为 50%。如果忽略输入阶段 $N/2$ 个缓冲时钟，该编码器的处理时延（时钟数）为

$$T_{\text{latency}} = \sum_{i=1}^{\log_2 N-1} 2^{i-1} + N/2 = N-1 \tag{7-4}$$

7.2.2 反馈流水线极化码编码器

针对另一些应用场景，如果场景需要实现比 50% 更高的硬件效率，需要考虑合理复用架构中的硬件模块，如寄存器。于是，反馈流水线极化码编码器被提出。该编码器通过反馈数据流，更好地复用了内部寄存器，通过合理降低编码吞吐率成功地提高了硬件效率。为方便读者理解，图 7-7 给出了 8 比特反馈流水线极化码编码器架构。同前馈流水线极化码编码器一样，感兴趣的读者可以尝试推演出类似于图 7-5 的单帧时钟的数据处理步骤，此处不再赘述。

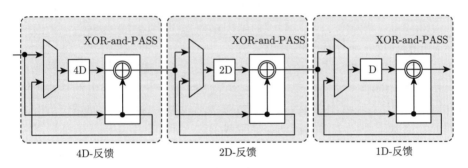

图 7-7　8 比特反馈流水线极化码编码器架构

推广到一般情况，N 比特反馈流水线极化码编码器架构如图 7-8 所示。

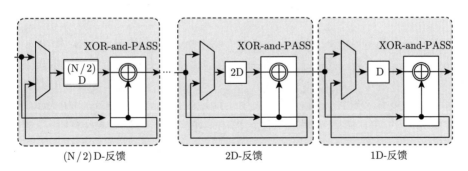

图 7-8　N 比特反馈流水线极化码编码器架构

对于反馈编码器架构，可以重新计算所需的寄存器和 XOR 门的数量，如式（7-5）所示：

$$\#_{\mathrm{MEM}} = \sum_{i=1}^{\log_2 N} 2^{i-1} = N - 1, \quad \#_{\mathrm{XOR}} = \log_2 N \tag{7-5}$$

可以看到 XOR 门的数量仍然为 N，对应的硬件效率仍然为 50%，但是寄存器的硬件效率上升为 100%。对应的代价是，编码器付出了 2 倍的处理时延：

$$T_{\mathrm{latency}} = \sum_{i=1}^{\log_2 N} 2^{i-1} + N = 2N - 1 \tag{7-6}$$

7.2.3　设计空间与展望

从以上两个设计实例可以看出：不同的结构参数组合（如本章中的 M 和 H）会生成不同的硬件架构，得到不同的时间复杂度和空间复杂度。如果遍历所有的结构参数组合，就能得到对应的硬件架构设计空间（design space），进而可以在此空间中寻找符合设计约束的最优架构。

同时，我们注意到本章所介绍的架构，无论是全并行架构还是两种流水线架构，都由相同的基本模块组成。因此，可以基于对极化码编码电路基本模块的公式化，将不同结构的编码架构用公式表达，从而实现针对不同的面积、时延、耗能或吞吐率需求下编码电路的自动编译生成器。文献 [6] 中介绍了一种针对极化码编码电路的自动编译器。在给定码长、并行度和阶段数目参数后，该编译器可以自动生成多种符合条件的编码电路架构，并根据实际应用中的需求，基于 Python 将公式表达的最优编码电路架构自动生成 Verilog HDL 文件。相关细节，请见本书 10.3 节。

7.3　本　章　小　结

尽管本章篇幅较短，但其本身讨论了较为重要且相对独立的内容，所以自成一章。本章主要介绍了极化码编码器的设计与实现，包括全并行架构和流水线架构。同时，讨论了设计空间与自动生成相关展望。需要指出，本章所总结的编码器实现方法具有一般性，可以直接应用于给定的极化码编码方式。相关示例读者可以参考文献 [5]。第 8 章将深入讨论极化码译码算法的第一大类：SC 大类译码算法的设计与实现。

参 考 文 献

[1] Zhang C, Yang J M, You X H, et al. Pipelined implementations of polar encoder and feedback part for SC polar decoder//Proceedings of IEEE International Symposium on Circuits and Systems, Lisbon, 2015: 3032-3035.

[2] Parhi K K. VLSI Digital Signal Processing Systems: Design and Implementation. New York: John Wiley & Sons, 1999.

[3] Sarkis G, Tal I, Giard P, et al. Flexible and low-complexity encoding and decoding of systematic polar codes. IEEE Transactions on Communications, 2016, 64(7): 2732-2745.

[4] Yoo H, Park I C. Partially parallel encoder architecture for long polar codes. IEEE Transactions on Circuits and Systems II: Express Briefs, 2015, 62(3): 306-310.

[5] Song W, Shen Y F, Li L P, et al. A general construction and encoder implementation of polar codes. IEEE Transactions on Very Large Scale Integration Systems, 2020, 28(7): 1690-1702.

[6] Zhong Z W, Gross W J, Zhang Z C, et al. Polar compiler: Auto-generator of hardware architectures for polar encoders. IEEE Transactions on Circuits and Systems I: Regular Papers, 2020, 67(6): 2091-2102.

第 8 章 SC 大类译码的硬件实现

极化码译码算法的高效设计与实现，是其为实际系统所用的前提。相比于极化码编码器，极化码译码器的设计与实现更为复杂，因而挑战更多且吸引了学术界和产业界的广泛关注。本章将深入探讨极化码译码算法的第一大类: SC 大类译码算法的硬件设计与实现。因为 SC 大类译码算法具有串行处理的天然特性，本章介绍的架构将力图平衡译码性能、时延、面积、吞吐率等相关指标。而对于 SC 译码算法的进阶算法，即 SCL 译码算法、SCS 译码算法、SCF 译码算法的设计与实现，介绍的重点主要放在两个核心模块：度量计算模块和存储排序模块。

8.1 SC 译码器的设计与实现

本节将讨论 SC 大类译码算法的最基本算法: SC 译码算法的设计与实现。通常而言，SC 译码器主要包含四种主流架构：全展开、树型、线型和向量交叠架构。其中，树型、线型和向量交叠架构都可以看成全展开架构的不同折叠形式。下面将针对上述四种译码器架构进行详细说明和分析。

8.1.1 全展开 SC 译码器

全展开 SC 译码器架构是一种最基本的 SC 译码器架构，直接对应 SC 译码因子图。其基本模块是 2×2 的蝶型架构，由一个 "f-g" 函数对组成。一个 N 比特全展开 SC 译码器由 $N/2$ 行 $\log_2 N$ 列 2×2 的蝶型架构组成。文献 [1] 中图 2 给出了 $N = 8$ 的全展开 SC 译码器架构，表 8-1 给出了相对应的译码时序表。表中第一行表示对应的时钟周期（clock cycle，CC）。S_0、S_1 和 S_2 分别表示译码器的第 0、1 和 2 级。$\hat{u}_i$ 一行表示在对应的时钟下，译码器的输出比特。

表 8-1 $N = 8$ 全展开 SC 译码器架构的译码时序表

CC	1	2	3	4	5	6	7	8	9	10	11	12	13	14
S_2	f							g						
S_1		f			g				f			g		
S_0			f	g		f	g			f	g		f	g
$\hat{u}_i$			$\hat{u}_0$	$\hat{u}_1$		$\hat{u}_2$	$\hat{u}_3$			$\hat{u}_4$	$\hat{u}_5$		$\hat{u}_6$	$\hat{u}_7$

通常译码器由运算节点处理单元（processing element，PE）和存储单元（memory element，ME）组成。前者用于计算 LR 信息，后者用于存储信道 LR 和计

算中产生的临时 LR。不妨假设，C_{PE} 表示单个 PE 的复杂度，而 C_{ME} 表示单个 ME 的复杂度。那么，全展开架构 SC 译码器的复杂度 C_N 可以用式（8-1）粗略计算（此处，不区分 f 和 g）：

$$C_N = (C_{PE} + C_{ME}) N \log_2 N + N C_{ME} \tag{8-1}$$

如果用 t_{PE} 表示单个 PE 的处理时延，那么 N 比特全展开架构 SC 译码器的吞吐率（throughput，T）可由式（8-2）计算（单位：比特/秒）：

$$T = \frac{N}{(2N-2)t_{PE}} \approx \frac{1}{2t_{PE}} \tag{8-2}$$

需要注意的是，如今的 PE 设计更多是基于 LLR 而非 LR。因为前者具有更好的硬件实现性和鲁棒性（robustness）。因此，PE 的设计很大程度取决于 LLR 在硬件中的表达方式，设计者可以根据实际需求选择符号-幅值表达方式 [2]、2 的补码表达方式 [3,4] 或文献 [5] 提出的冗余 LLR 表达方式。

8.1.2 树型 SC 译码器

全展开 SC 译码器具有简单、直接、易于构建的特点。但是观察表 8-1，不难发现表中有较多的空白单元格。换言之，全展开架构的硬件效率不够高。如果对应译码器同时只处理一个码字，可以通过合理精简冗余硬件单元，实现在不损害译码时延、吞吐率的前提下提升硬件效率的目标。这就是树型 SC 译码器的构建动机。

具体而言，由表 8-1 可见：在整个译码过程中，全展开译码器的第 l 级，只有 2^l 个 PE 会进行更新。根据这一点，可以将全展开 SC 译码器 PE 的数目减少至 $2 \times (N-1)$，而依然保留 $2N-1$ 个 ME，于是得到树型 SC 译码器。该类型译码器得名于其二叉树拓扑架构。文献 [1] 的图 2 给出了 $N=8$ 时的树型 SC 译码器架构。

采用与全展开 SC 译码器一样的符号表示，N 比特树型 SC 译码器的复杂度由式（8-3）给出。同时，不难看出，树型 SC 译码器的数据吞吐率与全展开 SC 译码器一致，并无损失。

$$C_N = (N-1)(2C_{PE} + C_{ME}) + N C_{ME} \tag{8-3}$$

8.1.3 线型 SC 译码器

仍然观察表 8-1，可以发现：SC 译码算法每一个时钟周期内仅有一级硬件被激活，且每一级硬件仅进行最多 $N/2$ 次 f 或 g 函数的计算。那就意味着通过对相应相同计算模块的合理复用，只需保留一个时钟周期内 f 或 g 函数计算所需最

多的计算模块数量即可。那就是 N 个 PE 和 $2N-1$ 个 ME。很显然，N 个 PE
刚好是全展开 SC 译码器的 S_2 级，呈直线型。所以，该类型译码器由此得名。文
献 [1] 的图 4 给出了 $N=8$ 的线型 SC 译码器架构，感兴趣的读者可以自行参考
阅读。

　　与前两类译码器架构不同的是，线型 SC 译码器的硬件需要被不同的功能级
复用，所以为了保证译码功能的正常，需要引入额外的数据选择器和 $\hat{u}_i$ 计算模
块。用 C_{mux} 表示单个数据选择器的复杂度，$C_{\hat{u}_i}$ 表示单个 $\hat{u}_i$ 计算模块的复杂度。
那么，线型 SC 译码器架构的复杂度可由式（8-4）计算得到。类似地，如果忽略
数据选择器带来的延时影响，线型 SC 译码器的数据吞吐率和全展开 SC 译码器、
树型 SC 译码器保持一致。

$$C_N = (N-1)\left(C_{\mathrm{ME}} + C_{\hat{u}_i}\right) + NC_{\mathrm{PE}} + \left(\frac{N}{2}-1\right)3C_{\mathrm{mux}} + NC_{\mathrm{ME}} \tag{8-4}$$

8.1.4　向量交叠 SC 译码器

　　上述树型 SC 译码器和线型 SC 译码器确实能够在不损失吞吐率的情况下，
合理提升硬件效率。但是，两种译码器有一个共同的局限，那就是：通常情况下
只能同时处理一个码字。而对于实际的通信系统，在高速场景下往往需要译码器
能够基于流水线节拍同时处理多个码字。基于此需求，能够交叠处理多个码字的
译码器——向量交叠 SC 译码器应运而生。

　　向量交叠 SC 译码器在树型 SC 译码器的基础上，使用空闲的硬件资源对 P
个码字 y_i 进行交叠译码，其中 $i = 1, 2, \cdots, P$。但是，向量交叠译码器架构需
要根据交叠处理的码字数目，对 PE 和 ME 数量进行合理扩充以保证译码功能的
正常进行。文献 [1] 中的图 5 给出了 $N=8$ 与 $P=3$ 的向量交叠 SC 译码器架
构的简单示例。表 8-2 是对应的译码时序表。可以看出，为了保证译码功能的正
确性，增加了 S_{0d} 级。

表 8-2　$N=8$, $P=3$ 的向量交叠 SC 译码器时序表

CC	1	2	3	4	5	6	7	8	9	10	11	12	13	14	15	16
S_2	y_1	y_2	y_3					y_1	y_2	y_3						
S_1		y_1	y_2	y_3	y_1	y_2	y_3		y_1	y_2	y_3	y_1	y_2	y_3		
S_0			y_1	y_1	y_2	y_1	y_1	y_2	y_3	y_1	y_1	y_2	y_1	y_1	y_2	y_3
S_{0d}				y_2	y_3	y_3	y_2	y_3				y_2	y_3	y_3	y_2	y_3

　　N 比特、可同时处理 P 个码字的向量交叠架构 SC 译码器的复杂度为

$$C_N = \left\{ N + \frac{P+1}{2}\left[\log_2\left(\frac{P+1}{2}\right) - 1\right] \right\} 2C_{\mathrm{PE}} + P(2N-1)C_{\mathrm{ME}} \tag{8-5}$$

而 N 比特、可同时处理 P 个码字的向量交叠架构 SC 译码器的吞吐率（单位：比特/秒）为

$$T = \frac{P}{2t_{\text{PE}}} \tag{8-6}$$

值得注意的是，向量交叠 SC 译码器并非只有表 8-2 所给出的一种方式。根据实际情况的不同，向量交叠 SC 译码器的设计约束会有不同，包括时间复杂度受限（如时延固定）和空间复杂度受限（如硬件资源受限）等。感兴趣的读者可以参考文献 [6]。

在介绍相关优化策略之前，先从硬件复杂度和数据吞吐率两方面对上述四种 SC 译码器架构进行比较。具体的比较结果如表 8-3 所示。可以看出不同的译码器架构类型可以在空间复杂度和时间复杂度之间取得不同的平衡。因此，针对不同的应用场景，读者可以选择合适的 SC 译码器架构。下面将介绍针对树型 SC 译码器和线型 SC 译码器的几种优化策略。

表 8-3 四种 SC 译码器架构硬件复杂度及吞吐率比较

译码器架构	PE	ME	T
全展开	$N \log_2 N$	$N(1 + \log_2 N)$	$1/2t_{\text{PE}}$
树型	$2N - 2$	$2N - 1$	$1/2t_{\text{PE}}$
线型	N	$2N - 1$	$1/2t_{\text{PE}}$
向量交叠	$\sim N + \dfrac{P}{2}\left(\log_2 \dfrac{P}{2}\right)$	$P(2N - 1)$	$P/2t_{\text{PE}}$

8.1.5 树型 SC 译码器优化

上文指出，树型 SC 译码器的译码时延与全展开 SC 译码器时延相同。而两者均受限于 SC 译码算法的串行特质。对于码长较大的极化码，时延会成为限制树型 SC 译码器应用的主要障碍。因此本节将首先考虑预计算译码器架构。更进一步地，所提出的预计算译码器架构仍然可以通过折叠来进一步降低空间复杂度。因此本节还将介绍折叠译码器架构。

1. 预计算译码器架构

文献 [7]~[9] 介绍了一种使用预计算的 SC 译码器架构，通过预计算成功地将译码时延从 $2(N-1)$ 个时钟周期减少到 $N-1$ 个时钟周期，将译码数据吞吐率提升 100%。具体操作细节如下。

首先，通过对 SC 译码因子图中每一级对应的 PE 进行标号，可以得到相应的数据流图。不失一般性，此处以 $N = 8$ 的情况作为示例。图 8-1 给出 $N = 8$ 的 SC 极化码译码因子图。用于处理 f 函数的类型 II PE 在每一级分别用 A、C、E

表示; 用于处理 g 函数的类型 IPE 用 B、D、F 表示。相应的数据流图如图 8-2 所示, 其中 D 表示一个时钟延时。不难看出, 对于 $N=8$ 的 SC 译码器, 译码时延共需耗费 14 个时钟周期。一般而言, 对于 N 比特 SC 译码器, 译码时延为 $2(N-1)$ 个时钟周期, 这与本节最开始的分析一致。具体证明, 感兴趣的读者可以参考文献 [7]。

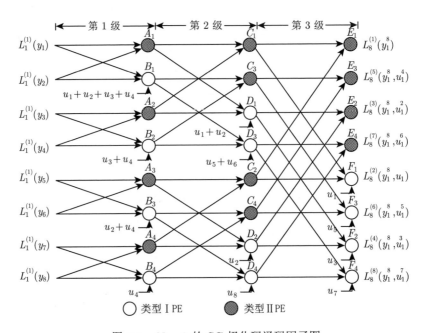

图 8-1 $N=8$ 的 SC 极化码译码因子图

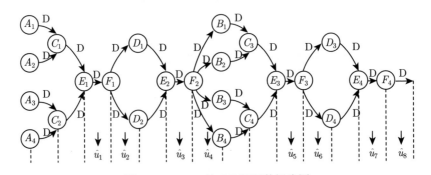

图 8-2 $N=8$ 的 SC 译码数据流图

观察图 8-2 可以发现: 8 比特 SC 译码的数据流图本质上是由四个数据回路

l_1、l_2、l_3 和 l_4 所组成，如式（8-7）所示：

$$\begin{cases} l_1 = E \to F \to D \to E \\ l_2 = F \to D \to E \to F \\ l_3 = E \to F \to B \to C \to E \\ l_4 = F \to B \to C \to E \to F \end{cases} \tag{8-7}$$

由此，可以得到简化后的 SC 译码数据流图，如图 8-3 所示。

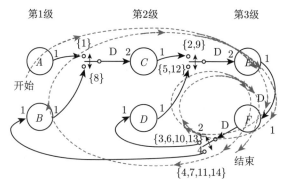

图 8-3　$N = 8$ 的简化 SC 译码数据流图

版权来源：© [2021] IEEE. Reprinted, with permission, from Ref. [7]

　　SC 译码算法中，处于对偶位置的类型 I 和类型 II 两种 PE 无法同时进行计算。原因在于，类型 I PE 的输入 $\hat{u}_{2i-1}$，在对偶类型 I PE 被激活时无法确定。然而，类型 I PE 可以根据 $\hat{u}_{2i-1}$ 仅有的两种可能，对结果进行预计算。从而，可以保证处于对偶位置的类型 I 和类型 II 两种 PE 可以在同一时钟周期内被激活，从而将译码时延降低 50%，这是非常可观的。为方便读者理解，图 8-4 给出使用预计算的 SC 译码数据流图。不难看出，由于两种类型的 PE 同时被激活，译码时延减少了一半。

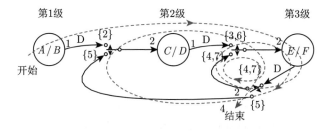

图 8-4　$N = 8$ 的预计算 SC 译码数据流图

版权来源：© [2021] IEEE. Reprinted, with permission, from Ref. [7]

相应地，使用预计算的 8 比特 SC 译码器架构如图 8-5 所示。该架构包含树型架构的主模块和反馈模块。值得注意的是，因为两种类型的 PE 同时被激活，在此处将两者合并表示为合并的 PE。反馈模块用于计算：用于控制主模块数据选择器的部分和（partial sum）$\hat{u}_{2i-1}$。使用预计算后，通过部分和 $\hat{u}_{2i-1}$ 控制数据选择器选择输出 $\hat{u}_{2i-1} = 1$ 还是 $\hat{u}_{2i-1} = 0$ 对应的 LLR。其中，路径 1 和路径 2 分别是主模块和反馈模块的关键路径。而两者中较长的路径是该 SC 译码器的关键路径。

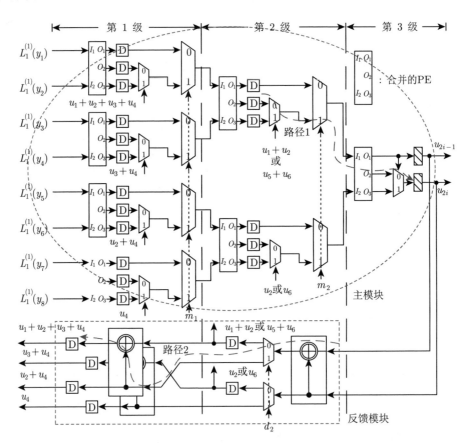

图 8-5　$N = 8$ 的预计算 SC 译码器架构

因为主模块与 8.1.2 节所述的树型 SC 译码器架构非常接近，只是区别于合并的 PE 处，故在此不再赘述。对细节感兴趣的读者可以参考文献 [7]。此处将重点介绍反馈模块的设计细节。反馈模块数据流图和极化码编码器数据流图十分类似，可以借用 7.2 节的流水线架构实现。由于译码器每级需要同时得到多个部分和作为数据选择器的输入，此处需要使用并行结构的流水线架构来计算部分和。同时，反馈模块可以采用递归的方法进行构造，每一级递归对应主模块中的一级。对于主模块中第 $\log_2 N - n + 1$ 级，对应反馈模块的递归部分如图 8-6 所示，其中 n 为索引变量。更多的设计细节，如主模块和反馈模块的控制信号如何设定等，也请读者参考文献 [7]，此处不再赘述。在此基础上进一步降低预计算译码器时间复杂度的工作，读者可以参考文献 [10]。对于反馈模块的优化，文献 [11] 和 [12] 独立地提出了优化的部分和单元，其关键路径被显著缩短，且不随码长的增加而增加。

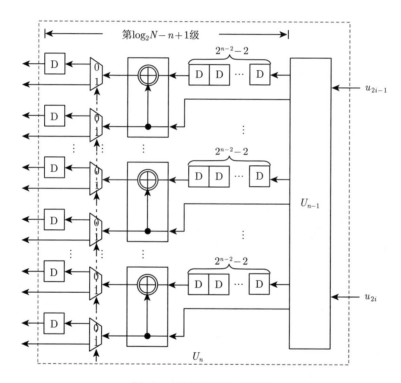

图 8-6 递归构造的反馈模块

2. 交叠型预计算译码器架构

类似于 8.1.4 节中的向量交叠 SC 译码器，预计算译码器架构也有其对应的交叠版本。具体的设计细节在文献 [7] 中有详细的叙述，读者可以前往参阅。在此给出用于指导设计交叠型预计算译码器架构的四个性质，供读者参考。

首先，研究者需要确定交叠型预计算译码器所能交叠处理的码字上限。基于此，这里有性质 8.1。对应的证明读者可以参阅文献 [7] 的第 VI 节。不难看出：当

$M = N-1$ 时，交叠型预计算译码器架构等同于全展开预计算译码器架构。

性质 8.1　　对于 N 比特预计算译码器架构，其所能交叠处理的码字数量上限 $M = N-1$。

基于性质 8.1，可以看出只要交叠处理的码字数量 $1 \leqslant M \leqslant N-1$，对应的硬件架构都是可以被实现的。具体的实现步骤由性质 8.2 给出。

性质 8.2　　如果要构造 N 比特、可交叠处理 $2^i - 1$ 个码字的预计算译码器架构，其构造基础是 N 比特、可交叠处理 $2^{i-1} - 1$ 个码字的预计算译码器架构。设计者将后者的 $2^{i-1} - 1$ 个具有最大序号的硬件级复制，即可得到前者。

对应的证明，读者可以参阅文献 [7] 的第 VI 节。为了便于读者理解性质 8.2，此处给出一个简单的例子作为说明。

例 8.1　　如图 8-7 所示，8 比特、可交叠处理 3 个码字的预计算译码器架构，可以通过复制 8 比特、可交叠处理 1 个码字的预计算译码器架构的第 3 级得到（新增第 $3'$ 级）。

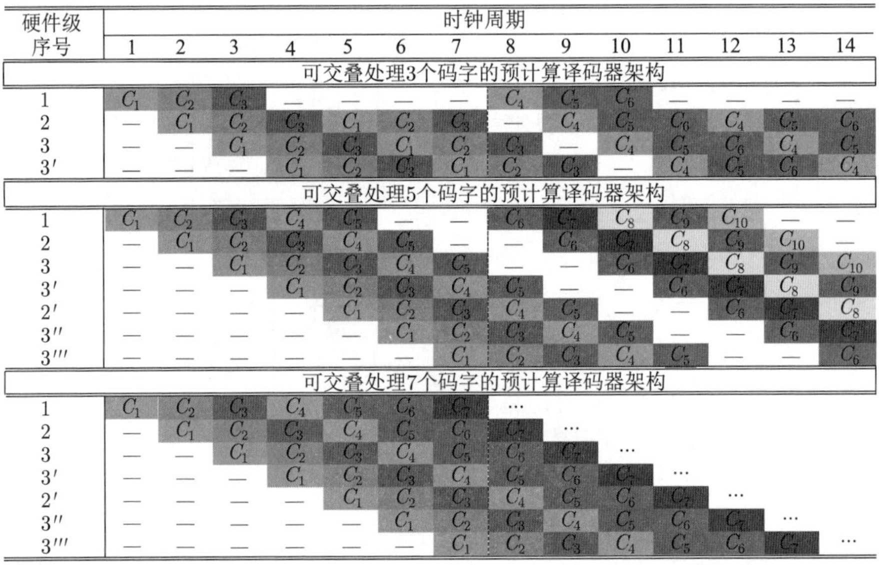

硬件级序号	时钟周期													
	1	2	3	4	5	6	7	8	9	10	11	12	13	14
可交叠处理3个码字的预计算译码器架构														
1	C_1	C_2	C_3	—	—	—	—	C_4	C_5	C_6	—	—	—	—
2	—	C_1	C_2	C_3	C_1	C_2			C_4	C_5	C_6	C_4	C_5	C_6
3			C_1	C_2	C_3	C_1	C_2			C_4	C_5	C_6	C_4	C_5
$3'$				C_1	C_2	C_3	C_1				C_4	C_5	C_6	C_4
可交叠处理5个码字的预计算译码器架构														
1	C_1	C_2	C_3	C_4	C_5				C_8	C_9	C_{10}			
2	—	C_1	C_2	C_3	C_4	C_5			C_8	C_8	C_9	C_{10}		
3			C_1	C_2	C_3	C_4	C_5				C_8	C_9	C_{10}	
$3'$				C_1	C_2	C_3	C_4	C_5				C_8	C_9	
$2'$					C_1	C_2	C_3	C_4	C_5				C_8	
$3''$						C_1	C_2	C_3	C_4	C_5				C_6
$3'''$							C_1	C_2	C_3	C_4	C_5			C_6
可交叠处理7个码字的预计算译码器架构														
1	C_1	C_2	C_3	C_4	C_5	C_6		···						
2	—	C_1	C_2	C_3	C_4	C_5	C_6	···						
3			C_1	C_2	C_3	C_4	C_5	C_6	···					
$3'$				C_1	C_2	C_3	C_4	C_5						
$2'$					C_1	C_2	C_3	C_4	C_5	C_6				
$3''$						C_1	C_2	C_3	C_4	C_5	C_6			
$3'''$							C_1	C_2	C_3	C_4	C_5	C_6	C_7	

图 8-7　比特数 $N = 8$、可交叠处理 3、5、7 个码字的预计算译码器架构

更进一步，8 比特、可交叠处理 7 个码字的预计算译码器架构，可以在 8 比特、可交叠处理 3 个码字的预计算译码器架构的基础上得到。根据性质 8.2，将 7 和 3 改写如下：

$$\begin{cases} 7 = 2^3 - 1 \\ 3 = 2^2 - 1 \end{cases} \tag{8-8}$$

因此, 将可交叠处理 3 个码字的预计算译码器架构 3 个具有最大序号的硬件级 (第 2、3 和 3′ 级) 复制, 得到第 2′、3′ 和 3″ 级。新合成的译码器架构, 可交叠处理 7 个码字, 且可达 100% 的硬件效率和算法的迭代边界 (iteration bound)。

性质 8.2 给出了 N 比特、可交叠处理 $2^i - 1$ 个码字的预计算译码器架构构造方式。如果需要交叠处理的码字个数 $M \neq 2^i - 1$, 应该如何处理呢? 性质 8.3 给出了答案。

性质 8.3　对于任意的 $2^{i-1} - 1 < M \leqslant 2^i - 1$, N 比特、可交叠处理 M 个码字的预计算译码器架构保持不变。当且仅当 $M = N - 1$ 时, 译码器硬件效率达 100%。

性质 8.3 的证明与性质 8.2 类似, 在此处被省略, 感兴趣的读者可以参阅文献 [7] 的第 VI 节。图 8-7 同样给出了一个简单的例子: 8 比特、可交叠处理 5 个码字的预计算译码器架构与 8 比特、可交叠处理 7 个码字的预计算译码器架构完全相同。

那么对于给定的所需交叠处理的码字个数 M, 是否可以精确给定所需的合并的 PE 的数量呢? 答案是: 可以。具体的数量计算由性质 8.4 给出。

性质 8.4　对于任意的 $2^{i-1} - 1 < M \leqslant 2^i - 1$, N 比特、可交叠处理 M 个码字的预计算译码器架构所需的合并的 PE 的数量为 $N + 2^{i-1} \cdot (i - 2)$。

对应证明可以由性质 8.1 得到, 感兴趣的读者可以参阅文献 [7] 的第 VI 节。例如, 给定 $N = 8$, 对应的 1、3、7 交叠的版本所需的合并的 PE 的数量由性质 8.4 计算可得, 分别为 7、8、12, 与图 8-7 完全吻合。

3. 折叠译码器架构

在预计算译码器架构的基础上, 可以对其主模块电路进行折叠, 从而降低硬件复杂度 [13,14]。折叠译码器架构还可以在硬件复杂度和延时之间进行权衡, 针对不同的应用环境, 得到综合指标较为平衡的译码电路。

极化码解码可以将码长为 2^n 的极化码分解为码长为 2^k 和 2^{n-k} 的次级译码器。在此基础上, 基于 k 级分解的 SC 折叠架构被提出。分别定义 λ_k 与 λ_d 来区分两种码长译码的 LLR 值, 其中 λ_k 表示码长为 2^k 的极化码对应 LLR 值, λ_d 表示码长为 2^{n-k} 的极化码对应 LLR 值。设定分解级数为 k, 则 k 级分解的算法流程见算法 8.1。

在基于 k 级分解的折叠架构中, 2^n 码长的极化码可以被分解为两种次级译码器, 分别需要 2^{n-k} 个码长为 2^k 的译码器与 1 个码长为 2^{n-k} 的译码器。其中 2^{n-k} 个码长为 2^k 的译码器处于并行工作状态, 由于它们的构架译码功能完全一致, 可以复用 2^p 个码长为 2^k 的译码器实现原本 2^{n-k} 个译码器的工作。此处用到了折叠操作, 可以极大地减少硬件资源的使用, 但是延时会少量增加。

算法 8.1　基于 k 级分解的极化码译码算法

1: 初始化：令 $i=1$，当 $j=1:2^{n-k}$ 时，对于第 j 个译码器，有 $\boldsymbol{\lambda}_{k,1}(y_1^{2^k})=\boldsymbol{\lambda}_1(y_{1+(j-1)\cdot 2^k}^{j\cdot 2^k})$。

2: **for** $i=1:2:2^k$ **do**

3:　　**for** $j=1:2^{n-k}$ **do**

4:　　　　对于码长为 2^k 的第 j 个译码器，计算输出 LLR 值 $L_{k,2^k}^{(i)}$；

5:　　**end for**

6:　　将 $\lambda_{d,1}^{(1)}(y_j)=\lambda_{k,2^k}^{(i)}$ 作为码长为 2^{n-k} 的译码器，并计算其 LLR 值 $\boldsymbol{\lambda}_{d,2^{n-k}}$，硬判决得到 $\hat{u}_{(i-1)\cdot 2^{n-k}+1}^{i\cdot 2^{n-k}}$；

7:　　由于使用了预计算方法，将判决出的值 $\hat{u}_{(i-1)\cdot 2^{n-k}+1}^{i\cdot 2^{n-k}}$ 反馈给码长为 2^k 的译码器，并从寄存器中读取 LLR 值 $\lambda_{k,2^k}^{(i+1)}$；

8:　　令 $\lambda_{d,1}^{(1)}(y_j)=\lambda_{k,2^k}^{(i+1)}$，码长为 2^{n-k} 的译码器计算输出 LLR 值 $\boldsymbol{\lambda}_{d,2^{n-k}}$，并硬判决得到 $\hat{u}_{i\cdot 2^{n-k}+1}^{(i+1)\cdot 2^{n-k}}$。

9: **end for**

表 8-4 给出了 $N=8$、$k=2$ 的折叠 SC 译码器的译码流程，其中 λ（带有下画线）表示利用预计算得到的数值。

表 8-4　$N=8$、$k=2$ 的折叠 SC 译码器的译码流程 [15]

CC	1	2	3	4	5	6	7	8	9
S_1	$\boldsymbol{\lambda}_2^{(1)}(y_1^2)$ $\boldsymbol{\lambda}_2^{(1)}(y_3^4)$	$\boldsymbol{\lambda}_2^{(1)}(y_5^6)$ $\boldsymbol{\lambda}_2^{(1)}(y_7^8)$				$\boldsymbol{\lambda}_2^{(2)}(y_1^2)$ $\underline{\boldsymbol{\lambda}}_2^{(2)}(y_3^4)$	$\boldsymbol{\lambda}_2^{(2)}(y_5^6)$ $\underline{\boldsymbol{\lambda}}_2^{(2)}(y_7^8)$		
S_2		$\boldsymbol{\lambda}_4^{(1)}(y_1^4)$	$\boldsymbol{\lambda}_4^{(1)}(y_5^8)$	$\underline{\boldsymbol{\lambda}}_4^{(2)}(y_1^4)$ $\underline{\boldsymbol{\lambda}}_4^{(2)}(y_5^8)$	$\boldsymbol{\lambda}_4^{(3)}(y_1^4)$	$\boldsymbol{\lambda}_4^{(3)}(y_5^8)$			$\underline{\boldsymbol{\lambda}}_4^{(3)}(y_1^4)$ $\underline{\boldsymbol{\lambda}}_4^{(3)}(y_5^8)$
S_3				$\boldsymbol{\lambda}_8^{(1)}(y_1^8)$ $\underline{\boldsymbol{\lambda}}_8^{(2)}(y_1^8)$	$\boldsymbol{\lambda}_8^{(3)}(y_1^8)$ $\underline{\boldsymbol{\lambda}}_8^{(4)}(y_1^8)$			$\boldsymbol{\lambda}_8^{(5)}(y_1^8)$ $\underline{\boldsymbol{\lambda}}_8^{(6)}(y_1^8)$	$\boldsymbol{\lambda}_8^{(7)}(y_1^8)$ $\underline{\boldsymbol{\lambda}}_8^{(8)}(y_1^8)$
输出				$\hat{u}_1$ $\hat{u}_2$	$\hat{u}_3$ $\hat{u}_4$			$\hat{u}_5$ $\hat{u}_6$	$\hat{u}_7$ $\hat{u}_8$

　　基于 k 级分解的折叠架构本质上将原本为 n 级的译码器架构分成了两段，分别为 k 级和 $n-k$ 级译码器。如果进一步扩展折叠操作，将原本的两段折叠扩展为多段折叠，则将进一步扩大折叠带来的硬件资源利用率的优势。在此基础上，基于 k 段分解的 SC 折叠架构被提出。

　　在基于 k 段分解的折叠架构中，SC 译码器架构的主模块电路被分解为 k 段。每段都由若干 $\sqrt[k]{N}$ 比特译码器组合而成。基于 k 段分解的译码算法可以用一个递归算法表示, 描述如算法 8.2 所示。其中第 10 行与第 13 行的算法表述对应了预计算操作。算法中 $\hat{\boldsymbol{u}}^{(N)}$ 表示 SC 译码估计值。

算法 8.2 基于 k 段分解的译码算法

Input: LLR $[L_1^{(1)}(y_1), \cdots, L_1^{(1)}(y_N)]$, 分段数 k

1: Function SC_d$(N, k, [L_1^{(1)}(y_1), \cdots, L_1^{(1)}(y_N)])$:
2:    $n \leftarrow \log_2 N$ and $p \leftarrow n/k$
3:    **if** $k = 1$ **then**
4:      2^p 比特译码器根据输入 LLR $[L_1^{(1)}(y_1), \cdots, L_1^{(1)}(y_N)]$,计算译码结果 $\hat{\boldsymbol{u}}^{(2^p)} = [\hat{u}_1^{(2^p)}, \cdots, \hat{u}_{2^p}^{(2^p)}]$
5:      **return** $\hat{\boldsymbol{u}}^{(2^p)} = [\hat{u}_1^{(2^p)}, \cdots, \hat{u}_{2^p}^{(2^p)}]$
6:    **else**
7:      **for** $h = 1 : \dfrac{2^p}{2}$ **do**
8:        $j \leftarrow 2h - 1$
9:        **for** $i = 1 : 2^{n-p}$ **do**
10:          2^p 比特译码器根据输入 LLR $[L_1^{(1)}(y_{1+(i-1)\cdot 2^p}), \cdots, L_1^{(1)}(y_{i\cdot 2^p})]$ 计算 $L_{2^p}^{(j)}(i)$, 并且按要求使用 $\hat{\boldsymbol{u}}^{(2^{kp})}$; 同时, 预计算 $L_{2^p}^{(j+1)}(i|u_{\text{sum}})$, 其中 $u_{\text{sum}} = \{0, 1\}$
11:        **end for**
12:        $[\hat{u}_{1+(j-1)\cdot 2^{n-p}}^{(N)}, \cdots, \hat{u}_{j\cdot 2^{n-p}}^{(N)}] \leftarrow$ 调用函数 SC_d $\left(\dfrac{N}{2^p}, k-1, [L_{2^p}^{(j)}(1), \cdots, L_{2^p}^{(j)}(2^{n-p})]\right)$
13:        通过 $\hat{\boldsymbol{u}}^{(2^{kp})}$ 计算获得 $[L_{2^p}^{(j+1)}(1), \cdots, L_{2^p}^{(j+1)}(2^{n-p})]$
14:        $[\hat{u}_{1+j\cdot 2^{n-p}}^{(N)}, \cdots, \hat{u}_{(j+1)\cdot 2^{n-p}}^{(N)}] \leftarrow$ 调用函数 SC_d $\left(\dfrac{N}{2^p}, k-1, [\lambda_{2^p}^{(j+1)}(1), \cdots, \lambda_{2^p}^{(j+1)}(2^{n-p})]\right)$
15:      **end for**
16:      **return** $\hat{\boldsymbol{u}}^{(N)} = [\hat{u}_1^{(N)}, \cdots, \hat{u}_N^{(N)}]$
17:    **end if**
18: End Function

文献 [13] 中的图 1 给出了 $N = 8$、$k = 3$ 的 3 段分解折叠 SC 译码器架构。8 比特 SC 译码器本身有 7 个混合节点模块, 分为 3 级。当 $k = 3$ 时, 将 3 级译码器分为 3 段, 每段对应一个 1 级 2 比特 SC 译码器, 再将后两段无并行操作的次级译码器合并, 最终构架由两个 2 比特次级译码器组成, 共需 2 个混合节点模

块，大大降低了资源消耗。

关于树型 SC 译码器的优化，研究者还提出了若干方案。文献 [16] 推导了同时译 2 比特的算法并设计了对应的硬件架构；文献 [17] 和 [18] 将译码层分为多个区域，对不同区域采用不同译码器架构以提升译码吞吐率。此外，一些经典硬件优化方案也得以应用，包括展开技术 [19] 等。文献 [20] 设计了灵活的 SC 译码器，可以支持任意的码长。

8.1.6 线型 SC 译码器优化

线型 SC 译码器的优化方案包括：通过引入硬件复用技术设计半并行 SC 译码器 [2]、折叠 SC 译码器 [21] 等，以及通过引入简化算法设计基于 SSC 的快速译码器 [22] 等。

1. 半并行 SC 译码器

在线性架构的基础上还可以通过半并行结构进一步减少使用的 PE 数目 [2]。在线型架构 SC 译码电路中，无论码长大小，$N/2$ 个 PE 都仅有两次被全部使用，因此可以通过减少 PE 的数目提升硬件资源利用率，同时不会过多影响到吞吐率。定义 P 为使用的 PE 数目，$P < N/2$。表 8-5 给出了 $N = 8$、$P = 4$ 线型架构和 $N = 8$、$P = 2$ 半并行架构下的译码时序表，可以看到半并行架构仅仅比线型架构多出两个时钟延时。下面对任意 P 大小的半并行 SC 译码电路延时进行分析：对于第 l 个阶段，当 $2^l \leqslant P$ 时，半并行架构与线型架构没有区别；当阶段需要的 LR 计算超过 P 时，需要使用 $\dfrac{2^l}{P}$ 个时钟周期完成 LR 的更新计算。半并行 SC 译码电路的总延时为

$$\mathcal{L}_{\mathrm{SP}} = \underbrace{\sum_{l=0}^{P} 2^{n-l}}_{\text{不受影响的阶段}} + \underbrace{\sum_{l=P+1}^{2P} 2^{n-l}2^{l-P}}_{\text{受影响的阶段}}$$

$$= 2N\left(1 - \frac{1}{2P}\right) + (n-P-1)\frac{N}{P} = 2N + \frac{N}{P}\log_2\left(\frac{N}{4P}\right) \tag{8-9}$$

表 8-5 $N = 8$，$P = 4$ 线型架构和 $N = 8$，$P = 2$ 半并行架构下的译码时序表

CC	0	1	2	3	4	5	6	7	8	9	10	11	12	13	14	15
PE	$L_{2,0}$	$L_{2,2}$	$L_{1,0}$			$L_{1,2}$			$L_{2,4}$	$L_{2,6}$	$L_{1,4}$			$L_{1,6}$		
PE	$L_{2,1}$	$L_{2,3}$	$L_{1,1}$	$L_{0,0}$	$L_{0,1}$	$L_{1,3}$	$L_{0,2}$	$L_{0,3}$	$L_{2,5}$	$L_{2,7}$	$L_{1,5}$	$L_{0,4}$	$L_{0,5}$	$L_{1,7}$	$L_{0,6}$	$L_{0,7}$
输出				$\hat{u}_0$	$\hat{u}_1$		$\hat{u}_2$	$\hat{u}_3$				$\hat{u}_4$	$\hat{u}_5$		$\hat{u}_6$	$\hat{u}_7$

文献 [2] 的图 6 是 SC 译码器的整体硬件架构，在实际硬件架构中，为了简

化硬件复杂度，一般使用 LLR 而不是 LR。本节将重点介绍部分和存储与更新模块。对于其他模块，感兴趣的读者可以参考文献 [2]。

表 8-5 中的半并行架构 SC 译码电路的译码时序流程图并没有表示出 LR 计算对部分和的需要，CC = {8,9} 时无法提前进行计算也是由于此时 LR 的计算需要用到 $\hat{u}_3$ 的部分和。由此可见，部分和的存储和更新十分重要。

对于部分和存储模块，每当一个 $\hat{u}_i$ 译出，很多部分和便需要进行更新。不同于存储在随机存取存储器（random access memory，RAM）的似然估计值，部分和没有规律的结构，直接存储在块状存储器中是不合适的。由于 RAM 在一个时钟周期中仅可以读取一个地址上的数据，将部分和存储在 RAM 中需要分次进行数据读取，造成较大的延时，降低吞吐率。解决方法是将部分和存储在寄存器中，SC 译码图中每个 g 函数运算节点将被映射到寄存器中一个相应的触发器。通过部分和的更新模块，每当一个 $\hat{u}_i$ 译出，便立即对部分和进行更新。可以发现，只要使用时反复用，$N-1$ 个比特便足以存储需要的部分和。在第 l 个阶段，g 运算节点仅需要 2^l 个比特去存储部分和。以文献 [2] 图 2 为例，对于 $\hat{s}_{0,j}$，在 CC = {1,3,5,7} 时，部分和便会更新，所以只需要 1 个比特去存储；对于 $\hat{s}_{1,j}$，前两个和后两个部分和可以存储在一个位置，且这两个位置分别在 CC = {3,7} 时进行更新。文献 [2] 图 11 给出了 $N = 8$ 时，每个 g 函数运算节点用到的部分和与 $N-1$ 个触发器的映射关系。

对于部分和更新模块，g 函数运算节点计算 $\boldsymbol{\lambda}_g$ 需要特定的部分和 $\hat{s}_{l,j}$，而部分和 $\hat{s}_{l,j}$ 则对应着上一次递归得到码字 u_0^{N-1} 一个子集的二进制和。对于部分和 $\hat{s}_{l,j}$ 和单比特码字 u_i，需要的子集可以通过 I 函数决定：

$$I(l,i,j) = \overline{B(l,i)} \cdot \prod_{m=l}^{n-2} \overline{(B(m,j) \oplus B(m+1,i))} \cdot \prod_{k=0}^{l-1} \overline{(B(k,j) \oplus B(k,i))} \quad (8\text{-}10)$$

其中，$\prod$ 表示和运算；$\oplus$ 表示或运算；$B(a,b) \stackrel{\text{def}}{=\!=} \dfrac{b}{2^a} \bmod 2$。如果 u_i 在该部分和 $\hat{s}_{l,j}$ 子集中，则对应的 I 函数为 1。以 $N = 8$，$l = 2$ 为例：

$$I(2,i,j) = \begin{bmatrix} 1 & 1 & 1 & 1 & 0 & 0 & 0 & 0 \\ 0 & 1 & 0 & 1 & 0 & 0 & 0 & 0 \\ 0 & 0 & 1 & 1 & 0 & 0 & 0 & 0 \\ 0 & 0 & 0 & 1 & 0 & 0 & 0 & 0 \end{bmatrix}^{\mathrm{T}} \quad (8\text{-}11)$$

对应的四个部分和 $\hat{s}_{2,j}$ $(j = 0,1,2,3)$ 的运算分别为

$$\hat{s}_{2,0} = u_0 \oplus u_1 \oplus u_2 \oplus u_3, \quad \hat{s}_{2,1} = u_1 \oplus u_3, \quad \hat{s}_{2,2} = u_2 \oplus u_3, \quad \hat{s}_{2,3} = u_3 \quad (8\text{-}12)$$

使用 I 函数对部分和进行更新可以表示为

$$\hat{s}_{l,j} = \bigoplus_{i=0}^{N-1} u_i \cdot I(l,i,j) \tag{8-13}$$

如果采用时反复用, 则可以将 I 函数表示为

$$I'(l,i,\breve{j}) = \overline{B(l,i)} \cdot \prod_{m=0}^{l-1} \overline{(B(l-m-1,\breve{j}) + B(m,i))} \tag{8-14}$$

其中, $\breve{j}$ 对应着一个阶段中触发器的序号, 如文献 [2] 图 11 所示, 第 l 个阶段的一个触发器可以存储 2^{n-l-1} 个部分和。

2. 基于 SSC 的快速译码器

对于快速 SSC 译码算法, 一种基于线型译码电路、针对特殊节点的简化译码器架构被提出 [22]。SC 译码器的译码步骤可以通过指令集的形式进行表示。特别地, 基于 SSC 的快速译码器的译码步骤可以由 12 种操作码构成, 如表 8-6 所示。

表 8-6   基于 SSC 的快速译码器架构中使用的不同操作

指令名称	指令功能描述
F	计算 $\boldsymbol{\alpha}_l$
G	计算 $\boldsymbol{\alpha}_r$
COMBINE	结合 $\boldsymbol{\beta}_l$ 和 $\boldsymbol{\beta}_r$
COMBINE-0R	$\boldsymbol{\beta}_l = \mathbf{0}$ 特殊情形下的 COMBINE
G-0R	$\boldsymbol{\beta}_l = \mathbf{0}$ 特殊情形下的 G
P-R1	针对 R1 节点计算 $\boldsymbol{\beta}_v$
P-RSPC	针对 SPC 节点计算 $\boldsymbol{\beta}_v$
P-01	$\boldsymbol{\beta}_l = \mathbf{0}$ 特殊情形下的 P-R1
P-0SPC	$\boldsymbol{\beta}_l = \mathbf{0}$ 特殊情形下的 P-RSPC
ML	使用遍历搜索 ML 译码计算 $\boldsymbol{\beta}_l$
REP	针对 REP 节点计算 $\boldsymbol{\beta}_v$
REP-SPC	针对 REP-SPC 节点计算 $\boldsymbol{\beta}_v$

在译码过程中决定使用哪一种操作将会需要非常复杂的控制逻辑, 所以 SC 译码电路一般通过线下已经计算好的指令集顺序执行来实现控制, 每条指令需要 5 比特的存储空间, 4 比特用于译码得到操作码, 1 比特用于表示与子节点的联系。该指令集也可以看作被一个微处理器, 即这里的译码器操作的程序。基于 SSC 的快速译码器的顶层架构如文献 [22] 图 6 所示, 指令集（程序）在一开始被写入指令 RAM 中, 并被控制器（指令译码器）取出, 控制器取出指令后发送信号使信道 LLR 通过信道载入器载入信道 RAM 中, 同时算术逻辑单元（arithmetic and logic unit, ALU）进行指令中要求的操作。算术逻辑单元读取 λ-RAM 和 β-RAM

中的数据，被译出的码字将被缓存到码字 RAM 中并作为译码器的输出。文献 [22] 图 7 给出了算术逻辑单元的架构，下面主要分析数据处理模块对 SSC 中特殊节点的处理。

REP 模块主要采用组合逻辑，由一个加法器树组成，常用的几种极化码构造中 REP 节点的长度最大为 16，因此使用层数为 4 的加法器树，考虑到需要得到的是和的符号，可以逐渐增加加法器的宽度以避免溢出以及纠错性能的下降。当 REP 节点长度 N_v 小于 16 时，后 $16 - N_v$ 位可以用 0 补齐，不影响结果。

REP-SPC 模块完全采用组合逻辑，对应着节点长度 $N_v = 8$、左子节点为 REP 码、右子节点为 SPC 码的特定节点。该模块由两个 SPC 模块和一个 REP 模块组成。首先通过 REP 模块中 4 个 f 函数处理模块并行地对 λ_{REP} 向量进行计算。同时，两个 SPC 模块通过 8 个 g 函数处理模块对 LLR 值 λ_{SPC_0} 和 λ_{SPC_1} 进行计算，分别针对 REP 为全 0 码和 REP 为全 1 码的情况。两个 SPC 模块的输出将会通过一个数据选择器进行选择，从 REP 模块得到的 β_{REP} 将被用于对 SPC_0 和 SPC_1 进行选择。最终，β_{REP} 和 β_{SPC_0} 或 β_{SPC_1} 中的一个组成 β_v。

除了以上所介绍的工作以外，SC 译码器的设计与实现还包括若干其他工作。文献 [23] 中将基于快速 SSC 译码的译码树展开，并采用深度流水线技术支持多帧译码，可以达到上百吉比特每秒的吞吐率。基于此设计，文献 [24] 将部分特殊节点组合成新型特殊节点，以加速每一帧的译码，设计了能够支持深度流水和部分流水的多模式展开快速 SSC 译码器。2012 年，首个基于 ASIC 实现的 SC 译码器公开 [9]，基于 180 nm 互补金属氧化物半导体（complementary metal oxide semiconductor，CMOS）技术，码长为 1024、码率为 1/2 的极化码 SC 译码器的吞吐率为 49 Mbit/s，面积为 1.72 mm^2，能量效率为 1.37 nJ/bit。2018 年发表的 ASIC SC 译码器 [25] 支持码长为 1024、码率为 1/2 的极化码。译码器可以同时处理 2 帧，且支持 4 比特同时译码。基于 180 nm CMOS 技术，该译码器的吞吐率为 655 Mbit/s，面积为 3.17 mm^2。2017 年，一款名为 PolarBear 的极化码译码器 [26] 公开发表，可支持展开和灵活两种译码模式，支持 SC、SCF 和 SCL 三种译码算法，基于 28nm 全耗尽型绝缘体上硅（fully depleted silicon on insulator，FD-SOI）技术，译码器面积为 0.44 mm^2。对于码长为 1024、码率为 1/2 的极化码，译码器的吞吐率为 187.6 Mbit/s，能量效率为 95 nJ/bit；对于码长为 1024、码率为 0.85 的极化码，译码器的吞吐率为 9.2 Gbit/s，能量效率为 1.2 nJ/bit。

8.2　SCL 译码器的设计与实现

SCL 译码器的设计与实现最早主要基于 SC 译码器的设计与实现。对应的硬件架构在文献 [27] 和 [28] 等中被提出。随着基于 LLR 的 SCL 译码算法的提出 [28]，

SCL 译码的硬件复杂度被显著降低，促进了学术界对 SCL 译码电路的研究。Balatsoukas-Stimming 的 SCL 译码器系列工作基于当时已有的 SC 译码器进行扩展，对路径更新单元、路径排序单元、内存设计、控制逻辑等进行了详细的介绍，为后续的 SCL 译码器的设计奠定了基础。同时期，Lin 和 Yan 实现了 CA-SCL 译码器[29]，提出了一种路径删除策略优化了路径管理单元，使其设计的译码器对于较大的列表依然友好。

由于 SCL 译码器可以基于 SC 译码器设计，许多 SC 译码器的优化方案都能够得以沿用，因此大多数 SCL 译码器的工作都着重于算法创新及其对应的硬件实现，如同时支持多比特译码[30,31]、基于双阈值排序[32]、Fast-SSCL 译码器[33,34]、基于符号译码[35]、支持 ML 节点和部分和指针复制[36]、基于分段 CRC 的 SCL 译码器[37]、基于多比特双阈值排序[38]、基于校验支持早停[39]、降低 Fast-SSCL 节点路径扩展规模且支持 SCL 翻转译码[40] 和基于并行 SCL 子译码[41] 等。除上述工作，文献 [41]~[44] 设计的译码器采用了流水线技术，支持多帧同时译码，其中文献 [44] 实现了自适应 SCL 译码。文献 [45] 针对 SCL 译码器优化了部分和单元，文献 [46] 为 Fast-SSCL 译码器设计了实时的节点判定单元。

同时，研究者也给出了若干 SCL 译码器的 ASIC 实现。PolarBear 译码器[26] 首次提供了 SCL 译码器的 ASIC 实现结果，基于 28 nm FD-SOI 技术，译码器面积为 0.44 mm^2。码长为 1024、码率为 1/2、列表大小为 4 的灵活 SCL 译码器的吞吐率为 130.9 Mbit/s，能量效率为 178.1 nJ/bit。2018 年发表的文献 [47] 采用了跨层 PE 设计、串行列表处理等设计思路，基于 16 nm 鳍式场效应晶体管（fin field-effect transistor，FinFET）技术，码长为 1024、码率为 1/2、列表大小为 8 的灵活 SCL 译码器的吞吐率为 3241 Mbit/s，面积为 2.27 mm^2。

一般而言，SCL 译码器是在 SC 译码器基础上增加了 $L-1$ 个 SC 译码模块后加入对应路径扩展、路径排序以及路径更新的处理模块，所以 SCL 译码器的模块可以分为两大类：度量计算模块和存储排序模块。本节将分类介绍对应的模块功能和架构。

8.2.1　SCL 译码器的度量计算模块

文献 [28] 最先基于 LLR 数域设计实现了 SCL 译码器，使得其硬件运算效率大大提升。SCL 译码器拥有 L 个并行的 SC 译码模块，其度量计算模块可在一个时钟周期内利用 L 个译码判决 LLR 结果进行 PM 计算得到 $\mathrm{PM}_l^{(i)}$，完成路径扩展。在此时钟周期内，计算得到的 $\mathrm{PM}_l^{(i)}$ 同时完成了路径排序与更新，并且基于此结果对应的译码路径、路径部分和以及存储地址也在同一时钟周期完成更新。

对于每个 SC 译码更新模块，可以使用之前介绍过的半并行 SC 译码电路，使用 P 个处理单元 PE。因为前文已经对 SC 译码器架构进行了详细的介绍，此处不再赘述。读者可以自行参阅 8.1 节。关于对度量计算模块得到的 $\mathrm{PM}_l^{(i)}$ 进行存储排序方面，在 8.2.2 节进行详细介绍。

8.2.2　SCL 译码器的存储排序模块

如上文所述，存储排序模块也是 SCL 译码器的重要部分，下面将进行详细介绍。通常而言，存储排序模块一共包含存储模块、地址转换模块、路径排序模块以及控制模块 4 个。

1. 存储模块

SCL 译码器的存储模块包括内部 LLR 存储、路径 LLR 存储、部分和存储[28]。

首先介绍内部 LLR 存储。相比于 SC 译码器，SCL 译码器需要其 L 倍的 LLR 值存储以及 $N-1$ 个相应的地址索引存储。两者共同完成各译码路径在各译码层中间数据的读取与写入。

其次是路径 LLR 存储。路径 LLR 存储主要由 L 个 N 比特的存储器组成，对应了各译码路径的译码结果 $\boldsymbol{u}[l]$ $(l \in |L|)$。在译码器进行路径扩展时，基于每条路径的 $\boldsymbol{u}[l]$ 进行相应路径复制，完成译码路径由 L 条到 $2L$ 条的扩展。当路径 l 完成路径复制后，其一个副本扩展更新为 $u_i[l] = 0$，另一个副本为 $u_i[l] = 1$。详细路径复制的过程可参考文献 [28] 中的图 2。

最后，部分和存储则是负责对路径存储器内的结果进行式（5-10）运算得到各路径相应 $\boldsymbol{\beta}[l]$，然后进行存储。

总之，相比于 SC 译码电路，SCL 译码电路的存储模块中，信道 LLR 存储与之前一致，内部 LLR 存储、路径 LLR 存储以及部分和存储都相应地变为之前的 L 倍，而且 SCL 译码器不仅需要存储相较于 SC 译码器 L 倍的数据，还要完成对这些译码数据的有效调度。

2. 地址转换模块

文献 [48] 提出 SCL 算法时在相应路径数据调度方面采用的是即写即复制机制，这确定了其译码复杂度为 SC 译码复杂度的 L 倍，即 $\mathcal{O}(LN \log_2 N)$。然而在实际的硬件实现中，SC 大类算法的递归计算特性导致了译码器在时延、功耗、面积等方面的较大资源消耗。这就使得即写即复制机制并不是一个硬件高效、友好的数据调度机制。

于是，文献 [28] 采用地址转换模块来提高数据调度效率，即每条路径拥有自己的虚拟存储，其对应着所有 L 个内部 LLR 值的物理存储，此时两种存储的地址转换只需要一个小的指针存储完成数据调度。当路径 l 进行路径复制时，只需要将其指针中存储的内容进行备份即可，无须将对应全部中间 LLR 值进行复制。

3. 路径排序模块

路径排序模块主要由路径度量存储器和路径度量排序器组成。路径度量存储器负责存储 L 条译码路径对应的 $\mathrm{PM}_l^{(i)}$。路径度量排序器则是以路径扩展复制后的 $2L$ 个路径副本为输入，产生有序的 PM 值并输出 L 条幸存路径及其相应的译码判决 u。

4. 控制模块

控制模块的作用包括：产生所有读或写存储的地址，决定 PE 进行 f 或 g 函数运算，控制 CRC 检测和码字选择。CRC 检测需要 L 个 r 比特 CRC 存储，其中 r 是 CRC 检测的位数。每估计一个信息位，CRC 模块便进行更新，当最后一个信息位估计完成后，便可以判断这条路径是否通过 CRC 检测。当路径分裂时，对应 CRC 存储中的内容也将通过复制继承。码字选择模块将选择通过 CRC 检测的路径中度量值最小的路径并输出。

以上就是传统 SCL 译码器的基本译码器架构，关于具体的架构图，感兴趣的读者可以参考文献 [28] 中的图 2。根据 5.2 节关于 SCL 译码算法的优化内容，传统 SCL 译码算法可用节点优化的方式形成 Fast-SSCL 算法，来降低算法复杂度。同理，在硬件设计实现方面，也可以基于传统的 SCL 译码器架构引入节点译码模块提升译码效率。

8.2.3　SCL 译码器的节点译码模块

Fast-SSCL 译码算法是在 SCL 译码算法的基础上进行节点译码的优化。对应于硬件设计实现方面，Fast-SSCL 译码器 [33,34] 则是在传统 SCL 译码器架构的基础上增加了关于特殊节点，包括 R1、R0、REP、SPC 等节点的相应译码模块。下面简单介绍一下各节点译码模块。

1）R1 节点译码模块

对于一个包含 N_s 信息比特的 R1 节点，Fast-SSCL 译码算法对该节点中所有比特的估计等同于传统 SCL 译码算法进行 N_s 次路径扩展、排序和更新。因此，Fast-SSCL 译码算法可以强制一系列流水线的比特估计、路径更新以及 PM 计算（如式（5-29））的操作，而根据 5.2 节中对 Fast-SSCL 译码算法的描述，完成 R1 节点的路径扩展、更新只需要 $\min(N_s - 1, L)$ 个时钟周期。

2）R0 节点译码模块

R0 节点译码模块在不需要路径扩展复制的情况下将所有 N_s 个比特置零。同时，需要加入相应 R0 节点的 PM 计算模块完成式（5-27）操作。具体硬件设计可通过全并行加法器树在一个时钟周期完成。具体 R0 节点的 PM 计算模块架构图可参考文献 [33] 的图 7。

3）REP 节点译码模块

对于 REP 节点来说，其中 $N_s - 1$ 个冻结比特可按照对 R0 的操作方式全部置零并不需要路径扩展、更新。然而，对其 1 个信息比特要进行比特估计以及路径扩展、更新。路径的扩展以及相应计算得到的 PM（如式（5-28））在一个时钟内完成，然后在下一个时钟完成对所有路径的排序、选取、更新。

4）SPC 节点译码模块

由于含有 $N_s - 1$ 个信息比特，SPC 节点译码模块需要多次进行路径扩展、更新等操作。其路径和对应 PM 的更新是同步的，且每次进行 1 个信息比特的路径扩展、排序和选取。因此，SPC 节点译码模块需要一个时钟通过并行异或树得到 N_s 个比特的校验位，如式（5-30）所示，同时通过比较树得到相应的 $\boldsymbol{\lambda}_{s,l}[j_0]$。

8.3 SCS 译码器的设计与实现

作为一种深度优先的译码算法，SCS 在堆栈中存储的路径长度是非等长的，所以 SCS 译码器会存在回溯的问题。首个 SCS 译码器在文献 [49] 中被提出，并利用了折叠架构以实现高资源利用率。其整体架构如图 8-8 所示，包含三部分。第一个组件是度量计算单元（metric computation unit，MCU），它基于四个并行折叠的 SC 译码器内核计算每个路径的度量。第二个组件为堆栈存储单元，由两个深度分别为 D 和 $2D$ 的堆栈存储器组成，用于更新和选择最佳路径度量值。第三个组件通过提供 SCS 译码的控制信息来控制整个解码过程。每次，四个最佳候选路径被传输到四个 SC 译码器内核以进行并行计算。解码核心操作完成后，便会将扩展路径与堆栈顶部的路径进行快速比较。新的最佳路径将继续发送到 MCU 进行计算以防止 MCU 处于空闲状态，提高硬件利用率。

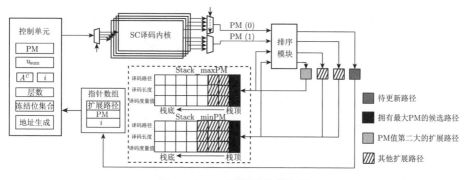

图 8-8 SCS 译码器整体架构

8.3.1　SCS 译码器的度量计算模块

SCS 译码器的度量计算单元如图 8-9 所示。MCU 中包含的 SC 译码器内核的基本架构与基于对数似然比的折叠 SC 译码器架构[7]一致，内部的处理单元同样采用合并的 PE 单元，单个合并的 PE 单元可以实现 f 函数和 g 函数两种形式的运算。基于对支持译码长度为 $\sqrt{N}$ 的译码器的重复调用，总译码时延从 $2N-1$ 增加到 $4N-4\sqrt{N}$，但是 PE 的总数从 $N-1$ 降低至 $\sqrt{N}-1$，大大提高了计算节点的资源利用率。对于码长等于 1024 的 SCS 译码器，其折叠的 SC 译码内核如图 8-9 所示。为了减少由路径回溯带来的重新计算延迟，采用了 $16N$ 位寄存器来专门存储路径度量值。与 SC 译码器不同，SCS 译码器在完成一级后需要进行路径更新操作。因此，SCS 译码器的配置信息应在每个阶段进行更新。

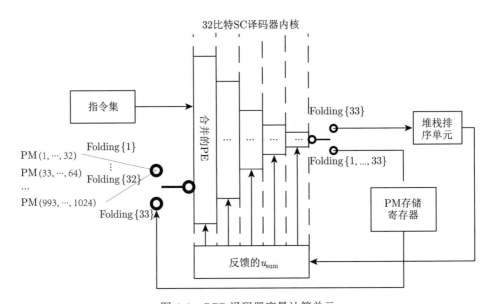

图 8-9　SCS 译码器度量计算单元

版权来源：© [2021] IEEE. Reprinted, with permission, from Ref. [49]

8.3.2　SCS 译码器的存储排序模块

堆栈排序的过程如图 8-10 所示，该排序单元由两个堆栈存储器组成，一个堆栈用于存储路径信息，另一个堆栈是临时存储单元。根据堆栈的先进先出特性，堆栈排序的复杂度为 $\mathcal{O}(N)$，这意味着排序时间要远大于译码时间。由于度量计算单元仅需要具有最小路径度量值的路径，为了减少总体等待时间，可以通过将扩展路径与堆栈中的顶部具有最小路径度量值的扩展路径进行比较来生成新的待译码路径，然后在译码的同时进行堆栈的排序操作。为了加速排序过程，使用两个堆栈存储器分别存储具有较小和较大路径度量值的扩展路径，并且顶部堆栈的大小是底部堆栈的一半。因此，每次下一条待译码路径的选择可以通过两条待扩展路径和两个堆栈顶层路径之间的比较来决定，这可以通过在一个时钟周期内由六个比较器进行枚举的方法来实现。

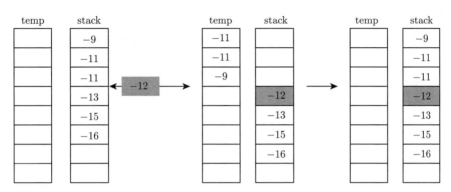

图 8-10　SCS 译码器排序过程示意

版权来源：© [2021] IEEE. Reprinted, with permission, from Ref. [49]

由于一个 N 比特折叠的 SC 译码器 PE 数目为 $\sqrt{N}-1$，因此四路并行的 SCS 译码器总路径节点数为 $4(\sqrt{N}-1)$。{Node} 被定义为表示单个节点的基本计算乘以节点总数，用于表示其所需的计算和存储资源。六个比较器和两个 q 比特的寄存器被用于寻找具有最小 PM 的候选路径，其中 q 表示 PM 的量化位宽。寄存器总数目为 $\{Node\}+2\times 6\sqrt{N}+4N+3\times 6D$，其中，$D$ 表示堆栈存储器深度。

SCS 译码器的时延 $\mathrm{Lat}_{\mathrm{SCS}}$ 由两部分组成，即译码时延 $\mathrm{Lat}_{\mathrm{de}}$ 和排序时延 $\mathrm{Lat}_{\mathrm{sort}}$，在最坏情况下，$\mathrm{Lat}_{\mathrm{SCS}}$ 计算方式如下：

$$\mathrm{Lat}_{\mathrm{SCS}} = \mathrm{Lat}_{\mathrm{de}}+\mathrm{Lat}_{\mathrm{sort}} = L(\sqrt{N}-6)(3\sqrt{N}+\log_2 N/2-3)/4+L(K-2) \quad (8\text{-}15)$$

因为四条并行译码的路径往往具有不同的长度，这会导致不同 SC 译码核心的计算会异步完成。因为计算完成后的排序不会影响其他路径的计算，所以排序时间通常被计算时间所掩盖。此外，设计人员可以采用上述 SCS 译码算法的改进方案来进一步降低译码延迟。

8.4　SCF 译码器的设计与实现

SCF 译码算法在 SC 大类译码算法中较新，近年来获得了来自学术界和工业界的很多关注。关于 SCF 译码算法的相关细节，读者可以参阅 5.5 节。另外，SCF

译码器的设计与实现也得到广泛的讨论。鉴于不同类型的 SCF 译码算法的硬件实现比较类似，此处主要讨论较为常见的 Fast-SSCF 算法的硬件实现[50-52]。

8.4.1   SCF 译码器的度量计算模块

对于翻转而言，其重要的翻转依据就是各个指标，而文献 [50] 中的指标公式计算复杂度太高，尤其是 $f_\alpha(x)$ 的计算，于是文献 [50] 提出了更为简便的一种计算，是特殊的对数用常数来近似的计算（constant log-MAP），如文献 [51] 中图 3 所示，在 $\alpha = 0.3$ 时：

$$f^*_{\alpha=0.3}(x) = \begin{cases} \dfrac{3}{2}, & |x| \leqslant 5 \\ 0, & \text{其他} \end{cases}$$

实践证明：这种近似相比于原函数和线性近似函数，对硬件更加友好，而且不会造成性能上太大的损失（如文献 [51] 中图 3）。

8.4.2   SCF 译码器的存储排序模块

对于 SCF 译码器，存储排序模块主要涉及两部分：LLR 存储与部分和存储。具体介绍如下。

1. LLR 存储

LLR 存储分为通道 LLR 和内部 LLR，二者分别存储在单独的存储器中，分别记作 $\text{Mem}_{\text{channel}}$ 存储器和 Mem_α 存储器，从而支持不同的量化方案。根据 SCF 译码的性质，顶部节点的所有 LLR 都要存放在 $\text{Mem}_{\text{channel}}$ 存储器中，内部 LLR 存放在 Mem_α 存储器中。对于内部 LLR 提出如下优化：如果加载通道存储器所需要的时间小于译码某一帧后半部分所需要的时间，那么可以将下一帧同时加载到当前的译码中而不造成任何延迟的开销，并且可以使得通道 LLR 内存减少 50%。

2. 部分和存储

考虑部分和存储器 Mem_β，对于 PC(16, 8) 的极化码，它的 β 数值的存储方法如文献 [50] 的图 9 所示，有兴趣的读者可以查阅。可以得出，随着译码的进行，首先会遇到了一个规模为 4 的 R0 节点，那么就直接返回 $\beta^2_{0:3}$，而后会遇到一个 REP 节点，得到了 $\beta^2_{4:7}$，最后得出 $\beta^3_{0:7}$，这时把译码结果存入码字存储器，之后复用这个结构，计算接下来的 SPC 节点和 R1 节点。这样，就得到了一个更节省面积的存储器。

3. 处理器模块

处理器模块的硬件架构可以参考文献 [51] 的图 10。处理器模块中的 f、g、combine（简记作 C）、R1 节点、SPC 节点、REP 节点和 ML 节点与常见的实现方式类似。

文献 [51] 提出了复合处理的方法：类似于 REP-SPC、REP-R1 和 R0-SPC 等合并操作。该方法的优势在于，利用选择器（MUX）使得单个处理器能够执行所有的这三种指令。此外，操作码决定了 MUX 的输出：若操作码为 R0-SPC，则选择 0；根据 REP 节点的 MUX 输出选择正确的 SPC 或 R1 输出；最后使用合并操作 C 生成部分和值。在执行特殊节点后，其相关联的部分代码字由反向编码网络生成，此外需要进行流水线处理以避免引入关键路径。

4. 排序模块

排序模块的设计如文献 [51] 的图 12 所示。该排序模块基于插入排序，可支持任意长度和码率的极化码，且一次可处理 P_e 个元素，其中 P_e 是并行度，即 1 个时钟内可以并行完成 P_e 次重复计算。

当开始对新的一帧进行译码时，复位信号将被发出。排序模块的数据路径仅在某一帧的首次译码尝试时被激活。在任何额外的译码尝试期间，初始译码尝试的排序模块的内容将被保留，直到开始新的一帧为止。

排序模块内存储了三元数据集 $\{\lambda, \eta, \text{instr}\}$，分别对应决策的 LLR、特殊节点内的翻转标号、该节点的指令地址。该数据集根据其 λ 值按升序并存储在插入排序器中。

而在进行额外的译码尝试时，译码将从根节点重新开始。在额外尝试期间，如果当前指令的地址就是当前需要翻转的位置的指令地址，则将对应的翻转信号发送到处理器，以翻转当前节点索引为 η 处的位。

（1）对于 REP、ML、REP-SPC、REP-R1 和 R0-SPC 节点，λ 和 η 在处理器单元中与其关联的译码器中计算。它们用 $\{\lambda, \eta\}_{\text{proc}}$ 表示，并直接发送到分类器数据路径。

（2）对于 R1 的 λ 和 η 值，直接从存储器中获取 LLR。用比较选择（compare-and-select，CAS）单元创建的 CAS 树来算出 λ_{R1} 和 η_{R1}。

（3）对于 SPC 节点，利用 R1 的 CAS 树获得的 $\{\lambda, \eta\}$，为了检出 SPC 的第 2 和第 3 小 $\{\lambda, \eta\}$，将 η_{R1} 的 α 设置为 $+\infty$。然后将更改后的各个 α 转到自定义 CAS 体系结构，来获得这 2 个次小索引 $\{\lambda, \eta\}_{\text{SPC}}$ 块利用奇偶校验和上一级得出的 2 个次小的 LLR 索引执行 SPC 节点内的相关处理。

图 8-11 展示了基于特殊节点大小 $N_v = 16$ 的 CAS 树结构：框出的内容显示 4-2 选取模块其从 4 个输入 LLR 值中选取最小的 2 个进行输出。请注意，4-2 选取模块的输出并不是按顺序排出来的，因此最后的单个 CAS 单元得到了 $|\alpha_{\text{min2}}|$ 和 $|\alpha_{\text{min3}}|$。

接下来，将 $\{\lambda, \eta\}$ 存储到移位寄存器中，该寄存器将其内容发送到插入排序器，从而对 $\{\lambda, \eta\}$ 进行排序以进行下一步迭代。当存储 R1、ML 或 REP 节点的数据时，移位寄存器的后一组索引单元将置零，以确保仅将有效的 $\{\lambda, \eta\}$ 发送给插入分类器。

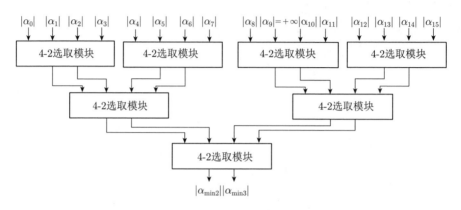

图 8-11　Fast-SCF 译码器 CAS 树

最后，使用一整层 CAS 单元来创建插入排序器，其思想和插入排序算法相同：该 CAS 单元将接收到的数据，在插入分类器中的相邻单元之间进行逐一的、依次的比较，以确定该数据在排序数组中的位置，直到输入的 λ 大于数组中的最大元素，则将其丢弃。

8.5　本 章 小 结

本章介绍了 SC 大类译码器的设计与实现，具体而言包括 SC 译码器、SCL 译码器、SCS 译码器、SCF 译码器等。由于篇幅所限，本章主要介绍了上述几种主流 SC 大类译码器的设计与实现。但是，本章所介绍的如何平衡译码算法与实现代价的相关优化，可以合理推广至 SC 大类译码器其他类型译码器的设计与实现。关于 SC 大类译码器设计更多、更详细的内容，感兴趣的读者可以参阅文献 [15]。第 9 章将介绍极化码译码算法的另一大类——BP 大类译码算法的硬件设计与实现。

参 考 文 献

[1] Leroux C, Tal I, Vardy A, et al. Hardware architectures for successive cancellation decoding of polar codes//Proceedings of IEEE International Conference on Acoustics, Speech and Signal Processing, Prague, 2011: 1665-1668.

[2] Leroux C, Raymond A J, Sarkis G, et al. A semi-parallel successive-cancellation decoder for polar codes. IEEE Transactions on Signal Processing, 2013, 61(2): 289-299.

[3] Che T B, Xu J W, Choi G. TC: Throughput centric successive cancellation decoder hardware implementation for polar codes//Proceedings of IEEE International Conference on Acoustics, Speech and Signal Processing, Shanghai, 2016: 991-995.

[4] Shrestha R, Sahoo A. High-speed and hardware-efficient successive cancellation polar-decoder. IEEE Transactions on Circuits and Systems Ⅱ: Express Briefs, 2018, 66(7): 1144-1148.

[5] Yoon H Y, Kim T H. Efficient successive-cancellation polar decoder based on redundant LLR representation. IEEE Transactions on Circuits and Systems Ⅱ: Express Briefs, 2018, 65(12): 1944-1948.

[6] Zhang C, Parhi K K. Interleaved successive cancellation polar decoders//Proceedings of IEEE International Symposium on Circuits and Systems, Melbourne, 2014: 401-404.

[7] Zhang C, Parhi K K. Low-latency sequential and overlapped architectures for successive cancellation polar decoder. IEEE Transactions on Signal Processing, 2013, 61(10): 2429-2441.

[8] Zhang C, Yuan B, Parhi K K. Reduced-latency SC polar decoder architectures// Proceedings of IEEE International Conference on Communications, Ottawa, 2012: 3471-3475.

[9] Mishra A, Raymond A J, Amaru L G, et al. A successive cancellation decoder ASIC for a 1024-bit polar code in 180nm CMOS//Proceedings of IEEE Asian Solid State Circuits Conference, Kobe, 2012: 205-208.

[10] Liu X, Sha J, Zhang C, et al. A stage-reduced low-latency successive cancellation decoder for polar codes//Proceedings of IEEE International Conference on Digital Signal Processing, Singapore, 2015: 258-262.

[11] Berhault G, Leroux C, Jego C, et al. Partial sums generation architecture for successive cancellation decoding of polar codes//Proceedings of IEEE Workshop on Signal Processing Systems, Taipei, 2013: 407-412.

[12] Fan Y Z, Tsui C Y. An efficient partial-sum network architecture for semi-parallel polar codes decoder implementation. IEEE Transactions on Signal Processing, 2014, 62(12): 3165-3179.

[13] Liang X, Zhang C, Zhang S, et al. Hardware-efficient folded SC polar decoder based on k-segment decomposition//Proceedings of IEEE Asia Pacific Conference on Circuits and Systems, Jeju, 2016: 1-4.

[14] Arıkan E. Channel polarization: A method for constructing capacity-achieving codes for symmetric binary-input memoryless channels. IEEE Transactions on Information Theory, 2009, 55(7): 3051-3073.

[15] 梁霄. 面向 5G 无线通信极化码译码的算法与实现研究. 南京: 东南大学, 2018.

[16] Yuan B, Parhi K K. Low-latency successive-cancellation polar decoder architectures using 2-bit decoding. IEEE Transactions on Circuits and Systems I: Regular Papers, 2013, 61(4): 1241-1254.

[17] Pamuk A, Arıkan E. A two phase successive cancellation decoder architecture for polar codes//Proceedings of IEEE International Symposium on Information Theory, Istanbul, 2013: 957-961.

[18] Le Gal B, Leroux C, Jego C. A scalable 3-phase polar decoder//Proceedings of IEEE International Symposium on Circuits and Systems, Montreal, 2016: 417-420.

[19] Dizdar O, Arıkan E. A high-throughput energy-efficient implementation of successive cancellation decoder for polar codes using combinational logic. IEEE Transactions on Circuits and Systems I: Regular Papers, 2016, 63(3): 436-447.

[20] Raymond A J, Gross W J. A scalable successive-cancellation decoder for polar codes. IEEE Transactions on Signal Processing, 2014, 62(20): 5339-5347.

[21] Huang Y, Zhang Z, You X, et al. Efficient folded SC polar line decoder//Proceedings of IEEE International Conference on Digital Signal Processing, Shanghai, 2018: 1-5.

[22] Sarkis G, Giard P, Vardy A, et al. Fast polar decoders: Algorithm and implementation. IEEE Journal on Selected Areas in Communications, 2014, 32(5): 946-957.

[23] Giard P, Sarkis G, Thibeault C, et al. 237Gbit/s unrolled hardware polar decoder. Electronics Letters, 2015, 51(10): 762-763.

[24] Giard P, Sarkis G, Thibeault C, et al. Multi-mode unrolled architectures for polar decoders. IEEE Transactions on Circuits and Systems I: Regular Papers, 2016, 63(9): 1443-1453.

[25] Yoon H Y, Hwang S J, Kim T H. A 655Mbps successive-cancellation decoder for a 1024-bit polar code in 180nm CMOS//Proceedings of IEEE Asian Solid-State Circuits Conference, Tainan, 2018: 281-284.

[26] Giard P, Balatsoukas-Stimming A, Müller T C, et al. PolarBear: A 28-nm FD-SOI ASIC for decoding of polar codes. IEEE Journal on Emerging and Selected Topics in Circuits and Systems, 2017, 7(4): 616-629.

[27] Zhang C, You X H, Sha J. Hardware architecture for list successive cancellation polar decoder//Proceedings of IEEE International Symposium on Circuits and Systems, Melbourne, 2014: 209-212.

[28] Balatsoukas-Stimming A, Parizi M B, Burg A. LLR-based successive cancellation list decoding of polar codes. IEEE Transactions on Signal Processing, 2015, 63(19): 5165-5179.

[29] Lin J, Yan Z. An efficient list decoder architecture for polar codes. IEEE Transactions on Very Large Scale Integration Systems, 2015, 23(11): 2508-2518.

[30] Yuan B, Parhi K K. Low-latency successive-cancellation list decoders for polar codes with multi-bit decision. IEEE Transactions on Very Large Scale Integration Systems, 2015, 23(10): 2268-2280.

[31] Yuan B, Parhi K K. LLR-based successive-cancellation list decoder for polar codes with multi-bit decision. IEEE Transactions on Circuits and Systems II: Express Briefs, 2016, 64(1): 21-25.

[32] Fan Y Z, Chen J, Xia C Y, et al. Low-latency list decoding of polar codes with double thresholding//Proceedings of IEEE International Conference on Acoustics, Speech and Signal Processing, South Brisbane, 2015: 1042-1046.

[33] Hashemi S A, Condo C, Gross W J. A fast polar code list decoder architecture based on sphere decoding. IEEE Transactions on Circuits and Systems I: Regular Papers, 2016, 63(12): 2368-2380.

[34] Hashemi S A, Condo C, Gross W J. Fast and flexible successive-cancellation list decoders for polar codes. IEEE Transactions on Signal Processing, 2017, 65(21): 5756-5769.

[35] Xiong C R, Lin J, Yan Z Y. Symbol-decision successive cancellation list decoder for polar codes. IEEE Transactions on Signal Processing, 2016, 64(3): 675-687.

[36] Lin J, Xiong C, Yan Z. A high throughput list decoder architecture for polar codes. IEEE Transactions on Very Large Scale Integration Systems, 2016, 24(6): 2378-2391.

[37] Hashemi S A, Condo C, Ercan F, et al. Memory-efficient polar decoders. IEEE Journal on Emerging and Selected Topics in Circuits and Systems, 2017, 7(4): 604-615.

[38] Xia C, Chen J, Fan Y, et al. Ahigh-throughput architecture of list successive cancellation polar codes decoder with large list size. IEEE Transactions on Signal Processing, 2018, 66(14): 3859-3874.

[39] Kim D, Park I C. A fast successive cancellation list decoder for polar codes with an early stopping criterion. IEEE Transactions on Signal Processing, 2018, 66(18): 4971-4979.

[40] Lee H Y, Pan Y H, Ueng Y L. A node-reliability based CRC-aided successive cancellation list polar decoder architecture combined with post-processing. IEEE Transactions on Signal Processing, 2020, 68: 5954-5967.

[41] Tao Y Y, Cho S G, Zhang Z. A configurable successive-cancellation list polar decoder using split-tree architecture. IEEE Journal of Solid-State Circuits, 2021, 56(2): 612-623.

[42] Che T B, Xu J W, Choi G. Overlapped list successive cancellation approach for hardware efficient polar code decoder//Proceedings of IEEE International Symposium on Circuits and Systems, Montreal, 2016: 2463-2466.

[43] Xiong C R, Lin J,Yan Z Y. A multimode area-efficient SCL polar decoder. IEEE Transactions on Very Large Scale Integration Systems, 2016, 24(12): 3499-3512.

[44] Wang Y, Wang Q L, Zhang Y, et al. An area-efficient hybrid polar decoder with pipelined architecture. IEEE Access, 2020, 8: 68068-68082.

[45] Mousavi M, Fan Y Z, Tsui C Y, et al. Efficient partial-sum network architectures for list successive-cancellation decoding of polar codes. IEEE Transactions on Signal Processing, 2018, 66(14): 3848-3858.

[46]　Hashemi S A, Condo C, Mondelli M, et al. Rate-flexible fast polar decoders. IEEE Transactions on Signal Processing, 2019, 67(22): 5689-5701.

[47]　Liu X C, Zhang Q F, Qiu P C, et al. A 5.16Gbps decoder ASIC for polar code in 16nm FinFET//Proceedings of IEEE International Symposium on Wireless Communication Systems, Lisbon, 2018: 1-5.

[48]　Tal I, Vardy A. List decoding of polar codes. IEEE Transactions on Information Theory, 2015, 61(5): 2213-2226.

[49]　Song W Q, Zhou H Y, Niu K, et al. Efficient successive cancellation stack decoder for polar codes. IEEE Transactions on Very Large Scale Integration Systems, 2019, 27(11): 2608-2619.

[50]　Ercan F, Tonnellier T, Doan N, et al. Practical dynamic SC-flip polar decoders: Algorithm and implementation. IEEE Transactions on Signal Processing, 2020, 68: 5441-5456.

[51]　Ercan F, Tonnellier T, Gross W J. Energy-efficient hardware architectures for fast polar decoders. IEEE Transactions on Circuits and Systems I: Regular Papers, 2019, 67(1): 322-335.

[52]　Zeng J, Zhou Y C, Lin J, et al. Hardware implementation of improved fast-SSC-flip decoder for polar codes//Proceedings of IEEE Computer Society Annual Symposium on VLSI, Miami, 2019: 580-585.

第 9 章 BP 大类译码的硬件实现

本章将深入探讨极化码译码算法的另一大类：BP 大类译码算法的硬件设计与实现。不同于串行处理的 SC 大类译码算法，BP 大类译码算法具有天然的并行特性，因此适用于高吞吐率的应用场景。然而，相比于 SC 大类译码算法，BP 大类译码算法不具有性能优势。因此，BP 大类译码器的设计与实现的核心问题在于如何平衡译码性能和实现硬件复杂度。

首先，简要回顾一下 BP 译码器的相关实现工作。首个极化码 BP 译码器硬件架构在文献 [1] 中被提出。在此基础上，Yuan 等 [2] 优化了早停策略、消息传递策略，并提出了对应的硬件架构。2014 年，Park 等 [3] 提出了单列架构和双列架构，首次给出了 BP 译码器的 ASIC 实现结果。由于 BP 译码和快速傅里叶变换在结构上具有相似性，电路中的折叠技术可以用于优化 BP 译码架构 [4,5]，合理地选择折叠度可以达到面积和吞吐率的折中。Abbas 等 [6] 利用子因子图提前收敛的性质，加快了 BP 译码器的译码速度，达到了 10.7 Gbit/s 的平均吞吐率。Chen 等 [7] 设计了极化码 BP 译码和 MIMO 检测的联合架构，针对 BP 译码器提出了双向双列架构，并优化了存储，该译码器的吞吐率达到了 7.61 Gbit/s。Shrestha 等 [8] 优化了 BP 译码器的传递单元，缩小了其关键路径，从而可以提升 BP 译码器的工作频率。随着基于深度神经网络的 BP 译码和基于循环神经网络的 BP 译码的提出，对应的硬件设计和 ASIC 实现方向也有文章相继发表 [9-11]。相比于 BP 译码器，BPF 译码器以解码时延为代价能够换取更优的纠错性能，文献 [12] 提出了首个 BPF 译码器设计，文献 [13] 和 [14] 基于 [12] 选取了更好的早停策略和时序设计以及更低的量化位宽优化了 BPF 译码器的设计。

本章将首先介绍 BP 译码器的设计与实现，也会介绍相关优化方法。之后，将会介绍 BP 译码算法的进阶算法：BPL 译码算法、BPF 译码算法、SCAN 译码算法的硬件设计与实现。

9.1 BP 译码器的设计与实现

本节介绍极化码 BP 译码的硬件设计与实现。相比于串行的 SC 译码算法，并行的 BP 译码算法吞吐率更高、更利于硬件实现。通常而言，目前主流 BP 译码电路大致可以分为三种架构：全展开、单列单向、双列双向。其中，单列单向和双列双向架构是对 BP 全展开架构进行不同形式的折叠以及迭代时序优化，因此下面将从 BP 译码的全展开架构入手，对以上三种 BP 译码电路进行详细的分析。

9.1.1   全展开 BP 译码器

1. BP 因子图的优化

全展开 BP 译码器架构是一种基于 BP 因子图进行直接电路映射的基本译码器架构。然而，根据 6.1 节给出的原始 BP 因子图（图 6-2）可以看出，根据原始 BP 因子图直接进行电路映射的架构是不统一的，即因子图各层之间不同的连接形式阻碍了由本层到下一层译码模块的可复用性。因此文献 [15] 从算法层面提出了两种电路复用性更高的全展开译码器架构，即 shuffle 架构和 reverse shuffle 架构。

两种架构通过改变原始因子图各层之间信息传播的不均匀性，从而提高原始因子图电路实现的统一性。shuffle 架构的因子图是对图 6-2 进行改造得到的，其因子图各层之间的连接关系均是经过将长度为 N 的输入向量 $\boldsymbol{v}_1^N = (v_1, v_2, \cdots, v_{N-1}, v_N)$ 到 $(v_1, v_{N/2+1}, v_2, v_{N/2+2}, \cdots, v_{N/2}, v_N)$ 的排列变换，然后再进行 $(v_1, \oplus v_2, v_2, v_3, \oplus v_4, v_4, \cdots, v_{N-1}, \oplus v_N, v_N)$ 模 2 相加操作。具体因子图可详见文献 [15] 中图 5。而 reverse shuffle 架构各层的连接变换为 $(v_1, v_{N/2+1}, v_2, v_{N/2+2}, \cdots, v_{N/2}, v_N)$。其对应的原始因子图和变换后因子图如文献 [15] 中图 2 和图 4 所示。将 shuffle 和 reverse shuffle 架构采用的因子图称为统一因子图。

在介绍了硬件友好的统一因子图之后，下面将讨论 BP 译码层中运算单元的设计。

2. BP 运算单元的设计

文献 [15] 从算法层面提出了硬件友好的统一因子图之后，文献 [1] 按照 reverse shuffle 架构从硬件实现层面给出了第一个全展开的 BP 译码器并分析了各项硬件性能指标。除了采用了统一因子图，文献 [1] 对 BP 运算单元也进行了相应介绍。与 LDPC 译码相似，极化码的 BP 译码采用了 MS 算法，如式（6-6）所示。为了提高硬件效率以及更好地近似原始 BP 译码公式，文献 [16] 更为全面地介绍了 MS 译码算法的硬件实现并给出 NMS 算法的硬件设计。随后，OMS 算法的硬件设计也被提出 [17]，而关于 OMS 算法中偏移因子的研究也相继展开。

这里以 OMS 算法的硬件实现为例进行讲解。图 9-1 给出了 OMS 算法在 BP 译码中的相关 PE 模块设计。

其中 C2S 和 S2C 分别代表补码-原码转换和相应的逆操作。相比于 MS 算法，OMS 算法加入了偏移因子 β。在实际译码中，向左和向右传播的计算公式可以采用不同的偏移因子 β。文献 [12]、[14] 和 [17] 均采用了 $\{\beta_{\mathbb{L}}, \beta_{\mathbb{R}}\} = \{0, 0.25\}$ 作为向左和向右传递信息的译码计算公式中的偏移因子。

在了解了全展开架构的基本组成后，下面将对其硬件实现的性能进行分析。

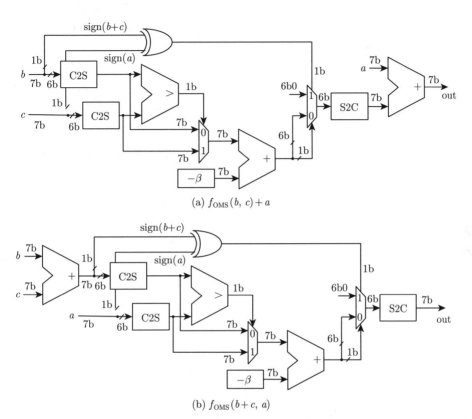

(a) $f_{\mathrm{OMS}}(b, c) + a$

(b) $f_{\mathrm{OMS}}(b+c, a)$

图 9-1 实现 OMS 算法在 BP 译码中的相关 PE 模块设计

版权来源：© [2021] IEEE. Reprinted, with permission, from Ref. [14]

QbP：Q 表示量化位宽；b 表示比特；P 表示量化数值

3. 译码器的性能分析

图 9-2 和表 9-1 分别总结并给出了全展开架构的数据流图和相应时序表，其中，$A_{k,j}$ 和 $B_{k,j}$ 代表第 k 层、第 j 个执行 MS 算法的 PE 模块，f 表示 MS 算法 $f(b,c)+a$ 和 $f(b+c,a)$ 的两种运算。由此可以粗略计算全展开架构 BP 译码器的复杂度：

$$C_N = (C_{\mathrm{PE}} + 2C_{\mathrm{ME}}) N \log_2 N \tag{9-1}$$

N 比特的全展开架构 BP 译码器的吞吐率 T 可由式（9-2）表示：

$$T = \frac{N}{(2I_{\max} \log_2 N) t_{\mathrm{PE}}} \tag{9-2}$$

其中，$I_{\max}$ 为完成单向迭代的最大迭代次数。可以看出，相比于全展开架构 SC 译码器的复杂度和吞吐率，如式（8-1）和式（8-2），BP 译码的高并行度给其带来了巨大的吞吐率优势，同时，因需要对两种中间 LLR 值 $\boldsymbol{L}/\boldsymbol{R}$ 分别进行存储，ME 的复杂度升高了一倍。

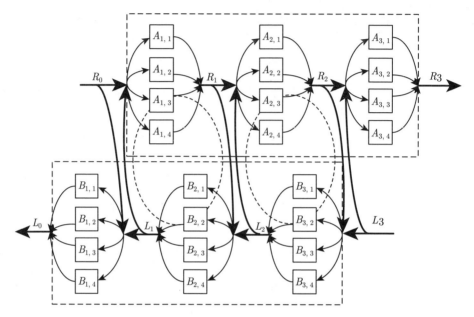

图 9-2　8 比特 BP 译码算法数据流图

表 9-1　$N=8$ BP 全展开架构的译码时序表

CC	1	2	3	4	5	6	7	8	9	10	11	12
A_1/B_3	f			f			f			f		
A_2/B_2		f			f			f			f	
A_3/B_1			f			f			$\mathbf{f}$			f
$\boldsymbol{L}/\boldsymbol{R}$	R_1	R_2	R_3	L_2	L_1	L_0	R_1	R_2	R_3	L_2	L_1	L_0

本节所述的两种全展开架构统一了因子图各层的连接形式，加之基于 MS 算法对应 PE 模块的高可复用性，为后续基于其数据流图（图 9-2）以及译码时序表（表 9-1）进行不同形式的折叠优化，包括主流的单列单向、双列双向架构，提供了算法支撑。

9.1.2　单列单向 BP 译码器

9.1.1 节所述的全展开 BP 译码器是对统一因子图的直接电路映射，具有简单、易于理解的特点，而在实际电路设计中往往要追求降低硬件复杂度、提高硬件效率的目标，因此单列单向的译码器架构被提出 [3]。

1. PE 的时序优化

通过观察高并行度 BP 译码算法对应的数据流图（图 9-2）以及译码时序表（表 9-1），从电路模块角度来看，采用 MS 算法的 PE 模块 A_i/B_i 具有相同的操作，统一因子图中各层之间具有相同的输入-输出变换操作，这为电路模块折叠优化提供了可能，而从译码时序角度来看，表 9-1 中有许多时序空格，表示相应模块处于空闲状态，这对应地为译码器的折叠优化提供了最终的条件。由此可得出由一列 PE 通过折叠复用，完成最终 BP 译码的结论。表 9-2 给出了 BP 单列单向架构的译码时序表。

表 9-2　$N = 8$ BP 单向单列架构的译码时序表

CC	1	2	3	4	5	6	7	8	9	10	11	12
A_i	f	f	f	f	f	f	f	f	f	f	f	f
L/R	R_1	R_2	R_3	L_2	L_1	L_0	R_1	R_2	R_3	L_2	L_1	L_0

2. ME 的时序优化

在介绍了单列单向 BP 译码器中 PE 的折叠优化后，接下来介绍其 ME 的优化。在全展开架构中，对 BP 译码产生的两种 LLR 值 L/R 均进行独立存储。这使得全展开架构的存储空间读写时序如表 9-3 所示。

表 9-3　$N = 8$ BP 全展开架构的存储空间读写时序表

CC	1	2	3	4	5	6	7	8	9
输入	R_0/L_1	R_1/L_2	R_2/L_3	L_3/R_2	L_2/R_1	L_1/R_0	R_0/L_1	R_1/L_2	R_2/L_3
存储块 1		R_1						R_1	
存储块 2			R_2						R_2
存储块 3				R_3					
存储块 4					L_2				
存储块 5						L_1			
存储块 6							L_0		
输出	R_1	R_2	R_3	L_2	L_1	L_0	R_1	R_2	R_3

从存储时序表（表 9-3）中可以看出，许多存储块存在利用率不高的问题。例如，存储块 1 专门存储 R_1，R_1 在时刻 2 写入存储块，在时刻 5 被读取作为输入后，时刻 6、7 没有再读取 R_1，直到时刻 8 写入更新迭代后的 R_1。R_2 的读取时序同理。因此，时刻 5 产生的 L_1 就可以利用上述存储块 1 在时刻 6、7 的空闲状态，此外，R_3 和 L_0 不参与中间迭代运算，可以用同一个存储块来存储。自此，单列单向 BP 译码器完成对全展开架构中 ME 的优化。表 9-4 给出了 BP 单列单向架构的存储空间读写时序表。

表 9-4 $N = 8$ BP 单列单向架构的存储空间读写时序表

CC	1	2	3	4	5	6	7	8	9
输入	R_0/L_1	R_1/L_2	R_2/L_3	L_3/R_2	L_2/R_1	L_1/R_0	R_0/L_1	R_1/L_2	R_2/L_3
存储块 1		R_1				L_1		R_1	
存储块 2			R_2		L_2				R_2
存储块 3				R_3			L_0		
输出	R_1	R_2	R_3	L_2	L_1	L_0	R_1	R_2	R_3

3. 译码器的性能分析

BP 单列单向架构在全展开架构的基础上，通过分析 PE 译码时序以及 ME 读写时序对两者进行折叠优化，在保持原有吞吐率优势的前提下，大大降低了硬件复杂度并提升了硬件效率。BP 单列单向架构的硬件复杂度 C_N 可以用式（9-3）粗略计算：

$$C_N = (C_{\mathrm{PE}} + \log_2 N \, C_{\mathrm{ME}}) \, N \tag{9-3}$$

相比于式（9-1），单列单向架构的 PE 复杂度降低为全展开架构的 $\dfrac{1}{\log_2 N}$，ME 复杂度降低为全展开架构的 $\dfrac{1}{2}$。同时，其吞吐率保持不变。

单列单向架构是对全展开架构进行折叠优化的一个特例，在一个时钟内得到一个对应译码层的 LLR 值结果，它追求的是最大可能地降低硬件复杂度，提高硬件效率。而文献 [3] 同时还提出了双列单向架构，其原理与单列单向架构一致，只不过双列单向架构为了追求能够在一个时钟得到两个译码层的 LLR 值结果，在牺牲了一定硬件效率的情况下，提升了吞吐率性能。

本节从 PE 复杂度和 ME 复杂度折叠优化的角度，讲解从 BP 全展开架构如何得到单列单向架构，下面将从迭代时序优化和提高吞吐率的角度，讲解另一种主流的 BP 译码器——双列双向 BP 译码器。

9.1.3   双列双向 BP 译码器

1. BP 译码迭代时序的优化

9.1.2 节所述的单列单向 BP 译码器具有复杂度低、硬件效率高的特点，并且能够保持全展开 BP 译码器的吞吐率性能。而单向迭代的译码时序在给单列单向 BP 译码器带来极高的硬件利用效率的同时，也限制了 BP 译码器吞吐率的提升。

针对单列单向 BP 译码器不能进一步提升原有架构译码吞吐率的局限性，双列双向 BP 译码器被提出 [7]。根据此前全展开和单列单向架构的译码时序表（表 9-1 和表 9-2）可知，两种 LLR 值的运算是分开进行的，这就限制了完成一次迭代运算的时钟个数。而文献 [7] 用两列 PE 模块来分别负责向右和向左的迭代传播运算。这样一来实现了在一个时钟内计算相应层的两种 LLR 值，使得完成一次迭代的时钟周期降低为原来的一半。再者，因为 R_0/L_n 不参与中间迭代运算，在译码器决定输出最终码字之前，双向双列译码器进行中间迭代传播时可以省略对中间 R_0/L_n 结果的运算，为迭代周期进一步减少一个所需时钟，使完成一次迭代所用时钟为 $\log_2 N - 1$ 个。

不仅如此，因为可以实时地利用上一个时刻更新得到的迭代信息，双列双向架构还具有加速译码码字收敛的特点，进一步提高了硬件的吞吐率。

而关于 ME 的优化，双列双向 BP 译码器运用了与 9.1.2 节第 2 部分类似的优化方法，实现了与单列单向 BP 译码器基本相同的存储复杂度。关于双列双向 BP 译码器的整体架构以及存储优化方案详见文献 [7]。

2. 译码器的性能分析

相比于单列单向 BP 译码器，双列双向 BP 译码器通过加入额外一列的 PE 模块牺牲一定的实现复杂度来换取吞吐率性能的增益。这使得双列双向 BP 译码器硬件复杂度 C_N 简略地表示为

$$C_N = (2C_{\text{PE}} + \log_2 N\, C_{\text{ME}})\, N \tag{9-4}$$

而吞吐率方面，双列双向 BP 译码器的吞吐率 T 可大致表示为

$$T = \frac{N}{(I_{\max}(\log_2 N - 1))t_{\text{PE}}} \tag{9-5}$$

结合式（9-4）和式（9-5）可以看出，相较于单列单向 BP 译码器而言，双列双向 BP 译码器在付出一倍 PE 复杂度的同时，获得了两倍多的吞吐率性能增益。

自此已经介绍了三种主要架构的 BP 译码器，而为了提升 BP 译码器的性能，相关文献会引入 CRC 检测模块、早停模块等校验单元作为辅助译码模块对最终的码字进行早停、校验，其硬件实现方式比较简单直接，这里就不再赘述，有兴趣的读者可以参考文献 [2] 和 [5]。

除了以上三种主要架构的 BP 译码器，9.1.4 节将补充说明两种一般化形式的 BP 译码器架构，其通过不同的迭代层级和折叠级数来应对不同需求的译码场景。

9.1.4 BP 译码器的其他架构类型

本节补充讨论 BP 译码器的其他两种架构类型——重叠架构和折叠架构。两种架构实际上是对全展开架构折叠优化的一般化形式，它们旨在考虑吞吐率、硬件复杂度、硬件效率等多个硬件指标来完成不同程度的折叠以应对不同应用场景，实现定制化设计。对相关架构细节感兴趣的读者，可以参考文献 [16]。

1. 重叠架构

文献 [4] 给出了重叠（overlapping）架构的极化码 BP 译码器。相比于 9.1.1 节介绍的从左向右再从右向左迭代的译码运算时序，重叠架构遵从从第 1 到第 n 级

每级双向同时迭代译码的时序原则。其时序如文献 [4] 图 4 所示。重叠架构的核心设计目的是，通过交叠译码过程的不同阶段，充分利用译码器的硬件资源，提升译码器的硬件利用效率。根据重叠层次的不同，重叠架构译码器可以分为两类：迭代层级的重叠（iteration-level overlapping）架构和码字层级的重叠（codeword-level overlapping）架构。

通过特定时刻同时激活相应的译码级进行迭代译码，迭代层级的重叠架构大大提升了硬件效率。然而，由于 BP 译码在连续迭代中的数据依赖关系，依然有硬件级在某些时刻处于闲置状态，导致其硬件效率无法达到 100%。通常而言，迭代层级的重叠架构的最大硬件效率被限制在 50% 以内。不同于迭代层级的重叠架构，码字层级的重叠架构可以同时处理不同的码字，利用不同码字译码过程的独立性，更加充分地利用了译码器硬件资源，其硬件效率可达 100%。感兴趣的读者可参考文献 [4]，了解更多细节。

2. 折叠架构

重叠架构在保持硬件复杂度不变的情况下，提升了硬件利用效率。而折叠（folding）架构则在提高硬件效率的同时，可以降低硬件复杂度。根据文献 [16] 图 8(a) 可知，译码各级的 PE 具有完全相同的逻辑功能和硬件架构。同时，文献 [4] 图 3 显示：每一个时钟周期中，有 $n-1$ 个译码级处于空闲状态，其中 $n = \log_2 N$。因此，可以利用折叠技术，通过更少的 PE 来实现 BP 译码功能。文献 [4] 图 7 给出了 4 级折叠架构的时序表。

以上两种译码器架构可通过不同程度的硬件折叠复用，兼顾硬件复杂度和吞吐率性能来设计一个一般化的 BP 译码器。

9.2　BPL 译码器的设计与实现

本节主要对 BPL 译码算法的硬件实现展开讨论，实际上，通过文献 [18] 提出的置换比特索引来代替置换因子图的算法，使得串行 BPL 译码器变得更容易硬件实现，主要的译码模块与单个 BP 译码器无异，难度在于如何设计合理的置换比特索引电路来实现路径选择。

9.2.1　BPL 译码器的架构设计

图 9-3 为 BPL 译码器的整体架构，其中主要包括四个部分：单栏 BP 译码器、联合早停模块、共享存储模块与控制逻辑模块。首先从信道接收的量化信号似然比 L_{init} 与译码器的先验信息 R_{init} 通过路径选择模块，生成具有相应比特索引的排列，然后送入具有流水线复用的 BP 译码器进行译码；每当一次迭代完成后，联合早停模块对译码输出 $\hat{u}_1^N$ 进行校验矩阵与 CRC 矩阵的联合早停，若同时

满足则输出，否则返回继续迭代；当迭代次数达到 $I_{\max}$ 后，控制逻辑模块的路径切换信号启动，并且切换到下一层路由，从而完成 BPL 切换不同因子图的功能。

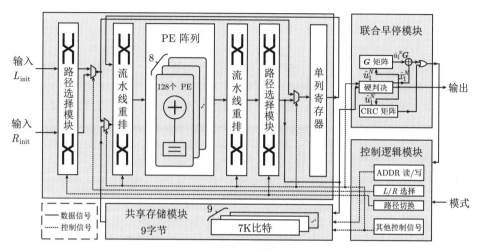

图 9-3 BPL 译码器的整体架构

9.2.2 BPL 译码器的路径选择模块

为了实现置换比特索引的功能，本节提供一种可用的路径选择模块来执行置换比特索引达到置换因子图的效果。如图 9-4 所示，对于列表数目 $L=4$ 的 BPL 译码器，路径选择模块由四层路径重排，配合三层 MUX 组成，其中通过控制信号决定 MUX 的开关。在串行 BPL 译码过程中，当迭代次数达到 $I_{\max}$ 时，控制

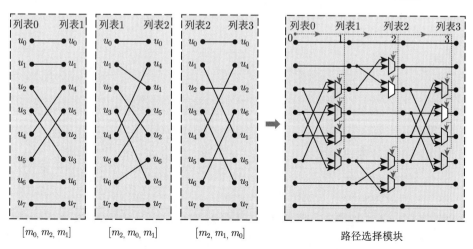

图 9-4 对于 $(8,5)$ 极化码的路径选择模块 $(L=4)$ [19]

信号激活下一层 MUX，即路径选择模块的下一层路由被选通，输出相应的置换
比特完成的索引排列。

9.3　BPF 译码器的设计与实现

文献 [12] 和 [14] 分别提出了 GBPF 算法和 A-BPF 算法的译码器硬件架构
设计，并且都具有各自的设计特点，但其本质依然是 BPF 译码器架构设计。因
此，不失一般性地，本节以 A-BPF 译码器硬件架构为例，介绍 BPF 译码器的设
计与实现。

9.3.1　BPF 译码器的架构设计

图 9-5 展示了 BPF 译码器的整体硬件架构。可以看出该译码器大致分为三
个模块：① 双向双列 BP 译码器模块；② 码字检测模块；③ 比特翻转模块。

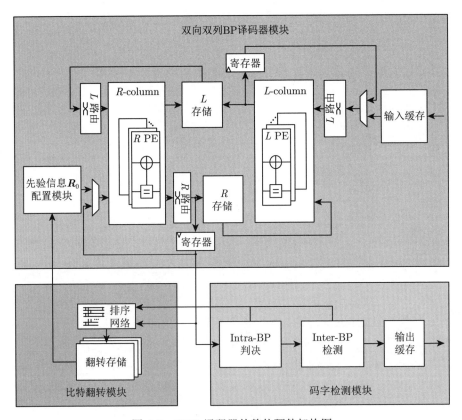

图 9-5　BPF 译码器的整体硬件架构图

下面简单介绍 BPF 译码器的译码流程。首先译码器利用接收到的信道信号 L_n 和先验信息 R_0，通过双向双列 BP 译码器同时进行向左和向右的迭代运算。每完成一轮迭代后将判决码字送入码字检测模块进行校验，码字通过校验，则完成译码输出对应码字，否则继续进行下一轮迭代运算，直至满足校验或达到最大迭代次数。如果达到最大迭代次数仍不能满足校验，译码器会激活比特翻转模块，将根据各判决码字 LLR 的大小进行排序，选出 T 个置信度最低的比特，逐一通过 R_0 配置模块翻转对应比特的 LLR 值后，用修改后的先验信息 R_0 进行下一次的 BP 迭代运算。直到码字通过校验或达到最大翻转次数 T。

这里双向双列 BP 译码器模块和码字检测模块均在 9.1 节进行了相应的介绍。这里重点介绍 BPF 译码器特有的比特翻转模块。

9.3.2 BPF 译码器的比特翻转模块

在 BPF 译码器中，比特翻转模块承担的功能为：① 选取不可靠比特组成翻转比特集合并且存储到内存；② 当首轮 BP 译码结果未通过码字校验时，从翻转集合中选取 T 个 LLR 绝对值最小的比特并得到其索引。在具体的硬件实现中，由于 BPF 译码的并行性，BPF 译码器都采用了并行双调排序网络作为不可靠比特的选取模块，图 9-6 表示了一个规模为 8 的双调排序网络。

在比特翻转模块中，通常先根据搜索集合的大小 γ 确定双调排序网络的输入规模，再由翻转集合的大小 T 选择相应的输出。因为 $T < \gamma$，原始双调排序网络可以进一步进行优化。例如，将排序网络图 9-7(a) 中深灰色背景部分的比较器省略掉，就可以得到一个 8 输入-2 输出的优化双调排序网络，降低了原来网络的复杂度。

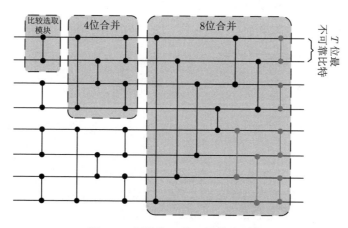

图 9-6　规模为 8 的双调排序网络

　　由于搜索集合的大小 γ 与信息位数 K 呈正相关，在长码的情况下，比特翻转模块中的排序模块规模会大大增加，从而导致较高的硬件复杂度。为了提高硬件利用率，BPF 译码器中的比特翻转模块对排序网络采用了优化的折叠设计。其设计思路为复用一个小规模的排序网络来实现一个较大规模排序网络的功能。以 256 输入-16 输出的排序网络为例。其功能除了可以按照图 9-6 的设计方法直接实现，也可以用图 9-7(a) 进行排序网络设计。图 9-7(a) 用 5 个 64 输入-16 输出的排序网络组成了一个 256 输入-16 输出的排序网络，其中 4 个构成第一排序层，1 个构成第二排序层。可以看出，小规模的排序网络能够组合成一个较大规模的排序网络。因此文献 [14] 提出了基于折叠架构设计的排序网络，如图 9-7(b) 所示。图 9-7(b) 中每一排序层都含有两个移位寄存器，分别用于存储搜索集合里比特的判决信息 LLR 值和其相应比特索引。在第一排序层的是并行输入-串行输出寄存器，在第二排序层的是串行输入-并行输出寄存器。第一排序层的寄存器接收搜索集合所有比特的相关信息分四次输入到 64 输入-16 输出排序网络中，同时第二排序层的寄存器分四次接收其排序结果后，再次送入排序网络，完成如图 9-7(a) 所示的排序架构。

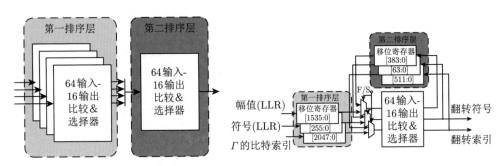

(a) 由 64 输入-16 输出的排序网络　　　　　　(b) 实现 256 输入-16 输出的排序功能的复用架构
　　组成的 256 输入-16 输出的排序网络

图 9-7　排序网络

9.4　SCAN 译码器的设计与实现

　　本节将着重介绍 SCAN 译码器的设计与实现，并给出 SCAN 译码器的整体架构 [20] 与 CMOS 综合结果。6.4 节介绍了极化码 SCAN 译码器的顶层架构，如文献 [20] 图 6 所示，其整体上可以分为三大块：存储单元（memory unit）、运算单元（processing unit）和控制单元（control unit）。存储单元用来储存译码进程中每一次计算输入和输出的软信息，也就是 $\boldsymbol{\lambda}$、$\boldsymbol{\beta}$ LLR 值，具体内存分配如图 9-8

所示。运算单元负责执行如式（6-20）所示的四种类型的计算。对于控制单元，如何及时准确地向存储单元发送读写控制信号，并根据时序控制运算单元执行某种类型的计算是设计的重点。

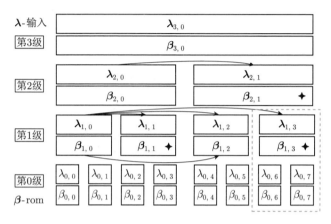

图 9-8　$N = 8$ 的 SCAN 译码器内存分配图

9.4.1　SCAN 译码的时序分析

图 9-9 是 $N = 8$ 的极化码 SCAN 译码器迭代次数为 2 时的时序图，该图描绘了译码过程中，每个时钟周期 SCAN 译码器的输出软信息。SCAN 译码的时序与 SC 译码非常相似，唯一的不同在于 SCAN 译码器可以进行迭代译码。可以注意到，SCAN 译码的第二次迭代在第 23 个时钟周期就停止了，这是由于在第 23 个时钟周期时，SCAN 译码树底层的 $\lambda_{0,i}$ 值已经全部更新完，对其进行硬判决即可得到对应的估计比特值 $\hat{u}$。若选择估计码字 $\hat{x}$ 作为译码器的输出，则需要

	第一次迭代											
时钟	1	2	3	4	5	6	7	8	9	10	11	12
更新信息	$\lambda_{2,0}$	$\lambda_{1,0}$	$\beta_{1,0}$ $\lambda_{0,0}$ $\lambda_{0,1}$	$\lambda_{1,1}$	$\beta_{1,1}$ $\lambda_{0,2}$ $\lambda_{0,3}$	$\beta_{2,0}$	$\lambda_{2,1}$	$\lambda_{1,2}$	$\beta_{1,2}$ $\lambda_{0,4}$ $\lambda_{0,5}$	$\lambda_{1,3}$	$\beta_{1,3}$ $\lambda_{0,6}$ $\lambda_{0,7}$	$\beta_{2,1}$
时钟	13	14	15	16	17	18	19	20	21	22	23	
更新信息	$\lambda_{2,0}$	$\lambda_{1,0}$	$\beta_{1,0}$ $\lambda_{0,0}$ $\lambda_{0,1}$	$\lambda_{1,1}$	$\beta_{1,1}$ $\lambda_{0,2}$ $\lambda_{0,3}$	$\beta_{2,0}$	$\lambda_{2,1}$	$\lambda_{1,2}$	$\beta_{1,2}$ $\lambda_{0,4}$ $\lambda_{0,5}$	$\lambda_{1,3}$	$\beta_{1,3}$ $\lambda_{0,6}$ $\lambda_{0,7}$	
	第二次迭代											

图 9-9　$N = 8$ 的 SCAN 译码器最大迭代次数为 2 时的时序图

等到第 25 个时钟周期后，顶层的 $\boldsymbol{\beta}_{n,0}$ 值全部更新完，并对其进行硬判决即可得到对应的估计码字。经过仿真验证，选择第一种方案会带来轻微的性能增益。根据 6.4 节中的描述，在译码开始之前就可以根据信息位的选取得知底层的 $\boldsymbol{\beta}_{0,i}$。所以底层的 $\lambda_{0,i}$ 可以与上一层的 β 值同时被更新，因为根据式（6-20）所对应的因子图可以轻松发现，这两步计算没有信息的前后依赖关系。

9.4.2　SCAN 译码器的模块化设计

1. 存储单元设计

SCAN 译码器的存储单元由 RAM 和 ROM 组成，分别用来存储译码过程中被更新及量化为 Q 个比特的 $\boldsymbol{\lambda}$ 和 β 值，和译码器在译码过程中预先获知的底层 $\beta_{0,i}$ 值。

ROM 中的数据只有两种值，即零值或饱和值。当第 i 个比特位是冻结位时，$\beta_{0,i}$ 被赋予饱和值，反之，被赋予零值并存入 ROM。其中，饱和值的定义为当前量化位数所能表示的最大正数，即 $2^{Q-1} - 1$。

两类不同的 RAM 分别被用来存储 $\boldsymbol{\lambda}$ 和 β LLR 值，分别记作 RAM-$\boldsymbol{\lambda}$ 和 RAM-β。若为每一层的所有软信息分配内存，那么需要分别为 RAM-$\boldsymbol{\lambda}$ 和 RAM-β 准备大小为 $N(n+1)$ 的存储空间（为了讨论方便此处及下次的讨论中提到的存储空间大小都是指多少个单位 LLR 的大小，将其乘以 Q 即可得到以比特为单位的真实存储大小），其中 $N = 2^n$ 为码长，这显然不是最优的。与 8.1 节中的 SC 译码器类似，由于 SCAN 译码的串行特性，在不考虑迭代的情况下，$\boldsymbol{\lambda}$ LLR 在被调用之后就不会被再次调用，所以 $\boldsymbol{\lambda}$ 信息的存储可以进行内存复用，即每一层的 RAM-$\boldsymbol{\lambda}$ 只需要保留该层一个节点的规模。由此可以缩小 RAM-$\boldsymbol{\lambda}$ 的大小至 $1 + 2 + \cdots + N/2 + N = 2N - 1$。

对于 RAM-β，考虑到 SCAN 译码器的可迭代性，6.4 节中提到中间层的 β 值将会被保存下来用于下一次迭代。然而并不是所有中间层的 β 值都需要被保存下来。只有 $i \bmod 2 = 1$ 对应节点的 $\beta_{s,i}$ 需要被单独分配空间存储下来，这是因为每次迭代的类型一计算总是会调用这类 β 值，而在本次迭代中该值尚未被更新，所以只能来源于上次迭代中的更新结果。其余的 β 则可以像 $\boldsymbol{\lambda}$ 一样进行存储复用。如图 9-8 所示，箭头相连的内存块之间相互复用，有四角星标注的内存块表示其中的信息将被单独存储下来并用于下次迭代。定义由于 β 值部分复用而减少的内存大小为 Unnecessary β，且由于第 0 层和第 n 层的 β 值不需要被 RAN 存储，可以得到优化后的最终的 RAM-β 大小：

$$N(n+1) - 2N - \text{Unnecessary } \beta = N(n-1) - \sum_{k=1}^{n-2}\left(\frac{N}{2} - 2^k\right) = \frac{Nn}{2} + \frac{N}{2} - 2 \quad (9\text{-}6)$$

RAM-λ 和 RAM-β 的输入端口大小都是 $P \times Q$，因此在一个时钟周期它们最多可以存储 P 个 LLR 值，其中并行度 P 的定义与 8.1 节中的部分并行 SC 译码器相同，代表着该译码器拥有 P 个运算单元。RAM-λ 和 RAM-β 的输出端口大小都是 $2P \times Q$，意味着一个时钟周期最多可以从 RAM 里读取 $2P$ 个 LLR。

2. 控制单元设计

控制单元主要分为两部分：时序控制器（scheduler）与地址发生器（address generator）。时序控制器完成的功能是根据时序表在每个时钟周期开始时产生当前需要进行的运算类型（类型一到类型三），将其发送给运算单元。同时，由于采用部分并行设计，可能出现多时钟节点（需要至少两个时钟才能更新完成的节点），时序控制器需要向地址发生器传递当前节点的译码进度与译码树的所在层数。当译码结束之后，向外部发送结束信号。地址发生器在接收到时序控制器传递过来的信号后，根据当前译码进度唯一地找到所需读写的地址，并将其与读或写信号一起传递至存储单元。

3. 运算单元设计

由式（6-20）可以知道 SCAN 译码器的运算是一个三输入的运算，所以运算单元的输入端口大小是 $3P \times Q$。当前时钟运算单元执行的运算类型由控制单元给出，运算结果将传递至存储单元。同时，运算单元的输出会被复制一份存入旁路寄存器，或称为缓存，以防止上个时钟的输出结果被立即用于下一个时钟的计算，此时来不及从 RAM 中读取，可从缓存中读取。控制选择读取缓存中的数据还是 RAM 中的数据的控制信号同样由控制单元（PE）给出。观察式（6-20）可以发现 SCAN 译码器的三种计算可以归纳为两种形式：$f(a, b+c)$ 和 $f(a, c)+b$，其中 $f(\cdot)$ 表现为 min-sum 形式，可以设计基本运算单元，如文献 [20] 图 8 所示。完整的运算单元是 P 个上述结构的并行排列，并在输入输出加入寄存器。

9.4.3 SCAN 译码器的时延与综合结果

对于位于 s 层的节点，其中 $s \leqslant p, p = \log_2 P$，只需要一个时钟就可以更新完成，称为单时钟节点。而对于位于 $s > p$ 层的节点，则需要 $\dfrac{2^s}{2P}$ 个时钟才能完成更新，称为单时钟节点。经过整理可以得到，对于非最后一次的中间迭代，所需要的时钟周期为

$$\frac{2N}{P} \times (n - p + P - 2) \tag{9-7}$$

考虑到最后一次迭代在更新完全部的底层 $\lambda_{0,i}$ 之后译码就可以结束，所有最后一次迭代所需的时钟周期将在式（9-7）的基础上减去为了得出顶层 β_n 的一系

列类型三计算所占用的时钟。假设 SCAN 译码器总迭代次数为 I，且 $I \geqslant 2$，则译码器整体的时延为

$$I \times \left(\frac{2N}{P} \times (n - p + P - 2) \right) - \left(\frac{N}{P} + p - 2 \right) \tag{9-8}$$

9.5　本 章 小 结

　　本章较为详细地介绍了 BP 大类译码的硬件实现，介绍了主流架构的相关细节，包括 BP 译码器、BPL 译码器、BPF 译码器，以及 SCAN 译码器等。BP 大类译码器具有并行处理的天然优势，研究者需要重点考虑译码性能的提升和实现的复杂度的优化。关于 BP 大类译码硬件实现的更多细节内容，感兴趣的读者可以参阅文献 [19] 和 [21]。至此，本书已经较为完整、详细地介绍了极化码算法和实现的相关内容。第 10 章将介绍极化码新兴研究课题。

参 考 文 献

[1]　Pamuk A. An FPGA implementation architecture for decoding of polar codes// Proceedings of IEEE International Symposium on Wireless Communication Systems, Aachen, 2011: 437-441.

[2]　Yuan B, Parhi K K. Early stopping criteria for energy-efficient low-latency belief propagation polar code decoders. IEEE Transactions on Signal Processing, 2014, 62(24): 6496-6506.

[3]　Park Y S, Tao Y Y, Sun S H, et al. A 4.68 Gb/s belief propagation polar decoder with bit-splitting register file//Proceedings of IEEE Symposium on VLSI Circuits Digest of Technical Papers, Honolulu, 2014: 1-2.

[4]　Yuan B, Parhi K K. Architectures for polar BP decoders using folding//Proceedings of IEEE International Symposium on Circuits and Systems, Melbourne, 2014: 205-208.

[5]　Sun S H, Zhang Z Y. Architecture and optimization of high-throughput belief propagation decoding of polar codes//Proceedings of IEEE International Symposium on Circuits and Systems, Montreal, 2016: 165-168.

[6]　Abbas S M, Fan Y Z, Chen J, et al. High-throughput and energy-efficient belief propagation polar code decoder. IEEE Transactions on Very Large Scale Integration Systems, 2016, 25(3): 1098-1111.

[7]　Chen Y T, Sun W C, Cheng C C, et al. An integrated message-passing detector and decoder for polar-coded massive MU-MIMO systems. IEEE Transactions on Circuits and Systems I: Regular Papers, 2019, 66(3): 1205-1218.

[8]　Shrestha R, Bansal P, Srinivasan S. High-throughput and high-speed polar-decoder VLSI-architecture for 5G new radio//Proceedings of IEEE International Conference

on VLSI Design and 2019 18th International Conference on Embedded Systems, Delhi, 2019: 329-334.

[9] Xu W H, Tan X S, Be'ery Y, et al. Deep learning-aided belief propagation decoder for polar codes. IEEE Journal on Emerging and Selected Topics in Circuits and Systems, 2020, 10(2): 189-203.

[10] Teng C F, Chen C H, Wu A Y. An ultra-low latency 7.8‒13.6 pJ/b reconfigurable neural network-assisted polar decoder with multi-code length support//Proceedings of IEEE Symposium on VLSI Circuits, Honolulu, 2020: 1-2.

[11] Teng C F, Wu A Y. A7.8‒13.6 pJ/b ultra-low latency and reconfigurable neural network-assisted polar decoder with multi-code length support. IEEE Transactions on Circuits and Systems I: Regular Papers, 2021, 68(5): 1956-1965.

[12] Shen Y F, Song W Q, Ren Y Q, et al. Enhanced belief propagation decoder for 5G polar codes with bit-flipping. IEEE Transactions on Circuits and Systems II: Express Briefs, 2020, 67(5): 901-905.

[13] Shen Y F, Song W Q, Ji H Q, et al. Improved belief propagation polar decoders with bit-flipping algorithms. IEEE Transactions on Communications, 2020, 68(11): 6699-6713.

[14] Ji H, Shen Y, Song W, et al. Hardware implementation for belief propagation flip decoding of polar codes. IEEE Transactions on Circuits and Systems: Regular Papers, 2020, 68(3): 1330-1341.

[15] Arıkan E. Polar codes: A pipelined implementation//Proceedings of International Symposium on Broadband Communication, Melaka, 2010: 11-14.

[16] Yuan B, Parhi K K. Architecture optimizations for BP polar decoders//Proceedings of IEEE International Conference on Acoustics, Speech and Signal Processing, Vancouver, 2013: 2654-2658.

[17] Xu W H, Tan X S, Be'ery Y, et al. Deep learning-aided belief propagation decoder for polar codes. IEEE Journal on Emerging and Selected Topics in Circuits and Systems, 2020, 10(2): 189-203.

[18] Doan N, Hashemi S A, Mondelli M, et al. On the decoding of polar codes on permuted factor graphs//Proceedings of IEEE Global Communications Conference, Abu Dhabi, 2018: 1-6.

[19] 任雨青. 面向 5G 的极化码高效译码算法以及硬件实现框架的研究. 南京: 东南大学, 2020.

[20] Berhault G, Leroux C, Jego C, et al. Hardware implementation of a soft cancellation decoder for polar codes//Proceedings of IEEE Conference on Design and Architectures for Signal and Image Processing, Krakow, 2015: 1-8.

[21] 季厚任. 5G 极化码译码算法优化与高效硬件实现. 南京: 东南大学, 2020.

第 10 章　极化码新兴研究课题

前面详细介绍了极化码的编码构造、译码方法以及相关设计与实现。对应的算法、实现、方法与流程，不仅适用于 5G 标准相关的实践，更可以推广并应用于其他应用场景。然而，对于后 5G 乃至 6G 时代，系统应用对于译码性能、实现复杂度、设计流程提出了更高的要求。为了满足上述要求，学术界和工业界提出了若干极化码前沿研究课题。本章将针对读者所关注的相关前沿课题进行阐述。首先，介绍目前较为热门的研究方向：基于机器学习优化的极化码译码。然后，面向低复杂度的实现与应用，介绍基于随机计算的极化码译码。之后，将介绍极化码高效设计流程：基于自动生成器的极化码硬件设计。最后，介绍极化码 SD 算法与优化。

10.1　基于机器学习优化的极化码译码

随着机器学习在图像、视频和相关决策领域的成功应用，机器学习与通信系统的结合日益成为热门研究领域。作为通信系统的重要组成部分，信道译码与机器学习的结合也吸引了研究者的大量关注。在极化码译码相关研究中，机器学习帮助研究者在无法精确建模和求解的情况下，取得了有益的结果。相关研究众多，主要分为数据驱动和模型驱动。数据驱动的相关工作在现有文献中有广泛且深入的介绍 [1-3]。本节主要介绍后一类的相关工作：基于机器学习优化的极化码译码，向读者展示如何借助机器学习完成对极化码译码过程中相关参数和决策的优化。

10.1.1　基于机器学习优化的极化码 BP 译码

在极化码译码器的设计中，研究者力图平衡的设计指标有译码性能、时间复杂度和空间复杂度。极化码 BP 译码算法具有天然的并行优势，可以获得时间复杂度的合理增益。面对实际应用，为了提升硬件效率，通常会采用便于实现的算法近似。对应近似可以合理降低空间复杂度，但是会带来译码性能的损失。本节将介绍如何基于机器学习来优化相关的算法近似，从而更好地平衡译码性能和空间复杂度。需要指出，本节介绍的方法可以平滑迁移到其他极化码译码算法，如极化码 SCL 译码、极化码 BPL 译码等，以及其他信道译码领域，如 LDPC 译码等。

1. 二维偏移最小和译码算法

根据文献 [4] 和 [5] 中在 PC(1024, 512) 极化码上观测到的实验结果，相比于最小和译码算法，使用系数 $\alpha = 0.9375$ 的归一化最小和算法在误码率性能上大概有 0.5 dB 的增益。式（6-10）中的运算需要一次额外的乘法。OMS 是另外一种用来补偿最小和译码算法中由估计误差而引起性能损失的方法 [6]：

$$f_{\text{OMS}}(x, y) \approx \text{sgn}(x)\,\text{sgn}(y) \times \max(\min(|x|, |y|) - \beta, 0) \tag{10-1}$$

其中，max 为求最大值的函数，其用来消除幅度小于偏移系数 β 的 LLR 的影响。相比于归一化最小和译码算法，式（10-1）对于硬件实现更加友好，这是由于其运算只需要取符号、比较和减法运算。$\max(x, 0)$ 运算可以通过一个异或门以较低的复杂度实现，因此偏移最小和译码算法额外增加的算术复杂度很低。

根据文献 [4] 和 [5] 所述，归一化最小和译码算法中的归一化系数 α 以及偏移最小和译码算法中的偏移系数 β 应该根据不同迭代次数来确定，以保证取得最优的译码性能。文献 [7] 中提出了一种基于多维度缩放技术增强的最小和译码算法，在这种算法中因子图上的每个节点被赋予不同的归一化系数。然而，这种方法每次迭代译码所需要的参数总量大约是 $2N \log_2 N$ 个，如此巨大的参数量对于硬件的高效部署几乎是无法实现的。因此在参数量的缩减和良好的性能之间需要进行折中。

在式（6-7）和式（6-8）中从左向右和从右向左传播的中间 LLR 的值具有不同的动态范围，这是由以下两个原因造成的：首先，在文献 [8] 中提出的 Round-trip 消息更新规则，是在因子图上相邻的两级之间串行更新的，这意味着从左向右对数似然比 $R_{s,i}$ 是由从右向左对数似然比 $L_{s,i}$ 计算得到的；其次，一些从左向右对数似然比 $R_{s,i}$ 的值在迭代译码过程中将会趋于无穷，而所有的从右向左对数似然比 $L_{s,i}$ 的值将会稳定在有限的范围内。因此，对所有因子图上的节点仅仅使用统一的偏移系数，对于弥补译码性能损失是不够的。

对于从左向右和从右向左传递的偏移最小和公式，得到式（10-2），其分别使用了两个独立的偏移系数，该方法称为二维偏移最小和（two dimensional offset minsum，2D-OMS）译码算法。2D-OMS 译码算法可以表示为以下方程：

$$\begin{cases} g_{\text{OMS}}^L(x, y) \approx \text{sgn}(x) \cdot \text{sgn}(y) \cdot \max\left(\min(|x|, |y|) - \beta_{\text{L}}, 0\right) \\ g_{\text{OMS}}^R(x, y) \approx \text{sgn}(x) \cdot \text{sgn}(y) \cdot \max\left(\min(|x|, |y|) - \beta_{\text{R}}, 0\right) \end{cases} \tag{10-2}$$

其中，从右向左和从左向右的估计 $g_{\text{OMS}}^L(x, y)$ 和 $g_{\text{OMS}}^R(x, y)$ 被分别赋予了两个偏移系数：从右向左偏移系数 β_{L} 以及从左向右偏移系数 β_{R}。当满足条件 $\beta = \beta_{\text{L}} = \beta_{\text{R}}$ 时，2D-OMS 译码算法和原始的 OMS 算法是完全等价的。如果合理地选择偏

移系数，可以预见所提出的 2D-OMS 译码算法的译码性能不会差于原始的 OMS 算法。

2. 神经网络的构建及其训练方法

相比于只有一个系数的归一化最小和译码算法和偏移最小和译码算法，2D-OMS 译码算法提供了多一个维度的优化空间。然而，通过暴力搜索（bruteforce search，BS）来求解最优的参数组合是十分困难的，这是由于 2D-OMS 译码算法最优参数搜索是一个连续的、非线性的优化问题。为了解决这个问题，引入了深度学习中的方法，分别是反向传播（back propagation）和小批量随机梯度下降（minibatch stochastic gradient descent，minibatch SGD）算法，来确定所提出的译码算法的最优参数组合。反向传播算法是广泛使用的、用于训练神经网络的学习过程。给定一个具有要训练的参数和损失函数的神经网络，反向传播的基本思想是使用链式规则（chain rule）来计算损失函数相对于训练参数的梯度。然后可以基于梯度下降法调整参数来减少损失函数的误差。

上面的方法并不只适用于标准的深度神经网络，反向传播和随机梯度下降算法的基本原理也可以应用于优化具有不同结构的神经网络变体。文献 [7] 已经证明，即使待优化的参数搜索空间很大，深度学习方法也可以有效地优化极化码 BP 译码器，求解得到较优的参数组合。极化码 BP 译码的因子图可以看成具有特殊连接方式和网络结构的神经网络变体。在不失一般性的前提下，将极化码 BP 译码器视为接收到的噪声码字向量 r 和参数集 θ 的函数，其用函数形式表示为

$$\hat{y} = F(r;\theta)$$

其中，译码器输出具有软信息的对数似然比 $\hat{y}$。当某些译码算法（NMS、OMS、2D-OMS）输入噪声码字向量 r 并通过译码器因子图网络进行传播时，最终译码器将产生输出 $\hat{y}$。参数集合 θ 可以是 α、β 或 $\beta_{\mathrm{L}}, \beta_{\mathrm{R}}$ 中的任何一个。

采用损失函数 $\mathcal{L}$ 来测量 $F(r;\theta)$ 的译码性能。假设 y 是与输入 r 相对应的期望输出，则 $\tilde{J}(\theta;r,y) = \mathcal{L}(y,\hat{y}) = \mathcal{L}(y,F(r;\theta))$ 是给定 θ 的情况下，预测的输出 $\hat{y}$ 与期望得到的正确输出 y 之间的损失，其中损失函数 $\tilde{J}(\theta;r,y)$ 是与 θ、r 和 y 相关的标量，类似于 BER 指标。

为了控制参数的范围，例如，NMS 和 OMS 的因子应分别满足 $0 \leqslant \alpha \leqslant 1$ 和 $\beta \geqslant 0$ 的约束条件，可以通过在 $\tilde{J}(\theta;r,y)$ 上添加正则化惩罚 $\Omega(\theta)$ 来实现参数的约束：

$$J(\theta;r,y) = \tilde{J}(\theta;r,y) + \lambda \cdot \Omega(\theta)$$

其中，$J(\theta;r,y)$ 定义为正则化的损失函数；$\lambda \geqslant 0$，控制正则化项 $\Omega(\theta)$ 对正则化损失函数的贡献。在训练期间，超参数 λ 通常等于一个较大的正值（如 100）。

NMS 和 OMS（或 2-D OMS）的正则化项由式（10-3）给出：

$$\Omega(\boldsymbol{\theta}) = \begin{cases} \sum\limits_{\theta \in \boldsymbol{\theta}} |\min(\theta, 0)| + \max(\theta, 1) - 1, & \text{NMS} \\ \sum\limits_{\theta \in \boldsymbol{\theta}} |\min(\theta, 0)|, & \text{OMS} \end{cases} \quad (10\text{-}3)$$

其中，超出有效范围的参数将受到处罚。

极化码 BP 译码器的软信息输出定义为 LLR，不能直接将其通过二进制交叉熵（binary cross entropy，BCE）损失函数进行处理，因为 BCE 只接收在概率域的输入值。极化码 BP 译码器的每个 LLR 输出应通过一个 Sigmoid 函数 $o_i = \sigma(\hat{y}_i) = \left(1 + \mathrm{e}^{-\hat{y}_i}\right)^{-1}, i \in \mathcal{A}$，来将 $(-\infty, \infty)$ 范围内的对数似然比转化为 $(0, 1)$ 范围内的概率值。然后，通过式（10-4）表示 BCE 损失函数：

$$\mathcal{L}(\boldsymbol{y}, \hat{\boldsymbol{y}}) = -\frac{1}{K} \sum_{i \in \mathcal{A}} \left((1 - u_i) \log_2(o_i) + u_i \log_2(1 - o_i) \right) \quad (10\text{-}4)$$

极化码 BP 译码器和 AWGN 信道都满足对称性，因此使用通过信道传输的随机码字进行训练等价于使用全零码字训练。在全零传输码字的情况下，有 $u_i = 0$，式（10-4）中的 BCE 损失函数可以进一步简化为

$$\mathcal{L}(\boldsymbol{y}, \hat{\boldsymbol{y}}) = -\frac{1}{K} \sum_{i \in \mathcal{A}} \log_2(o_i) \quad (10\text{-}5)$$

可采用迭代优化方法——随机梯度下降（stochastic gradient descent，SGD），用于搜索最优的参数组合。但是，普通的随机梯度下降在每次训练迭代时仅使用一个训练样本来更新参数，这可能会导致训练的不稳定。为了增加训练的稳定性，本书采用小批量随机梯度下降算法来增加训练稳定性。

在每次训练迭代开始时，包含 M 个训练样本的集合 $\mathcal{B} = \{\boldsymbol{r}_1, \cdots, \boldsymbol{r}_M\}$ 从信道的输出中随机采样，然后被送到极化码 BP 译码器的输入。之后，通过计算 M 个训练样本的损失函数来计算平均正则损失值 $J\left(\boldsymbol{\theta}^{(t)}\right)$。最后，使用平均损失的梯度 $\dfrac{\partial J\left(\boldsymbol{\theta}^{(t)}\right)}{\partial \boldsymbol{\theta}^{(t)}} = \nabla J\left(\boldsymbol{\theta}^{(t)}\right)$ 来更新参数集 $\boldsymbol{\theta}^{(t+1)}$。小批量随机梯度下降算法可以表示为

$$\begin{cases} J\left(\boldsymbol{\theta}^{(t)}\right) = \dfrac{1}{M} \sum\limits_{i=1}^{M} J\left(\boldsymbol{\theta}; \boldsymbol{r}_i, \boldsymbol{y}_i\right) \\ \boldsymbol{\theta}^{(t+1)} = \boldsymbol{\theta}^{(t)} - \eta_t \dfrac{\partial J\left(\boldsymbol{\theta}^{(t)}\right)}{\partial \boldsymbol{\theta}^{(t)}} \end{cases} \quad (10\text{-}6)$$

其中，M 为每批的样本个数；η_t 为第 t 次迭代的学习率；$\boldsymbol{y}_i$ 为与训练批次 $\mathcal{B}$ 的第 i 个 LLR 输出关联的全零信息向量。

迭代的极化码 BP 译码器具有与循环神经网络（recurrent neural network，RNN）相似的循环结构。为了便于训练，可以展开极化码 BP 译码器的循环结构，并表示为图 10-1 中的前馈结构，其中一个时间步包括从右向左传播（R2L）和从左向右传播（L2R），相当于一次 BP 迭代。参数集合 $\boldsymbol{\theta}$ 在不同的迭代之间共享，每个 R2L 或 L2R 模块分别对应于 $n = \log_2 N$ 层结构。因此，每个时间步长为 $2n$ 层，而最后一个时间步长为 $2n + 1$ 层。

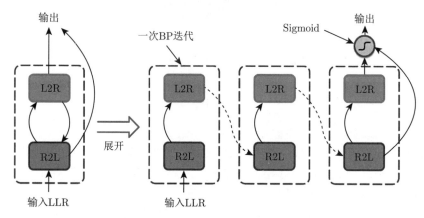

图 10-1   经过展开后的极化码 BP 译码器的前馈网络结构（相当于 3 次完整的 BP 迭代）

10.1.2   基于机器学习优化的极化码比特翻转译码

本节将介绍如何利用机器学习优化极化码 BPF 译码翻转集合。在 5.5 节和 6.3 节中已经提到，极化码比特翻转译码算法的性能直接取决于选取的比特翻转集合。然而最准确的比特翻转集合无法从理论上计算得出，从而影响比特翻转译码算法的性能。

神经网络（neural network，NN）在处理此类难以从理论上建模分析的问题时具有较大的优势，因此，基于 NN 的极化码比特翻转译码算法引起了学术界的关注。文献 [10] 提出了基于长短期记忆（long short-term memory，LSTM）网络的 SCF 译码算法，利用 SC 译码过程中的 LLR 训练 LSTM 网络模型，并引入了多位比特翻转机制；文献 [11] 提出了基于卷积神经网络（convolutional neural network，CNN）的极化码 BPF 译码算法，利用 BP 译码多次迭代的 LLR 和 CRC 码字训练 CNN 模型，提升了 BPF 译码的纠错性能；文献 [12] 提出了基于 LSTM 网络的极化码 BPF 译码算法，利用 BP 译码中迭代生成的 LLR 训练

LSTM 网络模型，考虑了比特的相关性，并引入关键集合以减小网络规模。此外，文献 [13] 提出了基于强化学习（reinforcement learning，RL）辅助比特翻转的思想；文献 [14] 提出了基于 RL 的极化码 Fast-SSCF 译码算法，通过 RL 优化了译码器的可训练参数，获得了比 Fast-SSCF 更优的纠错性能；文献 [15] 提出了 LSTM 网络和 RL 结合的多比特 SCF 译码算法，该算法获得了比 DSCF 译码算法更优的性能；文献 [16] 则提出了用 DNN 来帮助完成翻转后处理的策略和方法。

基于 NN 的比特翻转译码算法相比于传统译码算法具有计算量较大的缺点。而 LSTM-BPF 译码算法 [12] 能够在保证 BPF 译码算法纠错性能的前提下，缩减网络规模，从而降低计算复杂度，故本节以 LSTM-BPF 为例对基于 NN 的极化码 BF 译码算法进行介绍。

LSTM-BPF 译码算法在文献 [12] 中被提出，通过引入适合处理序列场景的 LSTM 网络，提取 BP 译码中各信道迭代输出的 LLR 之间存在的相关性 [12]，提升比特翻转精度，缓解 BPF 译码算法由比特翻转精度不足而造成的纠错性能下降的问题。

LSTM-BPF 译码算法分为两部分：① 训练（training）过程；② 推理（reference）过程。图 10-2 表示训练过程，包括数据集准备和模型训练。数据集准备是指生成训练数据集（data set）和对应的标签（label）。首先，可以通过多轮 BP

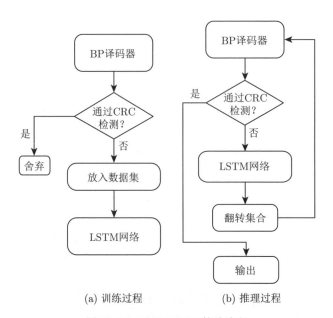

(a) 训练过程　　　　(b) 推理过程

图 10-2　LSTM-BPF 算法流程

译码，在 CRC 检测失败的帧中选取 BP 译码的 LLR 输出作为训练数据。由于冻结位不在比特翻转的考虑范围内，故可以剔除训练数据中冻结位的 LLR。为缩小网络规模，还需通过多次译码获得统计意义下 BP 译码中翻转成功频率最高的前 $m = \lfloor \frac{K}{2} \rfloor$ 个信息比特，组成关键集（critical set，CS），并只保留训练数据中 CS 的对应部分。因此，每组训练数据均为长度为 m 的向量。针对每组训练数据，逐一翻转 CS 中的 m 个比特并进行 BP 译码，若译码结果通过 CRC 检测，则该比特对应的标签置 1，反之则置 0。因此，每组标签均为长度为 m 的向量。

模型训练是指训练数据和标签被导入预设模型，表 10-1 给出了训练网络的超参数，其中 dropout 是防止模型过拟合的参数。训练中的损失函数选用交叉熵：

$$C(\boldsymbol{y}, \hat{\boldsymbol{y}}) = -\frac{1}{m} \sum_{i=1}^{m} \hat{y}_i \log_2 y_i + (1 - \hat{y}_i) \log_2 (1 - y_i) \tag{10-7}$$

其中，C 是交叉熵；$\boldsymbol{y}$ 是各比特标签值组成的向量；$\hat{\boldsymbol{y}}$ 是网络的输出组成的向量，即各比特错误概率估计值。

表 10-1　LSTM 网络的超参数

训练周期数	时间步长	隐藏层规模	优化器	训练集规模	dropout	训练集的 SNR	学习率
30	4	m	Adam	3×10^5	0.01	3 dB	0.01

图 10-2(b) 表示 LSTM-BPF 的推理过程，即利用已训练的网络指导比特翻转的过程。对于每组码字的接收信号，首先使用 BP 译码算法进行第一轮译码，然后将译码结果送至 CRC 检测模块进行校验。若 CRC 检测失败，则将 BP 译码算法迭代结束时产生的长度为 m 的 LLR 序列送入 LSTM 网络，随后得到 LSTM 网络的返回向量 $\hat{\boldsymbol{y}}$。假定最大比特翻转次数为 T，选取 $\hat{\boldsymbol{y}}$ 中元素最大的前 T 个元素组成翻转集合。对翻转集合内的各元素逐一进行比特翻转并使用 BP 译码算法，若 BP 译码结果通过 CRC 检测，则译码成功，输出译码结果；若 T 次翻转尝试的 BP 译码结果均无法通过 CRC 检测，则译码失败。

仿真结果表明，LSTM-BPF 译码算法可以有效提升比特翻转精度。图 10-3 对比了 LSTM-BPF 译码算法和 EBPF 译码算法[17] 在不同 T 值下的预测精度，即错误帧中可被纠正的比例。可以看出，与 EBPF 相比，LSTM-BPF 比特翻转的预测精度在不同 T 值下均提升了约 10 个百分点。

LSTM-BPF 中 CS 的使用减小了 LSTM 网络的规模，因此计算复杂度和所需内存得以降低。如表 10-2 所示，利用输入 LLR 剪枝技术，可以将 LSTM-BPF 译

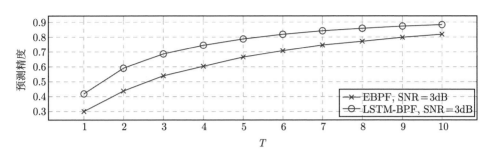

图 10-3 PC(256,104) 在不同 T 值下，LSTM-BPF 译码算法和 EBPF 译码算法[17] 的预测精度对比

版权来源：© [2021] IEEE. Reprinted, with permission, from Ref. [12]

码算法中的 LSTM 网络的输入层、隐藏层和输出层大小均设置为 32。与文献 [10] 中使用的隐藏层大小为 256 的 LSTM 网络相比，LSTM-BPF 可以节省约 97% 的计算复杂度和内存使用，并且在 FER$= 10^{-4}$ 时获得超过 EBPF 译码算法 0.1 dB 以上的增益。

表 10-2 PC(128,40) 的复杂度对比

硬件资源/算法	传统 LSTM	文献 [10]	LSTM-BPF [12]
加法	$\|h_k^N\| \cdot (4(\|x_{k+1}^N\| + \|h_k^N\|) + 5)$	328960	8352
乘法	$\|h_k^N\| \cdot (4(\|x_{k+1}^N\| + \|h_k^N\|) + 3)$	328448	8288
参数内存（字节）	$\|h_k^N\| \cdot (4(\|x_{k+1}^N\| + \|h_k^N\|) + 6)$	329216	8384

版权来源：© [2021] IEEE. Reprinted, with permission, from Ref. [12]

10.1.3 基于机器学习优化的极化码译码总结

前面主要介绍了机器学习在极化码 BP 译码和比特翻转译码中的应用。然而，机器学习在极化码译码方面的应用并不止于此。机器学习在极化码译码的应用主要可以分为极化码构造、极化码译码、辅助参数选择、辅助翻转集合生成等几方面 [18]。相关内容归纳如下，供读者参考。

1. 极化码构造

传统的构造方式大多是基于 SC 译码的，对其他译码算法而言并不能达到最好的译码性能。而基于人工智能的构造方式可以把问题转化为对于一个给定的译码器，如何生成一个二进制向量以使译码性能最优。目前有基于遗传算法 [19]、基于神经网络 [20] 和基于强化学习 [21] 三种方式进行实现。

2. 极化码译码

神经网络在译码中最直接的应用便是将正确的码字作为训练标签，其对应的 LLR 值作为网络的输入，形成一个多目标分类问题。文献 [22] 中证明，一个基于多层感知机（multi-layer perceptron，MLP）的译码器可达到 MAP 译码性能，但其最大支持的码长仅为 16。文献 [23] 进一步将基于 MLP、CNN 和 RNN 模型的译码器进行了比较，发现 RNN 译码器具有最好的性能和最高的实现复杂度。文献 [24] 增加了 LSTM 网络模型并在译码前增加了噪声消除网络。但这种直接的译码模型在很大程度上会受到码长的影响，随着码长急剧增长的学习难度而难以用于长码译码。

3. 辅助参数选择

除直接进行译码外，另一种 NN 的应用方式为辅助译码过程中的参数选择。目前应用最广的为本节所介绍的基于 DNN 的 BP 译码器，即将 BP 迭代过程进行展开，将节点更新公式中的因子变为可训练的权重以消除 MS 算法近似所带来的性能损失。除此以外，文献 [25] 和 [26] 也使用了类似的思想，利用 RNN 基于时间序列的特性将不同迭代次数的权重进行合并，文献 [26] 同时将 NBP 与 CRC 进行级联。文献 [27] 对低比特的 NBP 模型训练进行了优化以加快其收敛速度。

神经网络还可用于错误比特和错误类型的识别。通过利用 CRC 的固有纠错特性，文献 [28] 提出了使用 LSTM 网络识别错误类型，以获得和传统 CRC 错误检测辅助 SCL 译码相比更好的性能。此外，神经网络还可用于 SCL 译码过程中每层最大列表长度的选择 [29]。

4. 辅助翻转集合生成

机器学习辅助翻转集合生成，除了本节介绍的工作外，其他工作主要可分为人工智能直接生成翻转位和辅助参数选择两种。

LSTM 网络因其基于时间序列的特性与译码类似而常被应用，其输出为翻转候选集的可能性序列。文献 [30] 提出了翻转阶数为 1 的 LSTM 网络辅助 SCLF 译码算法。该算法使用路径的 PM 差值作为神经网络的输入、信息位的出错概率作为网络的输出。文献 [10] 对更高阶数的比特翻转进行了探索，采用了包含撤销操作的树型翻转策略。与文献 [10] 类似，文献 [31] 提出了更高阶数的 BPF 译码算法，但其网络模型采用了 CNN 网络模型，所需的输入图像大小与 LSTM 网络模型所需输入序列长度相比较大。

辅助参数选择常用于动态 SCF 或 SCLF 中，因为传统的 DSCF 需要复杂的超越函数计算步骤以获得比特翻转矩阵，而近似策略会导致性能损失，额外可训练参数的引入可以有效补偿性能损失 [32]。

10.2 基于随机计算的极化码译码

随着无线通信需求的不断增长，新兴的技术也在不断研发和发展，并有望满足这些需求。然而，由此产生的基带系统（baseband system）具有更大的规模、更多的模块、更复杂的算法和更高的复杂度。为了解决这个问题，同时平衡性能和成本，研究者考虑了新的方式，如随机计算（stochastic computation）。基于随机计算低复杂度的优点，学术界和工业界已有一定数量的相关工作将其用于极化码译码器设计。该方法的重要性，在 6G 白皮书中有详细叙述[33]。然而，该领域的概述和设计方法尚未被给出。本节将尝试从综合角度介绍这一领域的最新研究进展，分别介绍基于随机计算的 SCL 译码和 BP 译码，给予感兴趣的读者相对全面的认识。需要指出，随机计算隶属于近似计算（approximate computation）范畴[34-36]。关于近似计算在极化码译码、信道译码乃至通信基带的相关应用，感兴趣的读者可以参考相关文献，如文献 [37]。

10.2.1 随机计算简介

作为近似计算的一个特殊分支，随机计算在 20 世纪 60 年代被提出作为传统确定计算（deterministic computing）的替代方案，它以表示概率的长伪随机比特流（pseudo random bit streams）的形式表示和处理数据[38]。与对应的二进制表示方法相比，基于 SC 的实现可以提供更低的功耗、更低的硬件复杂度和更高的软错误容错率。

在随机计算中，每个已转换为 $[0,1]$ 范围内概率 $P(x)$ 的数据 X 由未加权的二进制比特流表示，其中比特"1"的出现概率等于 $P(x)$。例如，被解释为 $P(x) = 3/8$ 的二进制数 $X = 0.011$，可以由比特流 10011000 表示，其中比特流中出现的 1 的数量和比特流的长度分别为 3 和 8。

随机计算的一个重要特点是其强大的容错能力。二进制表示数中一个随意的比特翻转将导致巨大的错误，而比特流中的比特翻转对值的影响很小。例如，图 10-4 乘法器输出中的比特翻转将其值从 3/8 更改为 2/8 或 4/8，这是最接近正确结果的可表示数字。相比之下，考虑到与传统二进制格式中 0.011 相同的数字 3/8，如果单个比特翻转影响高阶位，则会导致巨大的错误。例如，从 0.011 更改为 0.111 会将相应的结果从 3/8 更改为 7/8。随机表示数本身不具有这样的高阶位，同时与传统二进制表示相比，未加权比特流表示使基于随机计算的数字更能容忍软错误（soft error）。

硬件实现的低复杂度是随机计算的另一个显著优势。大多数算术运算可以通过随机计算中低成本的逻辑结构实现[39,40]。例如，乘法可以通过单个与门执行。假设存在两个不相关的比特流，其观察比特"1"出现的概率分别为 p_1 和 p_2，则

与门输出处比特 "1" 的概率为 $p_1 \times p_2$。具体来说，如图 10-4 所示，与门的输入分别代表概率 4/8 和 6/8。在图 10-4(a) 的情况下，可以获得表示 $4/8 \times 6/8 = 3/8$ 的输出比特流。此外，图 10-4(b) 描绘了相同输入 4/8 和 6/8 的其他两种可能的替代随机计算表示。可以看出，输出比特流表示 4/8，这仍然可以解释为精确乘积 3/8 的近似结果。

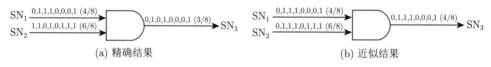

图 10-4　使用与门的随机乘法器

基于上述优点，随机计算已成功应用于一些不需要精确计算的场景，包括 ANN[41-43]、MIMO 检测和现代纠错码（error-correcting code，ECC）[44-47] 的译码。大多数应用程序的特点是需要进行大量算术运算，这可以利用随机计算提供的简单电路。它们对最终结果的精度要求较低，从而可以避免使用过长的比特流来表示数据值。本节将回顾随机计算在极化码译码的两个应用：基于随机计算的极化码 SCL 译码和基于随机计算的极化码 BP 译码。

10.2.2　基于随机计算的极化码 SCL 译码

本节将介绍基于随机计算的极化码 SCL 译码。为了便于读者理解，首先介绍基于随机计算的 SC 译码器。

1. 基于随机计算的 SC 译码器

极化码最近引起了人们的关注，因为它们是第一个可证明容量实现的信道码。通常，极化码可以通过 BP 算法或 SC 算法进行译码。最初 SC 译码被提出，随后 SCL 译码被提出以提高 SC 译码的纠错性能。近年来，基于确定性计算的 SC 译码器取得了巨大的成功，但在当前对容错性、功耗和速度有着严格要求的纳米 CMOS 时代，SC 译码器面临着严峻的挑战。为此，基于随机计算的 SC 译码器 [44] 是确定性 SC 译码器一种有前景的替代方案。

1) 极化码

随着信道极化的应用，极化码在文献 [3] 中被提出和发展。通常情况下，PC(N, K) 极化码的译码由两个步骤组成，其中，n、k 分别表示代码长和信息位数。首先，从一个长度为 k 的源消息构造一个中间长度为 n 的消息 $\boldsymbol{u} = (u_1, u_2, \cdots, u_n)$。考虑到比特的译码后可靠性是根据它们在码字中的位置来极化的，一个好的极化码编码器通常将源消息的比特分配到最可靠的 k 个位置，同时强制另外 $n-k$ 个位置为位 "0"。接下来，将 $\boldsymbol{u}$ 与 $n \times n$ 的生成矩阵 $\boldsymbol{G}$ 相乘，以获得传输信号 $\boldsymbol{x} = \boldsymbol{u}\boldsymbol{G}$。

2) 确定性 SC 译码

在接收器处，发送的码字 x 受到噪声的影响，成为接收到的码字 $y = (y_1,$ $y_2, \cdots, y_n)$。利用 y_i 的似然比，传统的确定性 SC 译码器执行译码过程来恢复 u。$n = 4$ 时基于 LLR 的 SC 译码示例如图 10-5 所示。可以看出，SC 译码器由两个基本节点组成，分别为 f 节点和 g 节点。值得注意的是，这两个节点的操作基于确定性计算，分别在式（10-8）和式（10-9）中表示。此外，图 10-5 圆圈中的数字表示节点激活时间的时间索引。此外，在第 2、第 3、第 5 和第 6 个时钟周期里，阶段 2 中的 f 节点或 g 节点将 LLR 值发送到硬判断单元以计算输出。

$$f(a,b) = \frac{1 + ab}{a + b} \tag{10-8}$$

$$g(a, b, \hat{u}_{\text{sum}}) = a^{1-2\hat{u}_{\text{sum}}} b \tag{10-9}$$

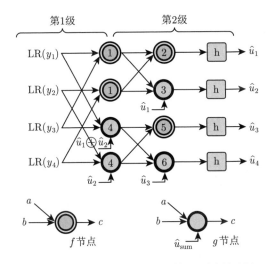

图 10-5 $n = 4$ 时基于 LLR 的 SC 译码示例

3) 信道消息转换

由于 SC 处理概率域中的值，为了设计基于随机计算的 SC 译码器，需要将图 10-5 所示的原始信道信息转换为概率形式。考虑到信道消息基于 LLR 格式，并且 LLR 可以通过式（10-10）计算，可以用似然信息推导出式（10-11）。

$$\text{LLR}(y_i) = \ln \frac{\Pr(y_i = 0)}{\Pr(y_i = 1)} = \ln \frac{1 - \Pr(y_i = 1)}{\Pr(y_i = 1)} \tag{10-10}$$

$$\Pr(y_i = 1) = \frac{1}{1 + \mathrm{e}^{+\text{LLR}(y_i)}} \tag{10-11}$$

由于 $\Pr(y_i = 1)$ 在 $[0,1]$ 范围内，因此可以用随机比特流表示。因此，在随机 SC 译码器中，表示 $\Pr(y_i = 1)$ 的比特流被设置为输入，而不是原始 $\mathrm{LLR}(y_i)$。

4) f 节点的重构

为了与随机比特流兼容，需要将原始的确定性 f 和 g 节点对应转换为相应的随机形式。根据式（10-8）中所述的 f 节点的功能，它拥有两个基于 LR 的输入 a 和 b，以及 LR 定义，可以将式（10-8）改写为

$$c = \frac{\Pr(c=0)}{\Pr(c=1)} = f(a,b) = \frac{1+ab}{a+b} = \frac{1 + \dfrac{\Pr(a=0)}{\Pr(a=1)}\dfrac{\Pr(b=0)}{\Pr(b=1)}}{\dfrac{\Pr(a=0)}{\Pr(a=1)} + \dfrac{\Pr(b=0)}{\Pr(b=1)}}$$

$$= \frac{\Pr(a=1)\Pr(b=1) + \Pr(a=0)\Pr(b=0)}{\Pr(a=0)\Pr(b=1) + \Pr(a=1)\Pr(b=0)} \tag{10-12}$$

由式（10-12）可以看出，f 节点的输出是分子与分母之比，其和等于 1。因此，可以进一步得到：

$$P_c \stackrel{\text{def}}{=} \Pr(c=1) = \Pr(a=0)\Pr(b=1) + \Pr(a=1)\Pr(b=0)$$

$$= P_a(1-P_b) + P_b(1-P_a) \tag{10-13}$$

其中，$P_a \stackrel{\text{def}}{=} \Pr(a=1)$ 且 $P_b \stackrel{\text{def}}{=} \Pr(b=1)$。因此，基于随机计算的 f 节点的功能由式（10-12）描述，其中使用 $P_c \stackrel{\text{def}}{=} \Pr(c=1)$ 作为输出。此外，根据式（10-13）可以观察到它可以通过如图 10-6 所示的异或门来实现。

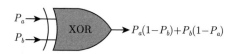

图 10-6　随机 f 节点的架构

5) g 节点的重构

类似地，式（10-9）中所示的确定性 g 节点的函数可以从基于 LR 的形式重新表述为似然形式。首先，考虑 $\hat{u}_{\text{sum}} = 0$ 的情况，可以推断：

$$c = \frac{\Pr(c=0)}{\Pr(c=1)} = g(a,b,0) = ab = \frac{\Pr(a=0)\Pr(b=0)}{\Pr(a=1)\Pr(b=1)} \tag{10-14}$$

从式（10-14）中可以看出，分子和分母之和不等于 1。为此，对其进行缩放

并获得 $\Pr(c=1)$：

$$P_c = \Pr(c=1) = \frac{\Pr(a=1)\Pr(b=1)}{\Pr(a=1)\Pr(b=1)+\Pr(a=0)\Pr(b=0)}$$
$$= \frac{P_a P_b}{P_a P_b + (1-P_a)(1-P_b)} \tag{10-15}$$

类似地，对于 $\hat{u}_{\text{sum}}=1$，可以得到：

$$c = \frac{\Pr(c=0)}{\Pr(c=1)} = g(a,b,1) = \frac{b}{a} = \frac{\Pr(a=1)\Pr(b=0)}{\Pr(a=0)\Pr(b=1)} \tag{10-16}$$

基于此，可以通过以下方式获得 $\Pr(c=1)$：

$$P_c = \Pr(c=1) = \frac{\Pr(a=0)\Pr(b=1)}{\Pr(a=0)\Pr(b=1)+\Pr(a=1)\Pr(b=0)}$$
$$= \frac{(1-P_a)P_b}{(1-P_a)P_b + P_a(1-P_b)} \tag{10-17}$$

因此，根据式（10-16）和式（10-17），g 节点对应的硬件架构设计如图 10-7 所示。

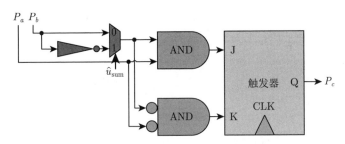

图 10-7　随机 g 节点的架构

然而，由于随机计算的近似特性，直接应用随机 f 和 g 节点会导致性能严重下降。为此，文献 [44] 还介绍了几种改进随机 SC 译码器译码性能的方案。

（1）信道缩放。在该方案中，原始 LLR 信息按噪声进行缩放，缩放的 LLR 信息用于生成输入比特流。

（2）增加比特流的长度。随着比特流长度的增加，随机计算的精度可以提高。通常，长度为 2^k 位的流可以提供 $1/2^s$ 的精度。

（3）重随机化比特流。考虑到随机 SC 译码器的每个计算阶段比特流的随机性会逐渐丢失，在每次迭代后比特流被重随机化。

2. 随机 SCL 译码器

SCL 译码器的基本思想类似于 k-best MIMO 检测器[48]。经典的 SC 译码器在每个译码阶段只提取最可能的码位。相比之下，SCL 译码器在每个阶段始终保持一个 L 码位列表，并在最后一步完成时输出最可能的码字。换句话说，SCL 译码器以线性增加硬件复杂度为代价来换取性能的提高。$L = 2$ 时的 SCL 译码器译码步骤如图 10-8 所示。

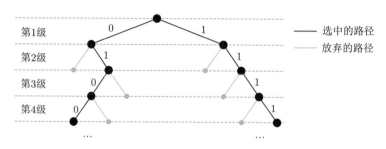

图 10-8 $L = 2$ 时的 SCL 译码器译码步骤

为了缩小 SC 译码器和 ML 译码器之间的性能差距，文献 [49] 和 [50] 中提出了 SCL 译码器，可以将其视为经典 SC 译码器的推广。虽然 SCL 译码器可以超越传统的 SC 译码器并实现接近 ML 的性能，但列表大小 L 通常会急剧增长以实现令人满意的性能。这阻碍了它在嵌入式系统和物联网（IoT）中的实际应用。为了解决这个问题，文献 [45] 和 [51] 中提出了随机 SCL 译码器。

由于 SCL 译码器是 SC 译码器的推广，因此两个基本节点，即 f 和 g 节点，采用和 10.2.2 节第 1 部分相同的方式在随机域中实现。因此，关键在于如何在每个译码阶段选择 L 条最佳译码路径。

为了进一步统一描述 f 节点和 g 节点的功能，文献 [51] 将 f 节点和 g 节点的功能重新归纳为

$$
\begin{cases}
f'(\mathrm{Pr}_a, \mathrm{Pr}_b) = \mathrm{Pr}_f = \mathrm{Pr}_a(1 - \mathrm{Pr}_b) + \mathrm{Pr}_b(1 - \mathrm{Pr}_a), \\
g'(\mathrm{Pr}_a, \mathrm{Pr}_b, b) = \mathrm{Pr}_g = \dfrac{(b\mathrm{Pr}_a + (1 - b)(1 - \mathrm{Pr}_a))\mathrm{Pr}_b}{(1 - b)\mathrm{Pr}_f + b(1 - \mathrm{Pr}_f)}
\end{cases}
\tag{10-18}
$$

其中，当 $\hat{u}_{\mathrm{sum}} = 0$ 时 b 为 1，否则 $b = 0$。此外，根据式（10-18），基于比特条件概率的 SC 译码的递归表达式总结为

$$\begin{cases} \mathrm{Pr}_N^{(2i-1)}(y_1^N, \hat{u}_1^{2i-2}) = f'\left(\mathrm{Pr}_{N/2}^{(i)}(y_1^{N/2}, \hat{u}_{1,\mathrm{o}}^{2i-2} \oplus \hat{u}_{1,\mathrm{e}}^{2i-2}),\ \mathrm{Pr}_{N/2}^{(i)}(y_{N/2+1}^N, \hat{u}_{1,\mathrm{e}}^{2i-2})\right) \\ \mathrm{Pr}_N^{(2i)}(y_1^N, \hat{u}_1^{2i-1}) = g'\left(\mathrm{Pr}_{N/2}^{(i)}(y_1^{N/2}, \hat{u}_{1,\mathrm{o}}^{2i-2} \oplus \hat{u}_{1,\mathrm{e}}^{2i-2}), \mathrm{Pr}_{N/2}^{(i)}(y_{N/2+1}^N, \hat{u}_{1,\mathrm{e}}^{2i-2}), b\right) \end{cases}$$
$$(10\text{-}19)$$

因此，可以通过式（10-20）获得每个译码器的比特条件概率。

$$p(u_i = \hat{u}_i | \hat{u}_1^{i-1}) = \begin{cases} \mathrm{Pr}_N^i, & i \in \mathcal{A} \text{ 且 } \hat{u}_i = 1 \\ 1 - \mathrm{Pr}_N^i, & i \in \mathcal{A} \text{ 且 } \hat{u}_i = 0 \\ \mathbf{1}_{u_i=0}, & i \in \mathcal{A}_c \end{cases} \qquad (10\text{-}20)$$

对于随机 SC 译码器，只要获得每个译码阶段的比特条件概率，就可以执行硬判断。然而，在随机 SCL 译码器中，必须在每个译码阶段找到 L 条最佳路径。为此，文献 [51] 引入有序概率作为决策度量。第 i 阶段中的有序概率表示为

$$P(\hat{u}_1^i) = P(\hat{u}_1^{i-1}) p(u_i = \hat{u}_i | \hat{u}_1^{i-1}) = \prod_{n=1}^i p(u_n = \hat{u}_n | \hat{u}_1^{n-1}) \qquad (10\text{-}21)$$

具体地，通过将第 $i-1$ 级的有序概率和相应的比特条件概率相乘，可以获得第 i 译码级的有序概率。此外，比特条件概率的计算涉及 f' 函数和 g' 函数的递归运算。在连续的方式中，在每个译码阶段始终保持最佳的 L 个路径，并且在最后阶段选择最佳路径。图 10-9 中描绘了 $L=2$ 时的随机 SCL 译码器的有序概率的图示。

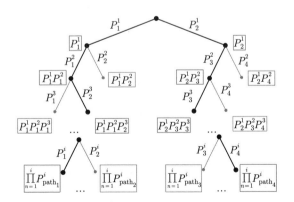

图 10-9　$L=2$ 时的随机 SCL 译码器的有序概率图示

此外，观察式（10-21）可以发现，仅需要一个与门来生成有序概率，如图 10-10 所示。

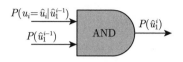

图 10-10　生成有序概率的架构

1) 概率扩大法

然而，由于有序概率 $P(\hat{u}_1^i)$ 是对应路径下的 i 比特条件概率的累乘结果，且每个比特条件概率的值小于 1，因此 $P(\hat{u}_1^i)$ 的值将随着 i 的增加而明显缩小。更糟的是，对于随机表示，$P(\hat{u}_1^i)$ 的值由固定长度比特流中比特 1 的比例表示。因此，一旦 $P(\hat{u}_1^i)$ 的值变得非常小，比特流将失去其随机性，从而导致严重的性能退化。为此，文献 [51] 提出了一种扩大概率的方法来缓解相应的退化。

具体而言，当所选路径的所有有序概率小于 0.5 时，它们将加倍一次。值得注意的是，由于所有有序概率仅用于相互比较，将它们加倍不会影响路径选择的结果。因此，通过采用扩大概率的方法，将所选路径的有序概率始终保持在 $[0.5, 1]$ 的范围内。

2) 分布式排序

分布式排序是用于合理降低 SCL 路径排序的方法。图 10-11 给出了通过分布式排序进行路径选择的简单示例。感兴趣的读者，可以参阅文献 [52]。

3) 双层译码算法

双层译码算法是随机 SCL 译码器的一个关键限制。直接随机 SCL 译码算法使得每一位译码消耗相当多的时钟周期，大约等于比特流的长度。为了解决这个问题，文献 [45] 提出了一种双层译码算法（double-level decoding method），可以同时估计两个比特。

根据式（10-19），只有当 $\mathrm{Pr}_{N/2}^{(i)}\left(y_1^{N/2}, \hat{u}_{1,\mathrm{o}}^{2i-2} \oplus \hat{u}_{1,\mathrm{e}}^{2i-2}\right)$ 和 $\mathrm{Pr}_{N/2}^{(i)}\left(y_{N/2+1}^{N}, \hat{u}_{1,\mathrm{e}}^{2i-2}\right)$ 的值已知时，$\mathrm{Pr}_{N}^{(2i-1)}\left(y_1^N, \hat{u}_1^{2i-2}\right)$ 才可以被估算。此外，获得估计值 $\hat{u}^{2i-1}$，可以进一步计算 $\mathrm{Pr}_{N}^{(2i)}\left(y_1^N, \hat{u}_1^{2i-1}\right)$。由于 a 只有两个可能的值，即"0"或"1"，可以根据这两种情况提前计算 $\mathrm{Pr}_{N}^{(2i)}\left(y_1^N, 0\right)$ 和 $\mathrm{Pr}_{N}^{(2i)}\left(y_1^N, 1\right)$ 的值。也就是说，可以同时输出基于比特流的 $\mathrm{Pr}_{N}^{(2i-1)}\left(y_1^N, \hat{u}_1^{2i-2}\right)$、$\mathrm{Pr}_{N}^{(2i)}\left(y_1^N, 0\right)$ 和 $\mathrm{Pr}_{N}^{(2i)}\left(y_1^N, 1\right)$ 的值，这意味着可以同时获得两个相邻比特条件概率 $p\left(u_{2i-1} = \hat{u}_{2i-1}|\hat{u}_1^{2i-2}\right)$。因此，在

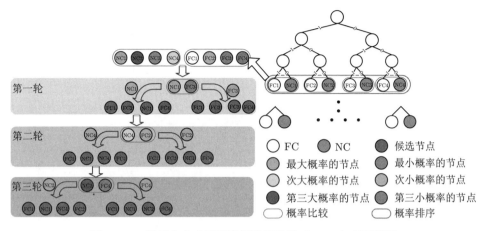

图 10-11 通过分布式排序进行路径选择（$L=4$）（见彩图）

双层译码算法中重写如式（10-21）所示的用于计算有序概率的公式:

$$P\left(\hat{u}_1^{2i}\right) = P\left(\hat{u}_1^{2i-2}\right) p\left(u_{2i-1} = \hat{u}_{2i-1}|\hat{u}_1^{2i-2}\right) p\left(u_{2i} = \hat{u}_{2i}|\hat{u}_1^{2i-1}\right)$$

$$= \prod_{n=1}^{2i} p\left(u_n = \hat{u}_n|\hat{u}_1^{n-1}\right)$$

（10-22）

图 10-12 中给出了 $L=2$ 时双层译码算法的图示。在译码树中，第 $2i-2$ 层的每个父节点在 $2i-1$ 层拥有两个子节点，在 $2i$ 层拥有四个次级子节点。此外，根据信息位（information bit）和冻结位（frozen bit）的分布，在双层随机数据流译码中总共有三种分布情况。如图 10-12 所示，第一种情况指示第 $2i-1$ 层是冻结位，第 $2i$ 层是信息位；相反，第二种情况表示第 $2i-1$ 层是信息位，而第 $2i$ 层是冻结位；此外，第三种情况意味着在第 $2i-1$ 层和第 $2i$ 层中都有两个信息位。对于第一和第二种情况，需要从 $2L$ 条路径中选择最佳的 L 条路径；对于第三种情况，需要从 $4L$ 条路径中选择最佳的 L 条路径。值得注意的是，传统的分布式排序[52] 仅适用于从 $2L$ 个路径中提取 L 条最佳路径。因此，文献 [45] 进一步针对双层译码算法提出了自适应分布式排序。

4) 适应性分布式排序

图 10-13 是适应性分布式排序（adaptive distributed sorting，ADS）算法从 $4L$ 条候选路径中选择最佳 L 条路径的步骤的图示。每个父节点对应四个次级子节点，子节点又分为一个长子（first children，FC）节点和三个兄弟子（next

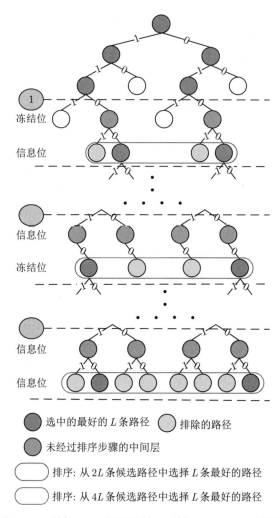

图 10-12　随机 SCL 译码器的二叉树（$L = 2$）（见彩图）

children，NC）节点。FC 节点表示来自父节点的子节点中具有最大有序概率的节点。

（1）首先提取 L 个 FC 节点，剩余的 $3L$ 个节点为 NC 节点。

（2）接下来，在第一轮比较中，首先选择具有最大部分匹配预测（prediction by partial matching，PPM）值（需要 $L - 1$ 次比较）的 NC 节点（NC1），找出具有最小 PPM 值（需要 $3L - 1$ 次比较）的 FC 节点（FC3），然后比较 NC1 和

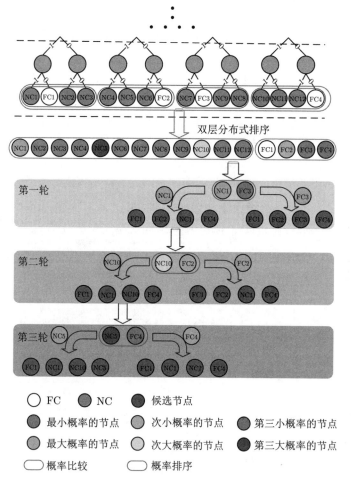

图 10-13 双层极化码 SCL 译码器中候选路径的选择（$L = 4$）（见彩图）

FC3（需要 1 次比较）的大小。如果 FC3 的 PPM 值大于 NC1 的 PPM 值，则排序结束，排序选出的结果为 FC1、FC2、FC3 和 FC4。在这种情况下，只需进行一轮比较，总比较次数为 $4L - 1$。否则，将 FC3 替换为 NC1，在以下步骤中不会比较两个 PPM 值。

（3）第二轮比较遵循类似的模式。首先，选择具有次大 PPM 值（需要 $3L - 2$ 次比较）的 NC 节点（NC10）和具有次大 PPM 值（需要 $L - 2$ 次比较）的 FC 节点（FC2）。接下来，将 FC2 的 PPM 值与 NC10 的 PPM 值进行比较（需要

1 次比较）。同样，如果 FC2 的 PPM 值大于 NC10 的 PPM 值，则排序选出的结果为 FC1、FC2、NC1 和 FC4。在这种情况下，需要进行两轮比较，比较次数为 $8L-4$。否则，用 NC10 替换 FC2。

（4）第三轮比较重复上述过程，并在 $12L-9$ 次 PPM 值比较后获得最终结果。

此外，研究者将双层方案扩展到任意 2^p 层，并在文献 [45] 中设计了相应的 2^p 层适应性分布式排序，读者可参考。

5) 随机 SCL 译码器架构

（1）二进制到随机（B-to-S）模块。

要将二进制值转换为随机域，需要 B-to-S 模块。如图 10-14 所示，将确定性二进制数 x 与由线性反馈移位寄存器（linear feedback shift register，LFSR）产生的伪随机数 R 进行比较。将 B-to-S 模块的输出表示为 $x^s(t)$。如果 $x>R$，则 $x^s(t)=1$，否则 $x^s(t)=0$。因此，可以通过 $x=\dfrac{1}{l}\sum_{t}^{l}x^s(t)$ 获得由比特流 x^s 表示的实际值 x，其中 l 表示位流的长度。该模块的输入是信道转移概率，可通过式（10-11）获得。要译码 N 位极化码，需要并行 N 个 B-to-S 模块作为连接到主译码器的端口。由于 N 个 B-to-S 模块可以共享一个 LFSR 作为伪随机数生成器，因此端口的复杂性主要由比较器决定。此外，复杂度还与比特流的长度有关。因此，端口模块的复杂度为 $\mathcal{O}(Nl)$。

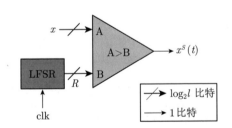

图 10-14　二进制到随机（B-to-S）模块架构图

（2）混合节点 I。

为了使整个译码器架构更加简洁，在文献 [45] 中，f 节点和 g 节点首先合并为一个混合节点 I，如图 10-15 所示。虽然该节点可以基于随机计算执行 f' 和 g' 功能，但无法实现双层译码。为此，文献 [45] 进一步提出了称为混合节点 II 的改进版本。

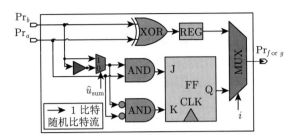

图 10-15　混合节点 I 的架构（见彩图）

（3）混合节点 II。

为了实现双层译码，文献 [45] 设计了相应的混合节点 II，如图 10-16 所示，其中表示比特条件概率 $p(u_{2i} = \hat{u}_{2i}|\hat{u}_1^{2i-1})$ 的比特流将与表示 $p(u_{2i-1} = \hat{u}_{2i-1}|\hat{u}_1^{2i-2})$ 的比特流同时输出。因此，对于双层译码，最后一级的混合节点 I 模块需要被混合节点 II 模块替换。还需要注意的是，对于 2^p 级译码，最后 p 阶段的混合节点 I 模块应替换为相应的混合节点 II 模块。

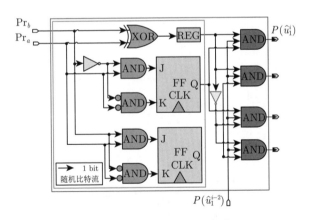

图 10-16　混合节点 II 的架构

（4）混合节点 III。

传统上，为了实现列表大小为 L 的 SCL 译码器，需要配置 L 个并行的基本 SC 译码器。然而，直接并行设计会大大增加硬件复杂度。通过利用 SCL 译码器第一级的输出特性，文献 [45] 简化了第一级的硬件结构。具体来说，第一阶段中每个节点模块只有三个可能的输出，即一个 f 节点输出和两个可能的 g 节点计算结果。换句话说，第一阶段不需要 L 并行架构。因此，如图 10-15 所示，绿框中的体系结构用于实现混合节点 III，其将应用于随机 SCL 译码器的第一阶段。

（5）具有双电平译码的随机 SC 译码器的架构。

如图 10-17 所示，具有双电平译码的随机 SCL 译码器的架构包括端口块和主译码器块。图 10-17 提供了 8 位随机 SC 译码器的示例，并且可以扩展设计思想以设计基于随机计算的任意 N 位随机 SC 译码器。端口块由 N 个 SG 模块组成，用于生成表示信道转移概率的比特流作为译码器块的输入。

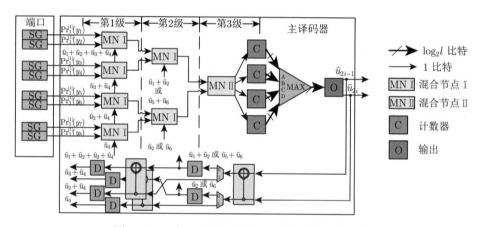

图 10-17　采用双电平译码的 8 位随机 SC 译码器

主译码器块由三个主要部分组成：节点处理部分、估计部分和反馈部分。具有两级译码的 N 位随机 SC 译码器的节点处理部分在总 $\log_2 n$ 译码级上需要 $N-2$ 个混合节点 I 和一个混合节点 II。考虑到比特流格式所表示的值不能直接比较，使用四个计数器将比特流转换为相应的确定性二进制值。然后，使用最大值模块选择最大概率，并将其对应的两个比特作为估计结果。

反馈部分的功能是为了 g 节点的计算生成部分和信号 $\hat{u}_{\text{sum}}$。有关反馈体系结构的更多详细信息，读者可以参考文献 [53]。另外，值得注意的是，在端口部分、节点处理部分和估计部分中使用的时钟频率是反馈部分的 l 倍。

（6）具有双电平译码的随机 SCL 译码器的架构。

图 10-18 描述了具有双电平译码的随机 SCL 译码器的架构，其基本组件与随机 SC 译码器的基本组件相似。端口块也由 N 个 SG 模块组成，而译码器块扩

展到 L 平行基本框架。由于第一级中的每个 g 节点只能产生两个可能的结果，因此译码器块的第一级不需要采用 L 并行设计。因此，在第 1 阶段中只需要 $N/2$ 个混合节点 Ⅲ，而在第 2 阶段到第 n 阶段中的所有节点都采用并行方案。与随机 SC 译码器不同，在随机 SCL 译码器的估计部分中设计了列表核（list core，LC）模块来实现适应性分布式排序方法，可以从 $4L$ 条候选路径中提取 L 条最佳路径。

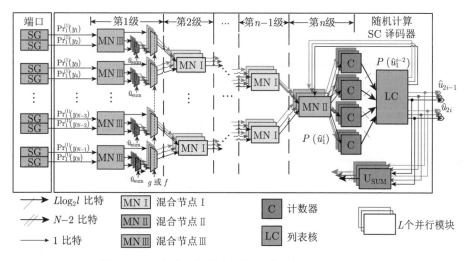

图 10-18   采用双电平译码的 N 位随机 SCL 译码器

（7）LC 模块。

LC 模块的功能是实现 ADS 和放大概率方案。首先，如图 10-19 所示，为了实现 ADS，将路径概率度量（path probability metrics，PPM）分为两组：FC 和 NC。接下来，L 个 FC 存储在存储块 Ⅰ 中，而 $3L$ 个 NC 存储在存储块 Ⅱ 中。正如前面对 ADS 方案的描述，与存储块 Ⅱ 中的 PPM 相比，存储块 Ⅱ 中的 PPM 具有更高的选择优先级。对于每一轮比较，两个多路复用器（mux）以一定顺序从存储器块 Ⅰ 和存储器块 Ⅱ 读取数据。具体而言，从存储块 Ⅰ 选择具有最大 PPM 值的 NC_i，从存储块 Ⅱ 选择具有最小 PPM 值的 FC_j。如果 NC_i 大于 FC_j，则激活控制信号以执行指令①和②。指令①负责从存储块 Ⅰ 中删除 NC_i，而指令②负责将 FC_j 的值替换为 NC_i 的值。同样，第二轮比较基于更新的存储块。如果 FC_j 大于 NC_i，则完成分拣过程。存储块 Ⅱ 中的值为 L 个最佳 PPM 值，并执行指令③。指令③ 指示排序的结束并启动概率放大方案。然后，输出与 L 个最佳 PPM 值对应的 L 个最佳路径。

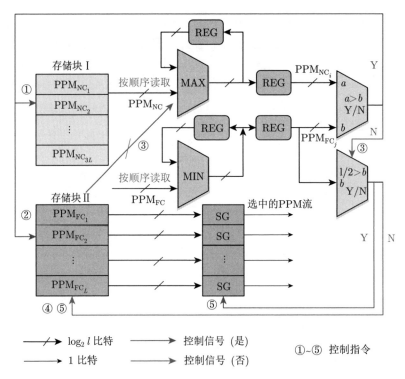

图 10-19 LC 模块的架构（见彩图）

版权来源：Reprinted by permission from Springer Nature Customer Service Centre GmbH: [Springer] [Science China Information Sciences] [45] (Efficient stochastic successive cancellation list decoder for polar codes, Xiao Liang, Huizheng Wang, Yifei Shen, et al.), © (2021)

当执行指令③以执行概率放大方案时，首先需要判断是否满足概率放大的条件。如果所选路径中的最佳 PPM 值小于 $l/2$，这意味着相应的概率小于 0.5，则执行指令④对存储块 Ⅱ 中的所有 PPM 值执行左移操作。然后，指令⑤重新生成与 L 个新 PPM 值对应的比特流。值得注意的是，如果最佳 PPM 值仍然大于 $l/2$，则跳过指令④并直接执行指令⑤。

10.2.3 基于随机计算的极化码 BP 译码

尽管与确定性实现相比，随机 SC 和 SCL 译码器在减少开销方面具有显著优势，但 SC 和 SCL 译码仍然存在严重的缺点，那就是，SC 和 SCL 译码都以串行方式工作，这意味着它们的吞吐率可能低于并行方案，如部署在完全并行因子图上的 BP 译码。因此，BP 译码的并行计算特性使其更适合基于随机计算的实现。本节将首先介绍随机 BP 译码的基础：确定性 BP 译码。

1. 确定性 BP 译码

如第 6 章所述，文献 [54] 提出了一种确定性 BP 译码方法，利用由 $\log_2 n$ 级和 $n(\log_2 n+1)$ 个节点组成的因子图对 PC(N,K) 极化码进行译码，每级拥有 $n/2$ 个基本计算块。例如，图 10-20 展示了 $n=8$ 时的因子图，其中每个节点分配有坐标 (i,j)，其中 i 表示列中的节点编号，j 表示阶段编号。译码方案即通过因子图迭代传递消息的过程：在每次迭代中，相邻节点之间从左到右和从右到左的软消息由基本计算块更新，如图 10-21 所示，并且基于 LR 的基本计算块函数由式（10-23）表示，其中 $f_{\text{BP}}(x,y)=(1+xy)/(x+y)$，$g_{\text{BP}}(x,y)=x\cdot y$。下面，为了区别 SC 译码中的节点，将 BP 译码中的 f 节点和 g 节点分别表示为 F 节点和 G 节点。

$$\begin{cases} L_{i,j} = f_{\text{BP}}\left(L_{i+1,2j-1}, g_{\text{BP}}\left(L_{i+1,2j}R_{i,j+N/2}\right)\right) \\ L_{i,j+N/2} = g_{\text{BP}}\left(f_{\text{BP}}\left(R_{i,j}, L_{i+1,2j-1}\right), L_{i+1,2j}\right) \\ R_{i+1,2j-1} = f_{\text{BP}}\left(R_{i,j}, g_{\text{BP}}(L_{i+1,2j}, R_{i,j+N/2})\right) \\ R_{i+1,2j} = g_{\text{BP}}\left(f_{\text{BP}}\left(R_{i,j}, L_{i+1,2j-1}\right), R_{i,j+N/2}\right) \end{cases} \tag{10-23}$$

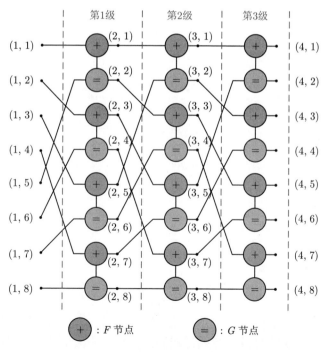

图 10-20 长度 $n=8$ 的极化码 BP 译码因子图

版权来源：© [2021] IEEE. Reprinted, with permission, from Ref. [55]

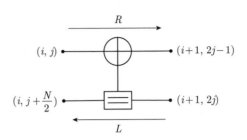

图 10-21   BP 译码的基本计算块

2. G 和 F 节点的随机形式

设计随机 BP 译码器的关键步骤是将式（10-23）重新表示为随机形式。具体而言，可以观察到，F 节点与 10.2.2 节第 1 部分中介绍的 SC 译码中的 f 节点相同。因此，F 节点也可以通过异或门实现。与 SC 译码中的 g 节点不同，G 节点没有反馈信号 $\hat{u}_{\text{sum}}$ 作为输入，所以可以将其视为 g 节点的特例，只需要计算 $x \cdot y$。因此，它可以用 SC 中的 g 节点的体系结构来实现，但不需要反相器和多路复用器，如图 10-22 所示。

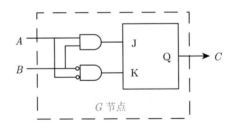

图 10-22   随机 G 节点架构

3. 随机 BP 译码器优化

此外，文献 [46] 还提出了一种有效的方案，称为基于拆分比特流的重随机化（splitting bit-stream-based re-randomization），以提高随机 BP 译码器的译码性能并减少译码延迟。首先，将随机 BP 译码器的所有比特流分割为 s 段。相应地，每个基本计算块也复制 s 份进行并行处理。这种方案的结果是，通过面积成本增加 s 倍，译码延迟变为原来的 $1/s$，这是可以接受的，因为随机译码器面积占用极小，有充足的空间。此外，每次迭代之后，这些片段被打乱，以确保比特流重新获得随机性。由于打乱操作只引入了较小的导线占用空间，因此提出的基于拆分比特流的重随机化可以以很小的代价有效提高随机 BP 译码器的随机性。

　　然而，比特流在两个相邻迭代之间被重随机化的策略是不充分和不及时的。为此，文献 [56] 提出了一种分阶段的重随机化方案，该方案在迭代过程中，在每个阶段之后保持对所有比特流的重随机化。表 10-3 显示了阶段性重随机化方案的具体时序表。斜体表示节点中的比特流在第一步被更新，因此它们首先被重随机化。然后，粗体表示节点中的比特流在第二步被更新，因此它们也被重随机化。同样，所有比特流在每个阶段而不是在每次迭代后重随机化。

表 10-3　阶段性重随机化方案时序表

(1,1)	**(1, 2)**	(1, 3)	(1, 4)	$\cdots$	*(1,1+n/2)*	**(1, 2 + n/2)**	$\cdots$	(1, n)
重随机化								
(2,1)	*(2,2)*	**(2, 3)**	**(2, 4)**	$\cdots$	(2, 1 + n/2)	(2, 2 + n/2)	$\cdots$	(2, n)
重随机化								
(3, 1)	(3, 2)	(3, 3)	(3, 4)	$\cdots$	(3, 1 + n/2)	(3, 2 + n/2)	$\cdots$	(3, n)
......								
(m+1, 1)	(m+1, 2)	(m+1, 3)	(m+1, 4)	$\cdots$	(m+1, 1+n/2)	(m+1, 2+n/2)	$\cdots$	(m+1, n)

注：$m = \log_2 n$。

版权来源：© [2021] IEEE. Reprinted, with permission, from Ref. [55]

　　此外，为了加速重随机化过程，文献 [56] 进一步提出了一种使用指令寄存器的高效重随机化硬件架构，如图 10-23 所示。具体来说，假设有两个 M 位比特流 A 和 B，它们都被划分为 4 个段，每个段都有 $M/4$ 位。

　　（1）在第一个 $M/4$ 个时钟周期中，位流 A 和 B 的第一段 A.1 和 B.1 分别存储在指令寄存器中。

　　（2）在 $M/4+1$ 到 $M/2$ 个时钟周期中，A.1 按位顺序移出指令寄存器，并参与下一级的译码。指令寄存器中的空位由位流 A 的第二段 A.2 按位顺序填充；另外，比特流 B 的第一段 B.1 保留在指令寄存器中，比特流 B 的第二段 B.2 直接与 A.1 对齐并进入下一级译码。

　　（3）在 $M/2+1$ 到 $3M/4$ 个时钟周期内，比特流 A 的第二段 A.2 和位流 B 的第一段 B.1 按位顺序从指令寄存器中移除，并进入下一个译码阶段。然后，指令寄存器中的空位按位顺序由比特流 A 和 B 第三位段的 A.3 和 B.3 填充。

　　（4）与第二步类似，在 $3M/4+1$ 到 M 个时钟周期中，比特 A 的第三段 A.3 按位顺序移出指令寄存器，并参与下一阶段的译码。指令寄存器中的空位由第四段的 A.4 按位顺序填充。然后，比特流 B 的第三段 B.3 保留在指令寄存器中，比

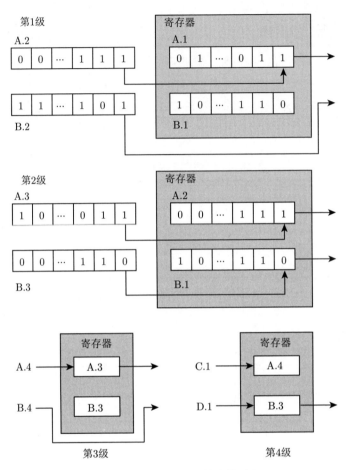

图 10-23　指令寄存器的交换过程

版权来源：© [2021] IEEE. Reprinted, with permission, from Ref. [55]

特流 B 的第四段 B.4 直接与 A.3 对齐并进入下一译码阶段。

（5）在 $M+1$ 个到 $5M/4$ 个时钟周期中，比特流 A 的第四段 A.4 和比特流 B 的第三段 B.3 按位顺序移出指令寄存器，以便进行下一阶段的译码。

4. 部分阶段重随机化

最近，根据文献 [56] 中的研究，比特流之间的相关性几乎是由 G 节点引起的，而 F 节点可以在一定程度上减小相关性。因此，为了降低硬件复杂度，文献 [56] 提出了一种部分阶段重随机化方案。具体地，如图 10-24 所示，当信道消息从左向右传递时，带有虚线圆圈的比特流被重随机化。反之，当信道消息从右向左传递时，带有实线圆圈的比特流被重随机化。由于只有 G 节点输出的比特流被重随机化，因此与原始的分段重随机化方案相比，该方案大约减少了 50% 的开销。

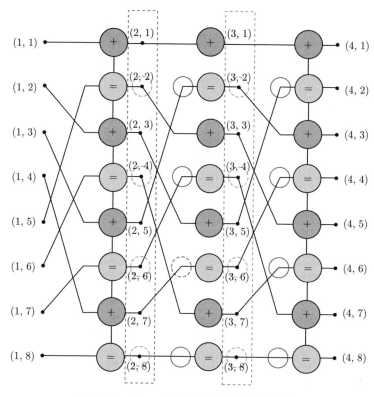

图 10-24 $N = 8$ 的部分阶段重随机化架构

10.3 基于自动生成器的极化码硬件设计

无论是极化码编码器还是译码器的设计与实现，总是在算法给定、约束给定的前提下寻求时间复杂度（吞吐率、时延）与空间复杂度（面积、功耗）的最佳折中。但是，这并不容易达到。首先，设计者必须对于给定算法的功能、步骤、时序、极限等相关特性有深刻的理解。同时，设计者还必须具有较为丰富的硬件设计经验，能够熟练应用各种硬件设计技巧（流水线、并行处理、重定时、折叠、展开等），并且高效地完成算法到硬件的合理映射。因此，上述较为烦琐的过程和较高的要求对最优实现的达成提出了挑战。另外，即便是对于合格的设计者，其进行任何一个设计均需付出时间和精力，对敏捷、可定制化设计提出了挑战。

应用层面，5G 各种垂直行业应用场景丰富、应用需求千差万别，行业应用推广正面临成本高、功耗大、难以深度贴合客户需求、技术复杂的困境。如何根据客户在技术指标、成本和功耗等方面的关键需求,生成客户所需的硬件电路,从而使客户能够快速、敏捷地完成相关定制化研发,也日益成为亟待解决的问题。

因此,包括 5G 在内的实际应用呼唤创新的设计方法的出现,不仅可以提升设计效率,还能满足客户"随手可及"的定制化需求。因此,基于硬件自动生成技术的设计方法论被提出,并被用于极化码编码器和译码器的硬件设计。该技术可简化硬件设计流程、提升设计效率且更容易满足不同应用场景的需求,进而加快设计空间最优解的探索,满足上述要求。本节将分别介绍基于自动生成器的极化码编码器和译码器设计。

10.3.1　基于自动生成器的极化码编码器设计

1. 硬件自动生成系统

现有的极化码编码器硬件实现中,除全并行架构外,折叠、流水线[57]等技术可用于极化码编码器的硬件设计与实现[58-61]以适应不同应用场景下对硬件面积、吞吐率以及功耗的要求。单独编码器设计效率较低,而如第 7 章所述:只要把基-2 FFT 数据流图中的蝶型架构换成异或通过模块,并且把所有的旋转因子改为 1,就能直接得到极化码编码器的数据流图。在此基础上,我们得以建立对应的硬件自动生成系统。

硬件自动生成系统的工作原理是对特定硬件架构进行公式化的数学表征,再将其数学表征转译成硬件描述语言(hardware description language,HDL)。硬件自动生成技术已被广泛应用于数字信号处理等领域[62-65]。极化码硬件自动生成系统[66,67]的工作原理与上述自动生成系统类似,分为 3 步:① 用数学符号表征极化码编码器涉及的所有硬件模块;② 用数学公式描述各模块之间的连接关系;③ 将数学公式转译成硬件描述语言(如 Verilog HDL)从而得到编码器的硬件实现。下面以文献 [67] 为例进行极化码编码器硬件自动生成系统的介绍。

2. 编码器基本模块

在介绍极化码编码器的具体模块之前,需先规定数据流与模块连接的公式化表征。假设向量 u 和向量 x 的长度均为 N,图 10-25(a) 所示为模块 A,其中 u 与 x 分别为输入与输出信号。点乘符号 "·" 用于表示多个模块的顺序级联。图 10-25(b) 中模块 A 和模块 B 为串联连接。如果多个相同的模块串联连接,则用符号 $\prod_k$ 表示,其中 k 代表模块的数量。例如,图 10-25(c) 所示模块由 k 个顺序连接的模块 $(A \cdot B)$ 组成。当 $k = 1$ 时,$\prod_k (A \cdot B)$ 等价于 $A \cdot B$。符号 $\prod_{i=a}^{b}$ 用于表示多个不相同的模块串联连接,其中 i 用于标识每个不同的模块,如图 10-25(d) 所示。符号 $\prod\limits_{k}^{ir}$ 表示循环利用 1 个模块 k 次，其中 k 为循环次数，如图 10-25(e) 所示。模块的并行排列用符号 $I_k \otimes$ 表示，其中 k 为模块的数量。例如，图 10-25(f) 代表 k 个模块 A 的并行排列，其中 $\boldsymbol{v}$ 与 $\boldsymbol{y}$ 的长度为 $k \times n$。图 10-26 为上述各种数据流与连接方式的组合形式。

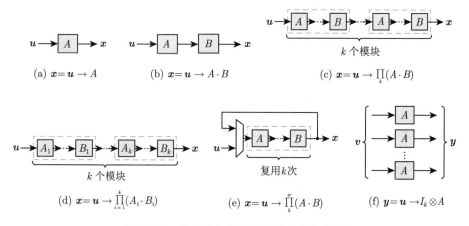

(a) $\boldsymbol{x} = \boldsymbol{u} \to A$　　(b) $\boldsymbol{x} = \boldsymbol{u} \to A \cdot B$　　(c) $\boldsymbol{x} = \boldsymbol{u} \to \prod\limits_{k}(A \cdot B)$

(d) $\boldsymbol{x} = \boldsymbol{u} \to \prod\limits_{i=1}^{k}(A_i \cdot B_i)$　　(e) $\boldsymbol{x} = \boldsymbol{u} \to \prod\limits_{k}^{ir}(A \cdot B)$　　(f) $\boldsymbol{y} = \boldsymbol{u} \to I_k \otimes A$

图 10-25　数据流与模块连接的公式化表征

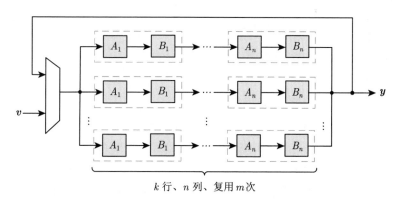

k 行、n 列、复用 m 次

图 10-26　多种数据流与连接方式组合的公式表征：$\boldsymbol{y} = \boldsymbol{v} \to \prod\limits_{m}^{ir}\left\{ I_k \otimes \left[\prod\limits_{i=1}^{n}(A_i \cdot B_i) \right] \right\}$

硬件自动生成系统[67] 中所包含的极化码编码器基本模块及其公式化表征如图 10-27 所示。排列是极化码编码过程中的必要操作。假设输入数据的长度为 N，

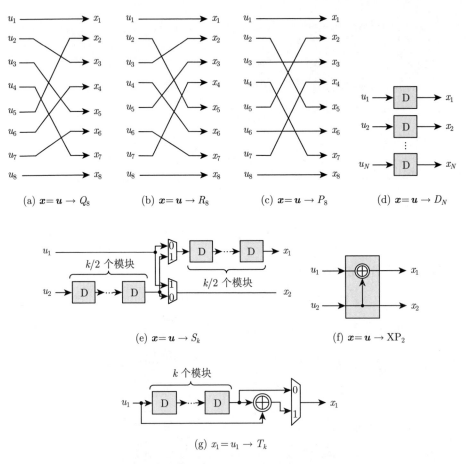

图 10-27　极化码编码器硬件自动生成系统中的基本模块及其公式化表征

版权来源：© [2021] IEEE. Reprinted, with permission, from Ref. [67]

硬件自动生成系统涉及的 3 种排列模块用符号 Q_N、R_N 与 P_N 表示，其排列方式的定义分别如式（10-24）所示（N 必须为 2 的指数倍）。模块 Q_8、R_8 与 P_8 的硬件框图分别如图 10-27(a)、(b) 与 (c) 所示。符号 D 代表 1 个延迟存储模块，即 D 触发器。符号 D_N 代表 N 个 D 触发器的并行排列，如图 10-27(d) 所示。符号 S_k 代表图 10-27(e) 所示的 2 输入-2 输出模块，其中包含 2 个选择器与选择器左右两边各 $k/2$ 个级联的 D 触发器。符号 XP_N 代表 N 输入-N 输出的 XOR-and-PASS 模块，其数学定义如式（10-24）所示（N 必须为 2 的指数倍），其中 $\oplus$ 代表异或运算。例如，模块 XP_2 实现的计算为 $x_1 = u_1 + u_2$ 与 $x_2 = u_2$，如图 10-27(f) 所示。符号 T_k 代表图 10-27(g) 所示模块，包含 k 个级联的 D 触发器（k 必须为 2 的指数倍）、一个异或单元与一个选择器。

$$\begin{cases} \boldsymbol{x} = (u_1, u_{N/2+1}, u_2, u_{N/2+2}, \cdots, u_{N/2}, u_N) = \boldsymbol{u} \to Q_N \\ \boldsymbol{x} = (u_1, u_3, \cdots, u_{N-1}, u_2, u_4, \cdots, u_N) = \boldsymbol{u} \to R_N \\ \boldsymbol{x} = (u_1, u_{N/2+1}, u_3, u_{N/2+3}, \cdots, u_{N/2-1}, u_{N-1}, u_2, u_{N/2+2}, u_4, \\ \qquad u_{N/2+4}, \cdots, u_{N/2}, u_N) = \boldsymbol{u} \to P_N \\ \boldsymbol{x} = (u_1 \oplus u_{N/2+1}, u_2 \oplus u_{N/2+2}, \cdots, u_{N/2} \oplus u_N, \\ \qquad u_{N/2+1}, u_{N/2+2}, \cdots, u_N) = \boldsymbol{u} \to \mathrm{XP}_N \end{cases} \tag{10-24}$$

对于模块 Q_N、R_N、P_N、D_N 与 XP_N，下标 N 等于输入信号和输出信号的长度。对于模块 S_k 与 T_k，下标 k 代表模块内部 D 触发器的数量。$\prod\limits_{k}^{\mathrm{ir}}$、$\prod\limits_{k}$、$\prod\limits_{i=a}^{b}$ 与 $I_k \otimes$ 等数据流与连接方式适用于图 10-27 中所有的模块以对其进行循环利用、串行连接与并行排列等组合。由于 D_N 本身已代表 N 个 D 触发器的并行排列，故不再将 $I_k \otimes$ 用于 D_N。

3. 三种编码器架构

极化码编码器硬件自动生成系统[67]包含三种编码器架构 $F_{\mathrm{I}(N,M)}$[59]、$F_{\mathrm{II}(N,M)}$[60] 与 $F_{\mathrm{III}(N,H)}$，其公式化表征如式（10-25）所示，其中 N 为极化码码长，M 为硬件并行度，H 为硬件列数。$F_{\mathrm{I}(N,M)}$、$F_{\mathrm{II}(N,M)}$ 与 $F_{\mathrm{III}(N,H)}$ 中各符号下标的具体数值可根据码长 N、并行度 M 与列数 H 计算得出。其中，$F_{\mathrm{I}(N,M)}$ 与 $F_{\mathrm{II}(N,M)}$ 的下标计算在式（10-25）中可直接体现，$F_{\mathrm{III}(N,H)}$ 下标值的计算可根据算法 10.1 得出。为便于理解，式（10-26）～ 式（10-28）给出了编码器 $F_{\mathrm{I}(16,4)}$、$F_{\mathrm{II}(16,4)}$、$F_{\mathrm{III}(8,2)}$ 与 $F_{\mathrm{III}(8,1)}$ 的具体公式表征，图 10-28 ～ 图 10-30 给出了具体的硬件框图以及模块与符号的对应关系。

$$\begin{cases} F_{\mathrm{I}(N,M)} = \prod_{i=1}^{\log_2 M} \left(I_{M/2^i} \otimes \mathrm{XP}_{2^i}\right) \cdot \prod_{j=1}^{\log_2 (N/M)} \left(I_M \otimes T_{2^{j-1}}\right) \\ F_{\mathrm{II}(N,M)} = \prod_{i=1}^{\log_2 M} \left[\left(I_{M/2^i} \otimes P_{2^i}\right) \cdot \left(I_{M/2} \otimes \mathrm{XP}_2\right)\right] \cdot \prod_{j=1}^{\log_2 (N/M)} \left[I_{M/2} \otimes \left(S_{2^j} \cdot \mathrm{XP}_2\right)\right] \\ F_{\mathrm{III}(N,H)} = \prod_{a}^{\mathrm{ir}} \left\{ \prod_{b} \left[\left(I_{N/2} \otimes \mathrm{XP}_2\right) \cdot Q_N\right]_{(\mathrm{o})} \cdot \prod_{c} \left[\left(I_{N/2} \otimes \mathrm{XP}_2\right) \cdot Q_N\right] \cdot D_N \right\} \end{cases} \tag{10-25}$$

$$\begin{aligned} F_{\mathrm{I}(16,4)} &= \prod_{i=1}^{2}(I_{4/2^i} \otimes \mathrm{XP}_{2^i}) \cdot \prod_{j=1}^{2}(I_4 \otimes T_{2^{j-1}}) \\ &= (I_2 \otimes \mathrm{XP}_2) \cdot \mathrm{XP}_4 \cdot (I_4 \otimes T_1) \cdot (I_4 \otimes T_2) \end{aligned} \tag{10-26}$$

算法 10.1 $F_{\text{III}(N,H)}$ 下标值的计算

Input: $1 \leqslant H < \log_2 N, H \in \mathbb{Z}$

Output: $N = 2^n, n \in \mathbb{Z}^+$

$\quad a \Leftarrow \lceil n/H \rceil$

$\quad$**if** $(n \bmod H) = 0$ **then**

$\quad\quad b \Leftarrow H$

$\quad$**else**

$\quad\quad b \Leftarrow (n \bmod \text{H})$

$\quad$**end if**

$\quad c = H - b$

$\quad$**if** $c = 0$ **then**

$$F_{\text{III}(N,H)} = \prod_a^{\text{ir}} \left\{ \prod_b [(I_{N/2} \otimes \text{XP}_2) \cdot Q_N]_{(\text{o})} \cdot D_N \right\}.$$

$\quad$**end if**

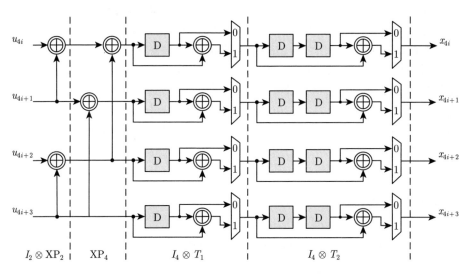

$$I_2 \otimes \text{XP}_2 \quad\quad \text{XP}_4 \quad\quad I_4 \otimes T_1 \quad\quad\quad\quad I_4 \otimes T_2$$

图 10-28　编码器 $F_{\text{I}(16,4)}$ 的硬件框图

$$F_{\text{II}(16,4)} = \prod_{i=1}^{2} \left[(I_{4/2^i} \otimes P_{2^i}) \cdot (I_2 \otimes \text{XP}_2) \right] \cdot \prod_{j=1}^{2} \left[I_2 \otimes (S_{2^j} \cdot \text{XP}_2) \right]$$

$$= (I_2 \otimes P_2) \cdot (I_2 \otimes \text{XP}_2) \cdot P_4 \cdot (I_2 \otimes \text{XP}_2) \cdot \left[I_2 \otimes (S_2 \cdot \text{XP}_2) \right]$$

$$\cdot \left[I_2 \otimes (S_4 \cdot \text{XP}_2) \right]$$

$$\tag{10-27}$$

$$
\begin{cases}
F_{\mathrm{III}(8,2)} = \prod_{2}^{\mathrm{ir}} \left\{ \left[(I_4 \otimes \mathrm{XP}_2) \cdot Q_8 \right]_{(\mathrm{o})} \cdot \left[(I_4 \otimes \mathrm{XP}_2) \cdot Q_8 \right] \cdot D_8 \right\} \\
F_{\mathrm{III}(8,1)} = \prod_{3}^{\mathrm{ir}} \left\{ \left[(I_4 \otimes \mathrm{XP}_2) \cdot Q_8 \right]_{(\mathrm{o})} \cdot D_8 \right\}
\end{cases}
\tag{10-28}
$$

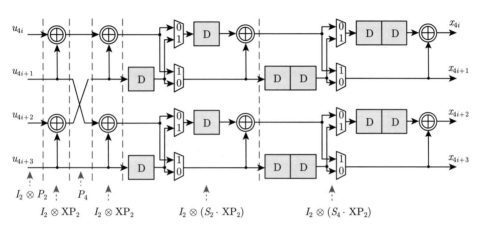

图 10-29 编码器 $F_{\mathrm{II}(16,4)}$ 的硬件框图

版权来源: © [2021] IEEE. Reprinted, with permission, from Ref. [67]

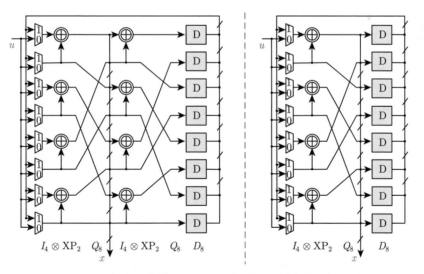

图 10-30 编码器 $F_{\mathrm{III}(8,2)}$ 与 $F_{\mathrm{III}(8,1)}$ 的硬件框图

版权来源: © [2021] IEEE. Reprinted, with permission, from Ref. [67]

4. 自动生成系统流程

当极化码编码器的硬件架构可由数学公式（10-25）唯一表征后，编码器硬件自动系统[67]的功能便是确定公式中的参数值并将数学描述语言转译成 HDL。编码器硬件自动生成流程如图 10-31 所示，具体步骤如下。

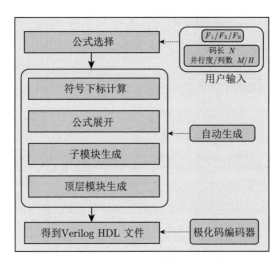

图 10-31　极化码编码器硬件自动生成流程图

（1）公式选择：用户从三种编码器架构 $F_{I(N,M)}$、$F_{II(N,M)}$ 与 $F_{III(N,H)}$ 中选择一种架构，并且选择目标码长 N、并行度 M 或者列数 H。这些参数将作为自动生成系统的输入。

（2）符号下标计算：根据给定的架构 F、码长 N、并行度 M 或者列数 H，生成系统计算公式中各符号的下标。

（3）公式展开：若公式中存在串行连接符号 $\prod\limits_{k}$ 与 $\prod\limits_{i=a}^{b}$，生成系统将去除该符号，并根据对应符号的功能展开公式，从而得到硬件的详细表达式。比如，式（10-27）中符号 $\prod\limits_{i=1}^{2}$ 与 $\prod\limits_{j=1}^{2}$ 被去除，公式得到进一步展开。

（4）子模块生成：当下标计算完且公式得到展开后，生成系统内置的函数将为 F 中每一个符号生成对应的 Verilog 子模块文件。

（5）顶层模块生成：得到所有子模块文件后，生成系统将生成顶层 Verilog 文件，并在顶层文件中调用所有子模块文件且将其按照公式进行拼接，同时生成对应的控制信号。

（6）得到 Verilog HDL 文件：生成系统返回 2 个 Verilog 文件，一个包含顶层模块，一个包含所有的子模块。用户得到目标编码器硬件结果。

极化码编码器自动生成系统的核心是用通用的数学公式描述编码器硬件架构，再将数学公式转译为 Verilog 文件。该自动生成系统可以使得用户在不接触硬件设计的情况下直接得到极化码编码器的硬件代码，从而在 FPGA 或者 ASIC 上得到实现。该硬件自动生成系统可实现任意码长和并行度或列数的极化码编码器，所含设计空间较大，用户可根据不同应用场景的需求选择不同的编码器，从而得到最优方案。更多关于极化码编码器自动生成系统的内容请见文献 [67]。

10.3.2 基于自动生成器的极化码译码器设计

1. 研究背景

本小节将着重讨论基于自动生成器的极化码译码器设计 [68]。首先回顾极化码 BP 译码器的已有工作。由于极化码 BP 译码 [69] 有着高并行度的优势，BP 译码在低延迟和高吞吐率应用场景的硬件实现中得到了优先的考虑。为了降低 BP 译码器的硬件复杂度，文献 [70] 提出了 MS 近似算法，然而该近似算法实现了比传统 BP 译码算法更差的纠错性能。为了消除 MS 近似算法带来的译码性能衰落，文献 [4] 提出了改进的最小和近似算法，即 SMS 算法，该近似算法实现了和传统 BP 译码算法相近的纠错性能，同时仅增加一个移位加法电路便能实现 MS 译码器到 SMS 译码器的转化。基于状态间折叠技术 [57]，文献 [71] 提出了前馈和反馈最小和 BP 译码器，然而这两种译码器结构缺乏模块复用，带来了较低的硬件利用率。为了实现更高的硬件效率，文献 [72] 和 [73] 分别提出了单列和双列最小和 BP 译码器，这两种译码器结构依次实现了较低的硬件消耗和较高的译码吞吐率，能够作为可行的硬件设计。

然而，目前的 BP 译码器设计通常只能满足特定的应用需求，无法适应变化的设计场景。为了满足不同的场景需求，需要重复地设计解决方案和调整硬件结构，这个过程是相当复杂和低效的。因此，能够自动设计满足不同应用需求的解决方案是非常有必要的，在很大程度上可以缩短研发时间并且提升设计效率。根据调研结果，文献 [62] 首次提出了硬件自动生成方法，并将此方法运用到了离散傅里叶变换（discrete fourier transform，DFT）逻辑库的设计，相关的文献同时包括排序网络的自动生成 [64]，FFT 处理器的自动生成 [65] 以及极化码编码器的自动生成 [67]。文献 [71] 介绍了 BP 译码器和 FFT 处理器之间的联系，即 BP 译码器的因子图和 FFT 处理器的蝶型图有着相似的硬件结构，这意味着 FFT 处理器的自动生成方法可以运用到 BP 译码器的设计中。

极化码的 BP 译码算法通常都基于因子图来实现。对于码长为 N 的极化码，因子图中共有 $n = \log_2 N$ 个阶段，同时包括 $N(n+1)$ 个节点。BP 译码的本质是在因子图中进行双向更新迭代信息，其中进行更新的信息包括两种：左信息 L，即从左至右传递的信息；右信息 R，即从右至左传递的信息。为了便于硬件实现，通常用 LLR 来表示双向信息。对于因子图中的每一个节点，用坐标 (i,j) 来表示它，同时每个节点包含两种信息，即左信息 $L_{i,j}$ 和右信息 $R_{i,j}$，其中 $1 \leqslant i \leqslant n+1$，$1 \leqslant j \leqslant N$。对于每 N 个垂直分布的节点，用 L_i 和 R_i 来表示它们的左信息和右信息。

分析因子图的对称性可知，对于码长为 N 的因子图，每个阶段均有 $N/2$ 个相同的处理单元，每个处理单元被命名为 BCB，图 10-32 描述了 BCB 的基本结构。根据图 10-32 可知，每个 BCB 单元包含两个操作，即 "+" 和 "="，这两个操作的功能由式（10-29）来完成：

$$
\begin{cases}
R_{i+1,2j-1} = f\left(R_{i,j}, R_{i,j+N/2} + L_{i+1,2j}\right) \\
R_{i+1,2j} = f\left(R_{i,j}, L_{i+1,2j-1}\right) + R_{i,j+N/2} \\
L_{i,j} = f\left(L_{i+1,2j-1}, L_{i+1,2j} + R_{i,j+N/2}\right) \\
L_{i,j+N/2} = f\left(L_{i+1,2j-1}, R_{i,j}\right) + L_{i+1,2j}
\end{cases}
\tag{10-29}
$$

其中，$f(x,y) = 2\mathrm{artanh}(\tanh(x/2) \times \tanh(y/2))$。基于 MS 算法，$f(x,y)$ 可以被简化为 $f(x,y) \approx \mathrm{sign}(x) \times \mathrm{sign}(y) \times \min(|x|,|y|)$。基于 SMS 算法，$f(x,y)$ 可以被简化为 $f(x,y) \approx s \times \mathrm{sign}(x) \times \mathrm{sign}(y) \times \min(|x|,|y|)$，其中 $s = 0.9375$。

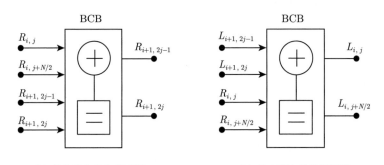

(a) 从左到右的信息更新　　　　　　　　(b) 从右到左的信息更新

图 10-32　BCB 的基本结构

在译码过程开始时，需要使用到初始数据，所以要对因子图最左端的右信息 R_1 和最右端的左信息 L_{n+1} 进行赋初值操作，其他节点的信息被赋值为 0。最左端的右信息 R_1 的初始化规则为

$$
R_{1,j} =
\begin{cases}
0, & j \in \mathcal{A} \\
+\infty, & j \in \mathcal{A}^c
\end{cases}
\tag{10-30}
$$

最右端的左信息 L_{n+1} 的初始化规则为

$$L_{n+1,j} = \ln\frac{P(y_j|x_j=0)}{P(y_j|x_j=1)} = \frac{2y_j}{\sigma^2}$$

根据 BP 译码算法思想，当最后一次迭代结束后，对最左端的左信息和右信息之和进行判决便能得到译码结果，其中译码判决准则为

$$\hat{u}_j = \begin{cases} 0, & R_{1,j} + L_{1,j} \geqslant 0 \\ 1, & \text{其他} \end{cases}$$

对于 BP 译码中从左向右的更新过程，右信息 R 从阶段 1 的输出开始传递，历经阶段 2 到阶段 $n-1$，直到作为阶段 n 的输入，这一过程被定义为前向过程 (forward process)。相似地，对于从右向左的更新过程，左信息 L 从阶段 n 的输出开始传递，历经阶段 $n-1$ 到阶段 2，直到作为阶段 1 的输入，这一过程被定义为后向过程（backward process）。前向过程和后向过程在更新过程中都需要使用任一过程产生的中间信息，它们之间的唯一区别是相邻阶段间的信息排序操作[54]。图 10-33 给出了前向过程和后向过程的示例，其中两者分别用实线方框和虚线方框进行标注。

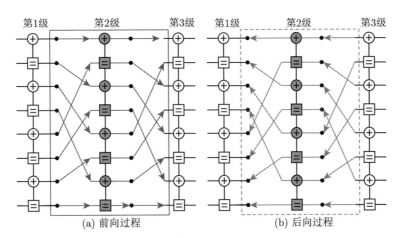

图 10-33 前向过程和后向过程

2. 基于公式的硬件设计语言

为了将硬件实现转化成软件设计，文献 [74] 介绍了用于 DFT 自动生成的硬件设计语言并且提出了一种公式到硬件的设计方法。传统的 DFT 处理器设计需

要基于蝶型图从左到右依次实现硬件单元，但是这种基于公式语言的设计方法摆脱了基于图结构的设计局限性，可利用简洁的公式来完成硬件设计。以 4 输入 DFT 运算为例，它的计算公式可表示为

$$y = x\mathrm{DFT}_4 = x \begin{bmatrix} 1 & 1 & 1 & 1 \\ 1 & \mathrm{i} & -1 & -\mathrm{i} \\ 1 & -1 & 1 & -1 \\ 1 & -\mathrm{i} & -1 & \mathrm{i} \end{bmatrix} \tag{10-31}$$

其中，x 和 y 均为 4 维向量；DFT_4 表示变换矩阵；$\mathrm{i} = \sqrt{-1}$。将变换矩阵转化成公式语言的形式。基于公式语言表达，原变换矩阵可以用 $\mathrm{DFT}_4 = T_1(I_2 \otimes \mathrm{DFT}_2)T_2(I_2 \otimes \mathrm{DFT}_2)T_1$ 来表示 DFT_4，详情可参考文献 [74]。

3. BP 译码器中硬件单元的符号表示

BP 译码的因子图和 DFT 运算的蝶型图结构类似，因此能够基于公式语言来设计 BP 译码器。用 $\mathrm{BP}(N, M)$ 来表示并行 BP 译码器的设计公式，其中 N 和 M 分别表示码长和并行度，N 的取值为 2 的幂，M 的取值为 $2 \leqslant M \leqslant N$。类似于 DFT_4 的表达方式，$\mathrm{BP}(N, M)$ 同样由多个子矩阵组合而成，而且每个子矩阵可以用对应的公式符号来代替。图 10-34 给出了 $\mathrm{BP}(N, M)$ 中出现的公式符号，下面给出了这些公式符号的基本定义。

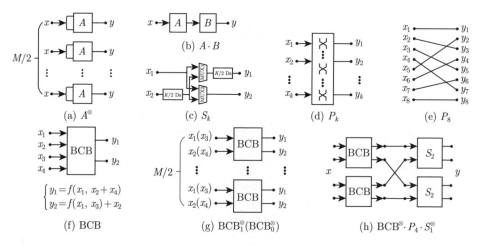

图 10-34　$\mathrm{BP}(N, M)$ 中的公式符号

（1）$A^{\otimes}$[图 10-34 (a)]：$A^{\otimes}$ 表示 $M/2$ 个垂直方向上的模块，其中这 $M/2$ 个模块相互独立。

（2）$A \cdot B$[图 10-34 (b)]：$A \cdot B$ 表示水平方向上两个连续的模块 A 和 B，其中 A 的输出和 B 的输入相关联。

（3）S_k[图 10-34 (c)]：S_k 表示包含 k 个延迟单元和两个二选一复用器的交换选择模块，用来保证半并行译码器中涉及的时序控制，其中 S_k 的左下和右上端分别包含 $k/2$ 个延迟单元。容易得知，$S_k^{\otimes}$ 表示一个独立的模块。图 10-35 给出了 $S_4\,(k=4)$ 的基本示例，其中 cnt 表示 $\log_2 k = 2$ 比特的计数器，ctr_1 和 ctr_2 信号分别用来控制 MUX1 和 MUX2。当计数器的最高比特位变成 1 时，in_1 和 d_2 被直接送至 out_2 和 d_3。当计数器的最高比特位变成 0 时，in_1 和 d_2 被直接送至 d_3 和 out_2。假定输入数据的流水线长度是 p，那么整个输入数据通过所消耗的时钟数为 $k/2 + p$。

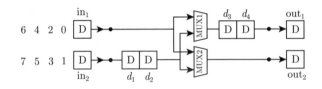

cc	cnt	ctr_1	ctr_2	in_1	d_3	d_4	out_1	in_2	d_1	d_2	out_2
1	00	0	1	0	—	—	—	1	—	—	—
2	01	0	1	2	0	—	—	3	1	—	—
3	10	0	1	4	2	0	—	5	3	1	—
4	11	1	0	6	1	2	0	7	5	3	4
5	00	1	0	—	3	1	2	—	7	5	6
6	01	0	1	—	—	3	1	—	—	7	5
7	10	0	1	—	—	—	3	—	—	—	7

图 10-35　S_4 的基本示例

（4）P_k & P_k^r[图 10-34 (d)]：P_k 表示 k 维数据排列模块，用来调整输入向量的顺序，同时 P_k^r 实现与 P_k 相反的排列功能。假定 $y = xP_k$，算法 10.2 描述了 P_k 的具体功能。图 10-34 (e) 展示了 8 维数据排列模块 P_8。

（5）$\text{BCB}^{\otimes}$[图 10-34 (f)]：根据图 10-34 (f)，BCB 包含四个输入和两个输出。在前向过程中，BCB 的输入端 x_1、x_2 和输出端 y_1、y_2 表示右信息，输入端 x_3、

x_4 表示左信息。在反向过程中，BCB 的输入端 x_1、x_2 和输出端 y_1、y_2 表示左信息，输入端 x_3、x_4 表示右信息。定义了两种符号：$\mathrm{BCB}_1^\otimes$ 和 $\mathrm{BCB}_0^\otimes$，其中 $\mathrm{BCB}_1^\otimes$ 和 $\mathrm{BCB}_0^\otimes$ 均表示 $M/2$ 个独立的 BCB 模块。为了对 $\mathrm{BP}(N,M)$ 中相邻子公式间的输入输出进行匹配，忽略掉 x_3、x_4，将 x_1、x_2 和 y_1、y_2 分别作为 $\mathrm{BCB}_1^\otimes$ 的输入端和输出端。同时忽略掉 x_1、x_2，将 x_3、x_4 和 y_1、y_2 分别作为 $\mathrm{BCB}_0^\otimes$ 的输入端和输出端。

算法 10.2 $\quad P_k$ 的具体功能

Input: $x_1^k \ (k=2^j, j \in N_+)$
1: **for** $(i=1; i<k; i=i+2)$ **do**
2: $\quad y_i = x_{(i+1)/2}$
3: $\quad y_{i+1} = x_{(i+k+1)/2}$
4: **end for**
Output: y_1^k

图 10-34 (h) 给出了上述公式符号的一个组合示例，即 $\mathrm{BCB}^\otimes \cdot P_4 \cdot S_2^\otimes$ 的基本表示，其中重复模块的个数为 2。

4. 并行 BP 译码器的公式表达

基于图 10-34 中 BP 译码器硬件单元和公式符号的对应关系，能够容易地得到 BP 译码器的设计公式。注意到一个完整的 BP 译码器涉及一些复杂的模块，包括译码判决模块和早停模块等。在确定 $\mathrm{BP}(N,M)$ 的表达式中，不大可能使用这些模块的公式符号去描述它们在公式中的对应关系，因此有必要去简化 $\mathrm{BP}(N,M)$。更准确地说，$\mathrm{BP}(N,M)$ 粗略地描述了并行的 BP 译码器。

通过分析 BP 译码器因子图的结构特性，确定了前向过程的设计公式 $\mathrm{BP}_{\mathrm{forward}}(N,M)$：

$$\mathrm{BP}_{\mathrm{forward}}(N,M) = \prod_{k=1}^{n-2}[W_k^\otimes \cdot \mathrm{BCB}_1^\otimes] \cdot W_{n-1}^\otimes \tag{10-32}$$

其中，模块 $W_k^\otimes$ 由算法 10.3 确定。

根据图 10-33 中前向过程和后向过程之间的联系，确定了后向过程的设计公式 $\mathrm{BP}_{\mathrm{backward}}(N,M)$：

$$\mathrm{BP}_{\mathrm{backward}}(N,M) = T_1^\otimes \cdot \prod_{k=1}^{n-2}[\mathrm{BCB}_1^\otimes \cdot T_{k+1}^\otimes] \tag{10-33}$$

算法 10.3 $W_k^\otimes$ 的确定方法

Input: N and M

1: **for** $(k = 1; k \leqslant n - 1; k = k + 1)$ **do**

2:     **if** $(N \geqslant 2^k M)$ **then**

3:         $W_k^\otimes = S_{N/(2^{k-1}M)}^\otimes$

4:     **else**

5:         $W_k^\otimes = P_M^\otimes = P_M$

6:     **end if**

7: **end for**

Output: $W_k^\otimes$

其中，模块 $T_k^\otimes$ 由算法 10.4 确定。

算法 10.4 $T_k^\otimes$ 的确定方法

Input: N and M

1: **for** $(k = 1; k \leqslant n - 1; k = k + 1)$ **do**

2:     **if** $(N \geqslant 2^{n-k} M)$ **then**

3:         $T_k^\otimes = S_{N/(2^{n-k-1}M)}^\otimes$

4:     **else**

5:         $T_k^\otimes = P_M^r$

6:     **end if**

7: **end for**

Output: $T_k^\otimes$

接着讨论 $\mathrm{BP}(N, M)$ 的确定方法，首先定义 $\mathrm{BP}_{\mathrm{forward}}(N, M)$ 和 $\mathrm{BP}_{\mathrm{backward}}(N, M)$ 的输出分别为右信息 R_n 和左信息 L_2。对于从右向左的信息更新，左信息 L_{n+1} 和右信息 R_n 分别被送至状态 n 处 BCB 的 x_1、x_2 和 x_3、x_4。因此，使用 $\mathrm{BCB}_0^\otimes$ 去连接 $\mathrm{BP}_{\mathrm{forward}}(N, M)$ 和 $\mathrm{BP}_{\mathrm{backward}}(N, M)$，同时状态 n 处 BCB 的输出 L_n 被考虑为 $\mathrm{BP}_{\mathrm{backward}}(N, M)$ 的输入。对于从左向右的信息更新，状态 1 处 BCB 的输出 R_2 被考虑为 $\mathrm{BP}_{\mathrm{forward}}(N, M)$ 的输入，考虑在公式 $\mathrm{BP}_{\mathrm{forward}}(N, M)$ 的前面添加 $\mathrm{BCB}_0^\otimes$。$\mathrm{BP}(N, M)$ 的最终表达式由式（10-34）给出：

$$\mathrm{BP}(N, M) = \mathrm{BCB}_0^\otimes \cdot \mathrm{BP}_{\mathrm{forward}}(N, M) \cdot \mathrm{BCB}_0^\otimes \cdot \mathrm{BP}_{\mathrm{backward}}(N, M)$$

$$= \mathrm{BCB}_0^{\otimes} \cdot \prod_{k=1}^{n-2} [W_k^{\otimes} \cdot \mathrm{BCB}_1^{\otimes}] \cdot W_{n-1}^{\otimes} \cdot \mathrm{BCB}_0^{\otimes} \cdot T_1^{\otimes} \cdot \prod_{k=1}^{n-2} [\mathrm{BCB}_1^{\otimes} \cdot T_{k+1}^{\otimes}]$$

$$(10\text{-}34)$$

接下来对 $\mathrm{BP}(N, M)$ 做一个基本的解释。对于 BP 译码而言，实际的信息更新是复杂的，后一次迭代依赖于前一次迭代得到的更新信息。$\mathrm{BP}(N, M)$ 可以被视作 BP 译码的直观形式，在每一次迭代过程中，信息从 $\mathrm{BP}(N, M)$ 的首端传递到尾端，直到最大迭代次数。图 10-36 描述了 $\mathrm{BP}(N, M)$ 的基本结构，其中第一行表示前向过程，第二行表示后向过程。模块 $A_1 \sim A_{n-1}$ 和 $B_1 \sim B_{n-1}$ 分别由算法 10.3 和算法 10.4 所确定，其中 $A_k = W_k^{\otimes}$ 且 $B_k = T_k^{\otimes}(1 \leqslant k \leqslant n-1)$。

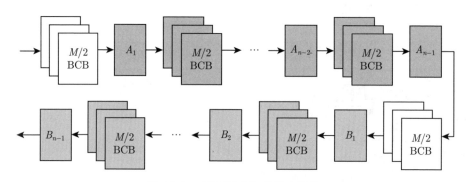

图 10-36　$\mathrm{BP}(N, M)$ 的基本结构

5. 并行 BP 译码器的低消耗硬件结构（类型-I）

$\mathrm{BP}(N, M)$ 中包含一些重复的模块，如 $\mathrm{BCB}^{\otimes}$、P_M 和 P_M^r，而且这些相邻模块之间的数据通路存在高度的规律性。这个性质意味着可以对重复的模块进行复用，即译码过程中的不同状态共享相同的模块，那么设计的资源消耗将会得到很大程度的减少。图 10-37 给出了水平复用结构示例，其中通过复用器和解复用器来完成对不同复用模块的选择。

在图 10-37 的基础上，文献 [68] 提出了 $\mathrm{BP}(N, M)$ 的低消耗实现结构（类型-I），如图 10-38 所示。类型-I 中的单点画线表示来自早停单元的控制信号，虚线表示来自控制逻辑的信号，双点画线表示关键路径。

在类型-I 中，设定 BCB 的数目为 $M/2$，用于处理 M 个并行的信息。根据算法 10.3 和算法 10.4，使用 J 来表示 $S_k^{\otimes}$、P_M 和 P_M^r 类型个数，其中 J 由式（10-35）确定：

$$J = \log_2 N/M + 2 \tag{10-35}$$

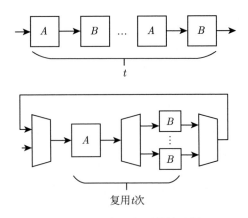

图 10-37 水平复用结构示例

版权来源：© [2021] IEEE. Reprinted, with permission, from Ref. [68]

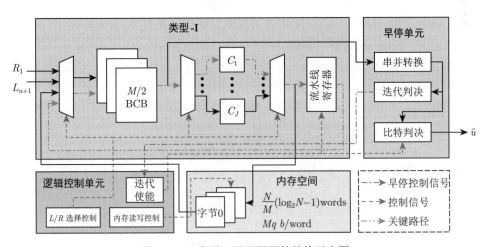

图 10-38 类型-I 译码器硬件结构示意图

版权来源：© [2021] IEEE. Reprinted, with permission, from Ref. [68]

使用符号 $C_1 \sim C_J$ 来表示前向和反向过程中被复用的模块，其中 $C_1 \sim C_J$ 由式（10-36）确定：

$$C_i = \begin{cases} S_{N/(2^{i-1}M)}^{\otimes}, & 1 \leqslant i \leqslant J-2 \\ P_M, & i = J-1 \\ P_M^r, & i = J \end{cases} \tag{10-36}$$

流水线寄存器（pipeline registers）模块包含 N/M 组存储单元，每组单元用于负责存储 M 个信息。BP 译码需要更新不同状态的信息，当前一个状态的信息完全进入流水线寄存器模块后，后一个状态的信息更新才开始进行，这种机制有利于避免译码过程中的时序冲突。

在 BP 译码过程中，需要存储 $\log_2 N - 1$ 个状态的消息，每个状态包含 $N/2$ 对左信息和右信息。同时从左向右和从右向左的更新使用了相同的信息，意味着这两种过程可以共享一个存储器。因此，使用共享存储器（shared memory）模块来存储两种过程中的更新信息。共享存储器模块的存储大小 $\#_{\mathrm{mem_I}}$ 可由式（10-37）计算得到：

$$\#_{\mathrm{mem_I}} = q \times N(\log_2 N - 1)/1024 \ (\mathrm{Kbit}) \tag{10-37}$$

其中，q 为每个信息的量化位宽。

对于早停单元（termination unit）模块，通过判断两个连续迭代过程的左信息 L_2 是否改变来决定是否进行早停，这种策略被定义为符号辅助的 LLR（LSA）早停策略。通过调整 BCB 的结构，考虑了支持 MS 和 SMS 译码算法的类型-I 译码器。同时，整个类型-I 的时序部分由控制逻辑模块来完成。

根据图 10-38 可知，不同码长 N 和并行度 M 下的译码器关键路径是近似相等的。基于文献 [75] 提出的迭代级的重叠技术，确定了类型-I 结构的译码延迟（用消耗时钟数表示），其中早停判断消耗一个时钟，硬判决消耗一个时钟，判决状态消耗 N/M 个时钟，迭代译码过程消耗 $2N(\log_2 N - 1)/M$ 个时钟。假定平均迭代次数为 $\mathrm{iter_I}$，整个译码延迟 $\#_{\mathrm{latency_I}}$ 可由式（10-38）表示：

$$\begin{aligned}\#_{\mathrm{latency_I}} &= 2N(\log_2 N - 1) \times \mathrm{iter_I}/M + N/M + 2 \\ &= [2(\log_2 N - 1) \times \mathrm{iter_I} + 1] \times N/M + 2\end{aligned} \tag{10-38}$$

令 $N = 1024$ 和 $M = 1024$，可知基于类型-I 结构的全并行 BP 译码器的译码延迟为 $18\mathrm{iter_I} + 3$。

6. 并行 BP 译码器的高吞吐硬件结构（类型-II）

类型-I 结构有着较低的面积消耗，然而由于需要依次进行从左向右和从右向左的信息更新，整个译码的延迟较长。不同于传统的信息更新机制，文献 [73] 提出了一种从左向右和从右向左信息更新同时进行的译码机制。在这种译码机制下，状态 i 和 $n+1-i$ 同时进行信息更新，这种硬件结构可通过部分硬件消耗减少大约一半的译码延迟。基于这种译码机制，文献 [73] 提出了 $\mathrm{BP}(N, M)$ 的高吞吐实现结构（类型-II），如图 10-39 所示。加粗实线表示来自早停单元的控制信号，虚线表示来自控制逻辑的信号，单点画线和双点画线分别表示上下两组 BCB 译码单元的关键路径。

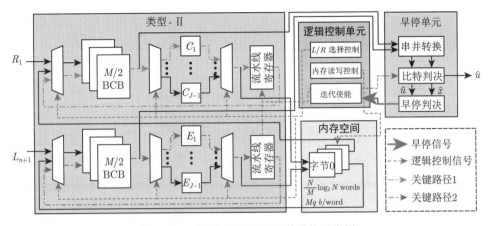

图 10-39 类型-Ⅱ译码器硬件结构示意图

版权来源：© [2021] IEEE. Reprinted, with permission, from Ref. [68]

根据图 10-39 可知，M 个 BCB 被均匀分成了上下两组单元，其中上面一组的 $M/2$ 个 BCB 用来负责进行从左向右的信息更新，下面一组的 $M/2$ 个 BCB 用来负责进行从右向左的信息更新。流水线寄存器模块、$C_1 \sim C_{J-1}$ 和图 10-38 中对应的模块保持一致，$E_1 \sim E_{J-1}$ 不同于 $C_1 \sim C_{J-1}$，其中 $E_1 \sim E_{J-1}$ 由式（10-39）确定：

$$E_i = \begin{cases} S_{N/(2^{J-2-iM})}^{\otimes}, & 1 \leqslant i \leqslant J-2 \\ P_M^r, & i = J-1 \end{cases} \tag{10-39}$$

在新的译码机制下，需要存储 $\log_2 N$ 个状态的消息，共享存储器模块的存储大小 $\#_{\text{mem}\,\text{Ⅱ}}$ 由式（10-40）确定：

$$\#_{\text{mem}\,\text{Ⅱ}} = q \times N \log_2 N / 1024 \ (\text{Kbit}) \tag{10-40}$$

对于早停单元模块，采用了文献 [5] 中提出的基于生成矩阵的早停策略。同样地，类型-Ⅱ结构支持 MS 和 SMS 译码算法，整个类型-Ⅱ的时序部分由控制逻辑模块来完成。

根据图 10-39 可知，上下两组的关键路径是相等的。采用和类型-Ⅰ相同的迭代级重叠技术，确定了类型-Ⅱ结构的译码延迟 (用消耗时钟数表示)，其中早停判断消耗一个时钟，硬判决消耗一个时钟，迭代译码过程消耗 $\log_2 N$ 个时钟。假定平均迭代次数为 iter Ⅱ，整个译码延迟 $\#_{\text{latency}\,\text{Ⅱ}}$ 可由式（10-41）表示：

$$\#_{\text{latency}\,\text{Ⅱ}} = N \log_2 N \times \text{iter}\,\text{Ⅱ} / M + 2 \tag{10-41}$$

令 $N = 1024$ 和 $M = 1024$，可知基于类型-II 结构的全并行 BP 译码器的译码延迟为 $10\text{iter}_{\text{II}} + 2$。

7. 类型-I 和类型-II 间的比较

类型-I 和类型-II 都是基于设计公式 $\text{BP}(N, M)$ 的硬件实现，但是又存在着以下不同：类型-I 通过复用模块实现了较小的面积消耗，而类型-II 通过调整译码机制实现了较大的译码吞吐。假定一个寄存器单元可以存储一个信息 (每个信息包含 q 个比特)，考虑将类型-I 和类型-II 中模块 S_k、流水线寄存器模块和共享存储器模块的寄存器消耗，分别用 $\#_{\text{D}_\text{I}}$ 和 $\#_{\text{D}_\text{II}}$ 表示，同时两种结构的 BCB 和寄存器的消耗数目以及译码延迟分别由式（10-42）和式（10-43）确定：

$$
\begin{cases}
\#_{\text{BCB}_\text{I}} = M/2 \\
\#_{\text{D}_\text{I}} = \sum \#_{\text{D}_{S_k^{\otimes}}} + \#_{\text{D}_{\text{pipeline registers}}} + \#_{\text{D}_{\text{shared memory}}} \\
\qquad = \sum_{i=1}^{\log_2 N/M} \left(\frac{M}{2} \times \frac{N}{2^{i-1}M} \right) + M \cdot \frac{N}{M} + M \cdot \frac{N}{M}(\log_2 N - 1) \\
\qquad = N(\log_2 N + 1) - M \\
\#_{\text{latency}_\text{I}} = [2(\log_2 N - 1) \times \text{iter}_\text{I} + 1] \times \frac{N}{M} + 2
\end{cases}
\tag{10-42}
$$

$$
\begin{cases}
\#_{\text{BCB}_\text{II}} = M \\
\#_{\text{D}_\text{II}} = \sum \#_{\text{D}_{S_k^{\otimes}}} + 2\#_{\text{D}_{\text{pipeline registers}}} + \#_{\text{D}_{\text{shared memory}}} \\
\qquad = \sum_{i=1}^{\log_2 N/M} \left(\frac{M}{2} \cdot \frac{N}{2^{i-1}M} + \frac{M}{2} \cdot \frac{N}{2^{\log_2 \frac{N}{M} - i}M} \right) + 2M \cdot \frac{N}{M} + M \cdot \frac{N}{M} \log_2 N \\
\qquad = N(\log_2 N + 4) - 2M \\
\#_{\text{latency}_\text{II}} = N \log_2 N \times \text{iter}_\text{II}/M + 2
\end{cases}
$$

$$
\tag{10-43}
$$

8. 自动生成编译器：从公式到硬件

对于不同码长 N 和并行度 M 的情况，人为地生成对应译码器的 Verilog 硬件描述是相当烦琐的，因此有必要考虑将设计公式 $\text{BP}(N, M)$ 自动转化成 ASIC 实现。基于此目的，文献 [68] 实现了一个基于 Python 的自动生成编译器，该编译器包含四个输入参数，分别是 mode1、mode2、N 和 M。参数 mode1 用来选择译码器结构（类型-I 还是类型-II）。参数 mode2 用来选择译码算法（MS 还是 SMS）。参数 N 和 M 用来确定对应码长和并行度下的译码器设计。$\text{BP}(N, M)$ 包括 $\text{BCB}^{\otimes}$、$S_k^{\otimes}$、P_M 和 P_M^r 四种不同类型的模块，同时不同 N 和 M 下的译码器结构有着高度相似性，因此可以提前设计一些通用的模块，方便编译器随时进行调用。基于自动生成编译器，实现类型-Ⅰ和类型-Ⅱ结构的具体过程如下。

（1）生成模块 BCB、S_k、P_M 和 P_M^r 的 Verilog 硬件描述，并存储在编译器中。

（2）循环调用 $M/2$ 次 BCB 和 S_k，用以例化 $\text{BCB}^{\otimes}$ 和 $S_k^{\otimes}$。

（3）在编译器中封装复用器 (MUX)、解复用器 (DEMUX)、流水线寄存器、共享存储器、早停单元和控制逻辑模块，提供访问接口。

（4）基于图 10-38 和图 10-39，完成模块间的互连，保证完整的译码功能。

（5）在编译器中集成所有的模块设计，同时提供参数访问接口，用以生成不同的译码器。

在完成上述五个步骤后，编译器的输出结果是在 ASIC 中可综合的 Verilog 硬件描述。根据用户的特定需求，通过调整参数 mode1、mode2、N 和 M，能够方便地确定不同设计的硬件描述代码，提高了硬件开发效率。

基于硬件设计语言和 BP 译码器的结构，能够确定译码器的设计公式 BP(N, M)。BP(N, M) 辅助去自动生成不同 N 和 M 的译码器，当 N 和 M 同时改变时，不同译码器的设计大概有 $\log_2 N$ 种。基于自动生成编译器和电子设计自动化（EDA）工具，能够得到不同设计的硬件综合结果，如面积、功耗和吞吐率。在得到的 $\log_2 N$ 种设计中，每一个设计都有着不同的硬件综合结果，例如，有些设计提供了更高的吞吐率然而消耗了更大的面积，反之亦然。图 10-40 描述了整个 BP 译码器的自动生成系统。

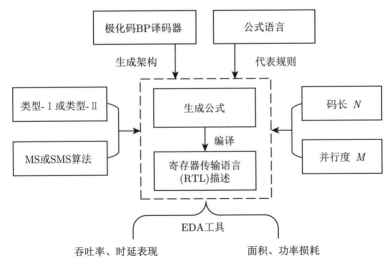

图 10-40　BP 译码器的自动生成系统

版权来源：© [2021] IEEE. Reprinted, with permission, from Ref. [68]

9. ASIC 综合结果和比较

对不同设计进行比较之前，考虑对性能指标包括吞吐率、能量效率、面积效率、硬件效率进行一些基本的定义。假定译码器的最大运行频率是 f_{clk}，平均译码延迟为 latency，信息比特数为 K，通常以完全译出 K 个信息比特来评估吞吐率，则译码的信息吞吐率可表示为

$$信息吞吐率 = \frac{信息比特数 \times 最大运行频率}{平均译码延迟}$$

假定译码器的功耗为 power，通常以每比特所消耗的能量来评估能量效率，则能量效率可表示为

$$能量效率 = \frac{功耗}{信息吞吐率}$$

假定译码器的面积为 area，通常以单位面积能提供的吞吐率来评估面积效率，则面积效率可定义为

$$面积效率 = \frac{信息吞吐率}{面积}$$

假定译码器所消耗的等价逻辑门数目为 Gate count，通常以单位逻辑门所能提供的吞吐率来评估硬件效率，则硬件效率可定义为

$$硬件效率 = \frac{信息吞吐率}{等价逻辑门数目}$$

首先，讨论基于类型-I 和类型-II结构的 BP 译码器与目前最优 SC 译码器的比较。与基于 MS 算法的 SC 译码器相比，基于 MS 算法的 BP 译码器译码性能有衰落，然而基于 SMS 算法的 BP 译码器实现了近似的译码性能，因此在比较的过程中考虑支持 SMS 算法的类型-I 和类型-II结构。表 10-4 比较了基于 SMS 算法的类型-I 和类型-II译码器和基于 MS 算法的 SC 译码器，所有的综合结果被归一化至 65 nm 工艺。根据表 10-4 可知，类型-I 和类型-II结构的吞吐率分别比文献 [76] 的 SC 译码器高 4.9 倍和 8.7 倍。同时，类型-I 和类型-II结构分别实现了第三高（2.1 Mbit/(s·KGE)）和第一高 (2.6 Mbit/(s·KGE)) 的硬件效率。因此就吞吐率和硬件效率而言，类型-I 和类型-II译码器和目前最优的 SC 译码器相比有着足够的竞争力。

然后，讨论基于类型-I 和类型-II结构的 BP 译码器与目前最优 BP 译码器的比较。目前最优的 BP 译码器 [5,72,73,78] 都是全并行的设计，文献 [5] 和 [78] 的设

表 10-4　基于 SMS 算法的类型-I 和类型-II 译码器与基于 MS 算法的 SC 译码器间的比较

译码器	类型-I[a]	类型-II[a]	TCAS-II[76]	TCAS-II[77]
译码器类型	BP	BP	SC	SC
译码算法	SMS	SMS	MS	MS
工艺/nm	65	65	180	180
等价逻辑门数目/KGE[b]	1000	1299	256.34	295.44
最大运行频率/MHz[c]	364	364	377	446.7
吞吐率/(Mbit/s)	2004	3388	126	149
归一化至 65 nm				
吞吐率/(Mbit/s)	2044	**3388**	349	413
硬件效率/[Mbit/(s·KGE)]	2.1	**2.6**	1.36	1.4

注: a. $N = 1024$, $M = 1024$; b. 基于二输入与非门进行评估; c. 基于 1.0 V 电压进行评估。

计采用的是 SMS 译码算法, 而文献 [72] 和 [73] 的设计采用的是 MS 译码算法。因此为了对这些设计进行一个公平的比较, 考虑基于类型-I 和类型-II 结构的全并行设计, 即 $N = 1024$ 且 $M = 1024$。表 10-5 比较了基于类型-I 和类型-II 结构的 BP 译码器和目前最优 BP 译码器, 所有的性能指标被归一化至 65nm 工艺和 1.0V 电压。同时对于基于 MS 和 SMS 算法的 BP 译码器, 最好的归一化结果被加粗表示。

考虑表 10-5 中基于 SMS 译码算法的 BP 译码器, 能够发现基于类型-I 和类型-II 结构的设计有着较小的平均迭代次数, 然而两种设计分别提供了最低的和第二低的吞吐率。由于采用了四路双向译码策略, 文献 [78] 的设计实现了最高的吞吐率 (4.83 Gbit/s)。同时在所有基于 SMS 译码算法的设计中, 类型-II 实现了最高的能量效率 (12.3% 到 72% 的提高) 和面积效率 (19.2% 到 47.4% 的提高)。

考虑表 10-5 中基于 MS 译码算法的 BP 译码器, 由于采用了单列译码结构, 能够发现基于类型-I 结构的设计消耗了最小的面积。同时, 基于类型-II 结构的设计提供了最高的吞吐率 (2.783 Gbit/s)、能量效率 (173.7 pJ/b) 和面积效率 (1.87 Gbit/(s · mm^2))。图 10-41 给出了基于类型-I 和类型-II 结构的全并行 MS 译码器的版图, 两种设计的利用率分别为 75% 和 80%。

10. 设计空间探索

本小节通过调用自动生成编译器将 BP 译码器设计公式转化成可综合的 Verilog 硬件描述, 得到类型-I 和类型-II 结构的不同码长和并行度下的设计。同时, 给出包含不同译码器性能和消耗的设计空间, 在此基础上介绍如何去探索设计空间并在给定设计约束下发现最优解。

表 10-5　基于类型-I 和类型-II结构的 BP 译码器和目前最优 BP 译码器间的比较

译码器	类型-I[a]	类型-II[a]	TSP[5]	TVLSI[78]	类型-I[a]	类型-II[a]	PhD Thesis[72]	TCAS-I[73]
译码算法	SMS	SMS	SMS	SMS	MS	MS	MS	MS
量化策略	7 比特	7 比特	7 比特	7 比特	5 比特	5 比特	5 比特	5 比特
工艺/nm	65	65	45	45	65	65	65	40[b]
电压/V	1.0	1.0	1.1	1.0	1.0	1.0	1.0	0.9
面积/mm²	1.44	1.87	1.56[c]	1.92	1.145	1.488	1.476	0.704
功耗/mW	307.4	392.4	2002	806.2	367.2	483.4	477.5	422.7
最大运行频率/MHz	364	364	500	515	350	350	300	500
平均迭代次数	5.81[d]	6.75[d]	23[d]	7.57[d]	5.63[e]	6.24[e]	6.57[e]	7.48[e]
吞吐率/(Gbit/s)	1.73	2.68	4.57	6.97	1.717	2.783	2.338	3.803
归一化至 65 nm，1.0 V								
面积/mm²	**1.44**	1.87	3.255	4.006	**1.145**	1.488	1.476	1.469
吞吐率/(Gbit/s)	1.73	2.68	3.16	**4.83**	1.717	**2.783**	2.338	2.633
能量效率/(pJ/b)	177.69	**146.42**	523.59	166.92	213.9	**173.7**	204.2	198.2
面积效率/[Gbit/(s·mm²)]	1.2	**1.43**	0.97	1.21	1.5	**1.87**	1.584	1.793

注：a. $N = 1024$, $M = 1024$；　b. 实际工艺为 45 nm；　c. 基于二输入与非门进行评估；
　　d. 基于 3.5 dB 进行评估；　e. 基于 4.0 dB 进行评估。

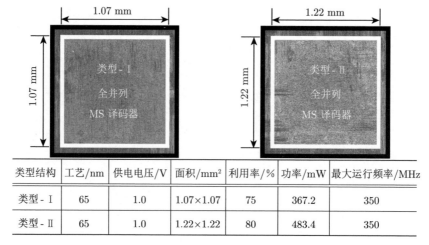

类型结构	工艺/nm	供电电压/V	面积/mm²	利用率/%	功率/mW	最大运行频率/MHz
类型 - I	65	1.0	1.07×1.07	75	367.2	350
类型 - II	65	1.0	1.22×1.22	80	483.4	350

图 10-41　基于类型-I 和类型-II结构的全并行 MS 译码器的版图

在接下来的讨论中，使用 $\text{BPD}_\text{I}(N,K)$ 和 $\text{BPD}_\text{II}(N,K)$ 来表示码长为 N 和信息位为 K 下 (码率 $R = K/N$) 的基于类型-I 和类型-II 结构的 BP 译码器。根据前面的分析可知，给定码长 N，并行度 M 的取值范围为 $2 \leqslant M \leqslant N$。然而当 M 的取值太小时，对应译码器的面积和功耗变化不大，吞吐率却成倍减少，因此需要考虑设计合理的并行度 M。考虑码长 $N = \{256, 1024\}$ 的情况，当 $N = 256$ 时，M 的合理取值范围为 $16 \leqslant M \leqslant 256$。当 $N = 1024$ 时，M 的合理取值范围为 $64 \leqslant M \leqslant 1024$。所有的 BP 译码器是基于 5 比特量化策略的 MS 译码算法，同时基于 $E_\text{b}/N_0 = 4.0$ dB 对所有译码器的吞吐率进行了计算，并基于 CMOS 65 nm 工艺库对所有设计进行综合仿真。

11. 基于吞吐率和面积的设计空间探索

本节对基于吞吐率和面积的设计空间进行探索。图 10-42(a) 给出了码长 $N = \{256, 1024\}$ 和码率 $R = 1/2$ 的译码器的吞吐率和面积，其中蓝色圆圈和三角形表示 $\text{BPD}_\text{I}(256, 128)$ 和 $\text{BPD}_\text{I}(1024, 512)$，红色虚线表示帕累托最优边界。同时，用对应的 M 标记了帕累托最优边界上面的点。根据图 10-42(a) 可知，靠近左上方的点表明设计是更小的和更快的，而靠近右下方的点表明设计是更大的和更慢的。在帕累托最优边界上，最快的设计是 $M = 1024$ 的 $\text{BPD}_\text{II}(1024, 512)$，最慢的设计是 $M = 16$ 的 $\text{BPD}_\text{I}(256, 128)$，其中前者的吞吐率比后者的吞吐率高 56 倍，同时前者的面积只比后者高 9 倍。右下方的点实现了吞吐率和面积间较差的折中，因此和帕累托最优设计相比不太具有竞争力。基于帕累托最优边界，能够确定在给定设计约束下的最优设计。举个例子，假定设计约束是要求译码器提供大于 2000 Mbit/s 的吞吐率，同时占据少于 1 mm² 的面积，那么位于帕累托最优

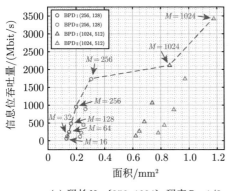

(a) 码长 $N = \{256, 1024\}$，码率 $R = 1/2$

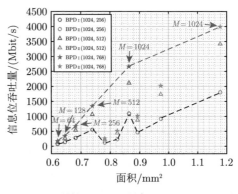

(b) 码长 $N = 1024$，码率 $R = \{1/4, 1/2, 3/4\}$

图 10-42 $\text{BPD}_\text{I}(N,K)$ 和 $\text{BPD}_\text{II}(N,K)$ 的信息吞吐率和面积比较（见彩图）

边界上的 $M = 1024$ 的 $\mathrm{BPD_I}(1024, 512)$ 便符合设计要求。

图 10-42(b) 给出了码长 $N = 1024$ 和码率 $R = \{1/4, 1/2, 3/4\}$ 下的译码器的吞吐率和面积,其中蓝色圆圈、三角形和五角星表示 $\mathrm{BPD_I}(1024, 256)$、$\mathrm{BPD_I}(1024, 512)$ 和 $\mathrm{BPD_I}(1024, 768)$,而绿色圆圈、三角形和五角星表示 $\mathrm{BPD_{II}}(1024, 256)$、$\mathrm{BPD_I}(1024, 512)$ 和 $\mathrm{BPD_{II}}(1024, 768)$。同样地,红色虚线表示帕累托最优边界。根据图 10-42(b) 可知,帕累托最优边界上最慢的设计是 $M = 64$ 的 $\mathrm{BPD_I}(1024, 256)$,最快的设计是 $M = 1024$ 的 $\mathrm{BPD_{II}}(1024, 768)$,其中和后者相比,前者节省了 47.3% 的面积消耗,但是后者提供了比前者高 24 倍的吞吐率。用黑色虚线表示最差解边界,其中黑色虚线连接了所有码率 $R = 1/4$ 下的设计,意味着这些点是最差的设计。不同于帕累托最优边界的线性趋势,由于 $M = \{64, 128, 256, 512\}$ 的 $\mathrm{BPD_{II}}(1024, 256)$ 实现了最差的性能折中,最差解边界经历了两次轻微的波动。

12. 基于吞吐率和功耗的设计空间探索

本节对基于吞吐率和功耗的设计空间进行探索。图 10-43(a) 给出了码长 $N = \{256, 1024\}$ 和码率 $R = 1/2$ 的译码器的吞吐率和功耗,其中绿色圆圈和三角形表示 $\mathrm{BPD_I}(258, 126)$ 和 $\mathrm{BPD_I}(1024, 512)$,红色虚线表示帕累托最优边界。由图 10-43(a) 可知,帕累托最优边界和图 10-42(a) 有着相同的趋势。与码长 $N = 256$ 下的最快设计相比,码长 $N = 1024$ 下的最快设计提供了 2 倍的吞吐率,而只消耗了 4 倍的功耗。同样地,最优设计位于帕累托最优边界上,能够根据给定约束确定对应的最优设计。举个例子,假定约束是要求译码器提供大于 1000 Mbit/s 的吞吐率,同时消耗少于 100 mW 的功耗,那么位于帕累托最优边界上的 $M = 256$ 的 $\mathrm{BPD_{II}}(256, 128)$ 便被选择为可行的设计。

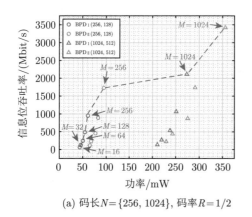

(a) 码长 $N = \{256, 1024\}$,码率 $R = 1/2$

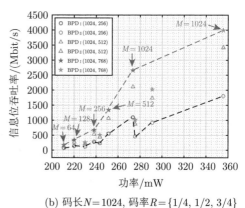

(b) 码长 $N = 1024$,码率 $R = \{1/4, 1/2, 3/4\}$

图 10-43　$\mathrm{BPD_I}(N, K)$ 和 $\mathrm{BPD_{II}}(N, K)$ 的信息吞吐率和功耗比较（见彩图）

图 10-43(b) 给出了码长 $N = 1024$ 和码率 $R = \{1/4, 1/2, 3/4\}$ 下的译码器的吞吐率和功耗,其中蓝色圆圈、三角形和五角星表示 $\mathrm{BPD_I}(1024, 256)$、$\mathrm{BPD_I}(1024, 512)$ 和 $\mathrm{BPD_I}(1024, 768)$,而绿色圆圈、三角形和五角星表示 $\mathrm{BPD_{II}}(1024, 256)$、$\mathrm{BPD_{II}}(1024, 512)$ 和 $\mathrm{BPD_{II}}(1024, 768)$。同样地,红色虚线表示帕累托最优边界。根据图 10-43(b) 可知,黑色虚线表示最差解边界,其中黑色虚线连接了所有码率 $R = 1/4$ 下的设计。和最差解集合上最慢的设计相比,帕累托最优边界上最快的设计提供了 57 倍的吞吐率,而只消耗了 1.7 倍的功耗。由于 $M = 64$ 的 $\mathrm{BPD_{II}}(1024, 256)$ 和 $M = 128$ 的 $\mathrm{BPD_I}(1024, 256)$ 之间的吞吐率差距,图 10-43(b) 的最差解边界经历了比图 10-42(b) 多一次的波动。

13. 基于面积和功耗的设计空间探索

本节对基于面积和功耗的设计空间进行探索。由于给定码长下的类型-I 和类型-II译码器有着相同的面积和功耗,考虑码长的取值为 $N = \{256, 1024\}$ 且码率的取值为 $R = 1/2$。同时,给出功耗密度的基本定义:

$$功耗密度 = \frac{功耗}{面积}$$

图 10-44(a) 比较了 $\mathrm{BPD_I}(256, 128)$ 和 $\mathrm{BPD_{II}}(256, 128)$ 的功耗密度。根据图 10-44(a) 可知,当并行度 M 增加时,$\mathrm{BPD_I}(256, 128)$ 和 $\mathrm{BPD_{II}}(256, 128)$ 的功耗密度变化是不规律的。对于所有的类型-I 和类型-II译码器,$M = 64$ 的设计都提供了最差的功耗密度,而 $M = 256$ 的 $\mathrm{BPD_I}(256, 128)$ 和 $M = 16$ 的 $\mathrm{BPD_{II}}(256, 128)$ 分别实现了对应结构下的最好功耗密度。对于给定的译码器结构 (类型-I 或者类型-II),每个设计有着相同的存储空间和流水线寄存器消耗,其中寄存器是影响面积和功耗的主要原因,因此每个设计的面积和功耗来自 S_k 和 BCB 的贡献。随着并行度 M 变大,BCB 的消耗加倍,而 S_k 的消耗是不确定的。举个例子,$M = 64$ 的 $\mathrm{BPD_I}(256, 128)$ 有 32 个 BCB、32 个 S_4 和 32 个 S_2,而 $M = 128$ 的 $\mathrm{BPD_I}(256, 128)$ 有 64 个 BCB 和 64 个 S_2。S_k 和 BCB 的共同作用导致了类型-I 和类型-II译码器功耗密度的非线性趋势。

图 10-44(b) 比较了 $\mathrm{BPD_I}(1024, 512)$ 和 $\mathrm{BPD_{II}}(1024, 512)$ 的功耗密度。和图 10-44(a) 类似,图 10-44(b) 中功耗密度的不规律性同样来源于 S_k 和 BCB 的影响。由图 10-44(b) 可知,对于类型-I 和类型-II译码器而言,$M = 1024$ 的 $\mathrm{BPD_I}(1024, 512)$ 和 $M = 64$ 的 $\mathrm{BPD_{II}}(1024, 512)$ 分别实现了最低的功耗密度。

将基于吞吐率和面积的设计空间与基于吞吐率和功率的设计空间进行联合探索,可以在面积效率、能量效率和功率密度等设计指标之间取得良好的平衡。给定完整的设计空间和定制的需求,设计者可以轻松地探索所有解决方案并选择在性能上可以匹配目前最优工作的可行设计。

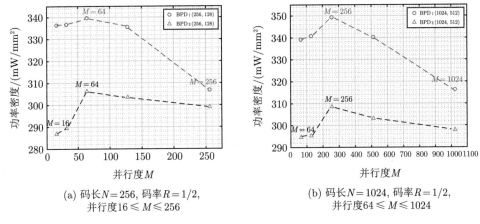

(a) 码长 $N=256$, 码率 $R=1/2$,　　　　(b) 码长 $N=1024$, 码率 $R=1/2$,
　　并行度 $16 \leqslant M \leqslant 256$　　　　　　　　并行度 $64 \leqslant M \leqslant 1024$

图 10-44　$\mathrm{BPD_I}(N,K)$ 和 $\mathrm{BPD_{II}}(N,K)$ 的功耗密度
版权来源: © [2021] IEEE. Reprinted, with permission, from Ref. [68]

10.4　极化码 SD 算法与优化

当极化码码长有限时, 传统的 SC 和 BP 译码远无法达到 ML 译码的纠错性能。即便考虑 CA-SCL 译码算法, 也必须考虑保留大量候选路径, 才能获得逼近 ML 译码的纠错性能。因此, 部分最新的研究工作不再考虑提升 SC 或 BP 系列译码的性能, 转而考虑通过降低 ML 译码的复杂度, 即直接基于编码比特的 LLR 进行译码, 来获得译码性能和实现性能的平衡。其中, 球形译码 (sphere decoding, SD) 就是典型的代表。最新的文献表明, 考虑 5G 场景中 CRC 级联的短码极化码, SD 可以达到优于 SCL 的性能 [79], 当采用高斯消去优化校验比特位置时, 级联 CRC 码的 SD 可以获得更高的性能增益。

SD 在 MIMO 检测中得到了较好的应用。近期, 研究者开始考虑其在极化码译码领域的应用。本节将介绍如何用 SD 译码来处理极化码译码的问题, 主要分为三部分: SD 算法、LSD (list SD) 算法和基于同步确定策略的 SD 算法。

10.4.1　SD 算法

对于控制信道里可能出现的短码情况, 球形译码是一种可以达到 ML 译码性能的译码算法 [80], 但复杂度呈立方级。SD 以欧氏距离为度量, 在短码长下获得了相比于其他方案更低的空间复杂度。一种修正的球形译码 (modified sphere decoding, MSD) 曾被提出用于降低计算复杂度, MSD 将搜索半径先设成最小值, 然后在后续的每一次搜索中, 逐步以一个参数 α 增大搜索半径。

假设全 1 向量定义为 **1**。在接收端接收到的带噪声的被调制的码字是

$$\bar{\boldsymbol{y}} = (\boldsymbol{1} - \boldsymbol{y}_1^N)/2 \tag{10-44}$$

用 $\mathcal{U}$ 表示所有可能的信息序列 u_1^N 组成的集合。那么 SD 要解决的问题正是以下的一个 ML 译码问题：

$$\hat{\boldsymbol{u}}_1^N = \arg\min_{\boldsymbol{u}_1^N \in \mathcal{U}} \left\| \bar{\boldsymbol{y}} - \boldsymbol{u}_1^N \boldsymbol{G}_N \right\|^2 \tag{10-45}$$

SD 通过枚举所有可能的译码序列去解式（10-45）。因为 $\boldsymbol{G}_N$ 是一个下三角矩阵（这里不考虑比特翻转过程），SD 从第 N 位到第 1 位进行深度优先搜索来寻找一个最优的译码序列 u_1^N，这个最优的译码序列 u_1^N 距离接收到的向量 $\bar{\boldsymbol{y}}$ 拥有最小的欧氏距离。定义第 i 位比特的欧氏距离为 D_i：

$$D_i \stackrel{\text{def}}{=} (\bar{y}_i - \bigoplus_{j=i}^{N} (g_{(j,i)} u_j))^2 \tag{10-46}$$

那么，有

$$\left\| \bar{\boldsymbol{y}} - \boldsymbol{u}_1^N \boldsymbol{G}_N \right\|^2 = \sum_{i=1}^{N} D_i = \sum_{i=1}^{N} (\bar{y}_i - \bigoplus_{j=i}^{N} (g_{(j,i)} u_j))^2 \tag{10-47}$$

定义 r_0 为译码半径，在译码开始前被初始化为无穷大。从第 N 个译码层数开始，SD 寻找一个 u_N 去满足

$$D_N \leqslant r_0^2 \tag{10-48}$$

SD 接下来继续在更低的译码层数 $l = N - 1, \cdots, 1$ 连续寻找一个 u_l 满足

$$\sum_{i=l}^{N} D_i \leqslant r_0^2 \tag{10-49}$$

在当前译码层数为 1 的时候，第一条完整的、可能是正确路径的译码序列就找到了。SD 记录下它的总 ED，并用这个值去刷新当前的译码半径（刷新的含义是：若这个值比 r_0 小，则让 r_0 等于这个值，下文同）。接下来，SD 会进行深度优先搜索中的回溯过程，再倒回之前每一层的译码层数进行取值为 0 或者 1 的枚举，并用最新的 r_0 去进行限制。直到所有可能的译码路径都被枚举完了之后，SD 将拥有最小 ED 的译码序列作为输出。

一种基于状态剪枝的高效 SD 可以降低时间复杂度[81,82]。由于 $\bigoplus_{k=i}^{N} (g_{(k,i)} u_k)$ 的结果集是 $\{0,1\}$，为了加速译码进程，SD 对于所有的 i 和 t（$1 \leqslant i \leqslant N$，$t \in \{0,1\}$）预计算了 $q_{(t,i)}$：

$$q_{(t,i)} \stackrel{\text{def}}{=} (\bar{y}_i - t)^2 \tag{10-50}$$

定义 $p_{(t,i)}$ 为

$$p_{(t,i)} = q_{(t,i)} - \min(q_{(0,i)}, q_{(1,i)}) \tag{10-51}$$

那么每个 D_i 的取值可以等效地用 $p_{(t,i)}$ 来表示。使 UB_i 表示从 $p_{(t,1)}$ 到 $p_{(t,i)}$ 的累加的上限，即

$$\mathrm{UB}_i = \sum_{j=1}^{i} \max(p_{(0,i)}, p_{(1,i)}) \tag{10-52}$$

并且令 $\mathrm{UB}_0 = 0$。

关于 SD 的另一个最先进的算法是 MSD [83]。MSD 是允许多次搜索的方法，一开始 MSD 将搜索半径设置为最小值 0，并进行第一次搜索。如果 MSD 没有找到一个输出，那么搜索半径将会以一个参数 α 为步长增加并进行下一次搜索，以此循环，直到输出被找到。在较高的信噪比区域，MSD 在这些 SD 版本中拥有最低的复杂度。

但是，以上的 SD 算法和 MSD 算法都忽略了：冻结位的欧氏距离可以在更早的译码层数被确定。后续章节将介绍极化码 SD 算法的优化。

10.4.2　LSD 算法

尽管极化码的 SD 算法在理想情况下可以达到 ML 的译码性能，但是由于回溯过程的存在，SD 算法面临着时间复杂度较高的问题，并且不利于硬件实现。LSD 算法可以降低 SD 的时间复杂度 [84]。配置上一个宽度优先的搜索流程，时间复杂度为固定值的 LSD 算法不失为一种候选方案。目前的 LSD 如果想要达到一个好的性能，需要一个较大的列表长度 [85]。

LSD 舍弃了译码半径。搜索仍然会从译码层数 $l = N$ 到层数 $l = 1$。但是，它在每个译码层数保持了一个长度为 L 的列表，包含了具有最小欧氏距离的候选路径，并且不会有回溯过程发生。让 Q_j （$1 \leqslant j \leqslant L$）存储译码的 L 条候选路径。用 $Q_{(j,k)}$ （$1 \leqslant k \leqslant N$）表示 Q_j 的第 k 个比特，而在初始化时，这些值全部设置为 0。让 $M_{(i,j)}$ 表示候选路径 j 在译码层数 i 的欧氏距离累加。那么 $M_{(i,j)}$ （$1 \leqslant j \leqslant L$）可以被式（10-53）更新：

$$\begin{cases} M_{(i,j)} = (\bar{y}_i - g_{(i,i)} Q_{(j,i)})^2, & i = N \\ M_{(i,j)} = M_{(i+1,j)} + (\bar{y}_i - \bigoplus_{k=i}^{N} (g_{(k,i)} Q_{(j,k)}))^2, & \text{其他} \end{cases} \tag{10-53}$$

注意到欧氏距离累加在冻结位和信息位上都需要更新。由于信息位存在两种

取值的选择 0 和 1,所以需要在信息位上扩展 L 条候选路径到 $2L$ 条候选路径:

$$
\begin{cases}
M_{(i,j+L)} = (\bar{y}_i - (g_{(i,i)}Q_{(j,i)}) \oplus 1)^2, & i = N \\
M_{(i,j+L)} = M_{(i+1,j)} + (\bar{y}_i - \bigoplus\limits_{k=i}^{N}((g_{(k,i)}Q_{(j,k)}) \oplus 1))^2, & \text{其他}
\end{cases}
\tag{10-54}
$$

由于 $\bigoplus\limits_{k=i}^{N}(g_{(k,i)}Q_{(j,k)})$ 的计算是在 GF(2) 域的,它的结果集合是 $\{0,1\}$。为了加速译码进程,在 10.4.1 节介绍的预计算 $p_{(t,i)}$ 技术在此处依然可以使用。极化码 LSD 算法在算法 10.5 中展示[85]。

算法 10.5　极化码 LSD 算法

Input: y_1^N, L
Output: $\hat{u}_1^N$

1: **for** $i = N \to 1$ **do**
2: 　**if** $i \in \mathcal{A}$ **then**
3: 　　**for** $j = 1 \to L$ **do**
4: 　　　$t \leftarrow \bigoplus\limits_{k=i}^{N}(g_{(k,i)}Q_{(j,k)})$;
5: 　　　$M_{(j,i)} \leftarrow M_{(j,i)} + p_{(t,i)}$;
6: 　　　$M_{(j+L,i)} \leftarrow M_{(j,i)} + p_{(t\oplus 1,i)}$;
7: 　　**end for**
8: 　　sort($M_{(1,i)}, \cdots, M_{(2L,i)}$),将其中 L 个最小的值存进 $M_{(1,i)}, \cdots, M_{(L,i)}$;
9: 　**else**
10: 　　**for** $j = 1 \to L$ **do**
11: 　　　$t \leftarrow \bigoplus\limits_{k=i}^{N}(g_{(k,i)}Q_{(j,k)})$;
12: 　　　$M_{(j,i)} \leftarrow M_{(j,i)} + p_{(t,i)}$;
13: 　　**end for**
14: 　**end if**
15: **end for**
16: **return** 拥有最小 $M_{(j,1)}$ $(1 \leqslant j \leqslant L)$ 的 Q_j;

　　一种矩阵重排序技术提升了 LSD 算法的少许性能[86]。LSD 算法获得了相比于 SD 算法更低的、更稳定的时间复杂度,但是代价是出现了一定的性能损失,尤其表现在中低码率。因此,也有学者研究了针对 LSD 算法的极化码构造方法[87]。类似于列表策略,也可以考虑基于其他存储架构的策略,如基于栈结构的 SSD(stack SD)算法[88] 等。后续章节将介绍基于同步确定的极化码 SD 算法优化。

10.4.3　基于同步确定策略的 SD 算法

目前存在的 SD 算法忽略了冻结位的欧氏距离可以在更早的译码层数被计算。本节提出了可以让所有冻结位的欧氏距离及时被确定的方案，即同步确定策略。该策略在本节中被应用于 SD 算法和 MSD 算法来降低译码的时间复杂度，同样可以被用于 LSD 算法[89]，除了可以降低复杂度之外，还可以获得较大的性能提升。

1. 同步确定策略

在介绍同步确定策略之前，先引入从生成矩阵到一种有向图的等价映射。考虑一个极化码例子 PC(4,4)，它的生成矩阵为

$$\boldsymbol{G}_4 = \begin{bmatrix} 1 & 0 & 0 & 0 \\ 1 & 1 & 0 & 0 \\ 1 & 0 & 1 & 0 \\ 1 & 1 & 1 & 1 \end{bmatrix} \tag{10-55}$$

映射的规则如下。

（1）若生成矩阵的边长为 N，则在对应的有向图中有 N 个节点；

（2）如果生成矩阵的某一个元素 $g_{(i,j)} = 1$ 且满足 $i > j, i \in \mathcal{A}$，那么对应的有向图中，节点 i 就有一条有向边指向节点 j。

映射出来的每一条边 $e_{(i,j)}$ 可以被理解为：节点 i 的取值会影响节点 j 的欧氏距离计算。若节点 i 是信息位，那么 $g_{(i,i)}$ 总是为 1，也就代表，节点 i 的取值会影响节点 i 自己的欧氏距离的计算。因为每个信息位的取值都会对自己的欧氏距离的计算有影响，所以为了简化，映射规则特意不显示所有指向自己的边（即自环）。对于映射规则的理解，举例来说，在 $\boldsymbol{G}_4$ 的第四行为全 1，那么在对应的有向图中，节点 4 就有 3 条有向边分别指向了节点 1、2、3（也即节点 4 的取值会对节点 1、2、3 的欧氏距离的计算有影响），具体如图 10-45 所示。考虑如下的定理：

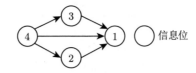

图 10-45　生成矩阵 $\boldsymbol{G}_4$ 的有向等效图

定理 10.1　对于任意给定的极化码生成矩阵 G_N，在它的等价有向图中不存在环。

证明　在任意给定的极化码生成矩阵 G_N 对应的等价有向图中，对于任何一条有向边 $e_{(i,j)}$，有 $i \neq j$ (没有自环)。

因为 G_N 是一个下三角矩阵，对于任意的 $e_{(i,j)}$，有 $i > j$。如果存在一个环路 $e_{(v_1,v_2)}, e_{(v_2,v_3)}, \cdots, e_{(v_{m-1},v_m)}, e_{(v_m,v_1)}$，那么有 $v_1 > v_2 > v_3 > \cdots > v_{m-1} > v_m > v_1$。

矛盾。

证毕。　　　　　　　　　　　　　　　　　　　　　　　　　　　□

SD 问题可以转化为：如何在每一个信息位设置 0 或者 1 去得到一个最小的 $\sum_{i=1}^{N} D_i$。将该问题分解成两种情况。

(1) $R = 1$。

首先考虑一个只存在理论中的情况 $R = 1$。

定理 10.2　对于一个极化码 $\mathrm{PC}(N, K)$，如果没有任何冻结位，即 $N = K$，则球形译码总是可以取到最小值的 $\sum_{i=1}^{N} D_i$。

证明　由定理 10.1 可知，任意极化码的生成矩阵 G_N 所映射的等价有向图中无环路。所以在该有向图中，必然存在一个拓扑排序。

对于某个极化码 $\mathrm{PC}(N, K)$ $(N = K)$，假设一个拓扑排序为

$$v_1, v_2, \cdots, v_N$$

首先，可以从 $\{0,1\}$ 中选择比特 v_1 的取值去得到一个最小的 D_{v_1}。比特 v_1 的取值确定下来之后，对于任何存在的一条边

$$e_{(v_1,v_j)} (1 \leqslant j \leqslant N)$$

比特 v_1 的取值会被送至 v_j。通过这种形式，相当于比特 v_1 的取值广播给了所有相连的（被比特 v_1 所指）v_j。然后，可以从 $\{0,1\}$ 中选择 v_2 的取值去得到一个最小的 D_{v_2} 并且通过相同的过程去得到所有最小的 D_{v_i} $(1 \leqslant i \leqslant N)$。这些各项最小的 D_{v_i} $(1 \leqslant i \leqslant N)$ 的和一定为最小的 $\sum_{i=1}^{N} D_i$。

证毕。　　　　　　　　　　　　　　　　　　　　　　　　　　□

（2）$R < 1$。

定理 10.2 说明信息位对于欧氏距离具有"选择权"，而冻结位只能设为 0，从而不具备"选择权"。接下来讨论 $R < 1$ 的情况。不失一般性，考虑一个极化码为 $\text{PC}(8,4)$，其中冻结位集合为 $\mathcal{A}^C = \{1, 2, 3, 5\}$。它的生成矩阵可以写成

$$
G_8 = \begin{bmatrix}
0 & 0 & 0 & 0 & 0 & 0 & 0 & 0 \\
0 & 0 & 0 & 0 & 0 & 0 & 0 & 0 \\
0 & 0 & 0 & 0 & 0 & 0 & 0 & 0 \\
1 & 1 & 1 & 1 & 0 & 0 & 0 & 0 \\
0 & 0 & 0 & 0 & 0 & 0 & 0 & 0 \\
1 & 1 & 0 & 0 & 1 & 1 & 0 & 0 \\
1 & 0 & 1 & 0 & 1 & 0 & 1 & 0 \\
1 & 1 & 1 & 1 & 1 & 1 & 1 & 1
\end{bmatrix}
\tag{10-56}
$$

注意到根据冻结位集合，G_8 的第 1、2、3、5 行可以写成全 0 取值。引用映射规则将 G_8 转化为等价的有向图（图10-46）。

SD 的问题仍然是如何在每个信息位上设置取值为 0 或者 1 去得到一个最小的 $\sum_{i=1}^{N} D_i$。所有的冻结位都被设置为 0，所以它们并不能决定它们自己的欧氏距离。对于每个冻结位 i，一旦所有存在的指向 i 的边 $e_{(j,i)}$ 被记录下来，也即在所有指向 i 的信息位的取值确定的那一刻，D_i 的取值就可以被确定下来了。在译码比特 i 时，之前的 SD 在第 i 个译码层数仅仅追求一个最小的 D_i[82]。之前的方案忽略了一个事实：那些冻结位的欧氏距离可以在对应相连的信息位取值都被确定的时刻同步确定。在 SD 中，之前的方案可能会导致不必要的复杂度。

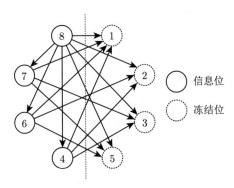

图 10-46　G_8 映射出来的等价有向图

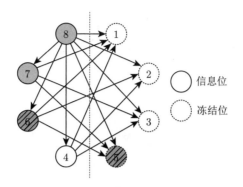

图 10-47 一个同步确定策略的例子（$i=6$）
版权来源：© [2021] IEEE. Reprinted, with permission, from Ref. [89]

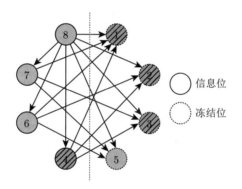

图 10-48 一个同步确定策略的例子（$i=4$）
版权来源：© [2021] IEEE. Reprinted, with permission, from Ref. [89]

本节提出了一个名为同步确定的策略来克服上面所提到的缺点[90]。图 10-47 展示了一个同步确定策略的例子。假设当前正在译码的比特为 $i=6$，由于 SD 的译码顺序是从后向前，此时比特 8 和比特 7 的取值为已知。之前的 SD 为比特 6 设置取值为 0 或者 1 去取得一个最小值 $D_8+D_7+D_6$[82]。但是一旦比特 6 的取值确定，D_5 的值也可以被同时确定，因为比特 8、比特 7 和比特 6 是已知的。那么，当译码比特 6 时，最小值 $D_8+D_7+D_6+D_5$ 才是应该被考虑的。

图 10-48 展示了另一个同步确定策略的例子。当前正在译码的比特是 $i=4$，也就代表了比特 8、比特 7 和比特 6 的取值为已知。之前的 SD 为比特 4 设置取值为 0 或者 1 去取得一个最小值 $D_8+D_7+D_6+D_5+D_4$[82]。但是一旦比特 4 的取值确定，D_3、D_2 和 D_1 的值也可以被同时确定，因为比特 8、比特 7、比特 6 和比特 4 是已知的。那么，当译码比特 4 时，最小值 $D_8+D_7+D_6+D_5+D_4+D_3+D_2+D_1$ 才是应该被考虑的。

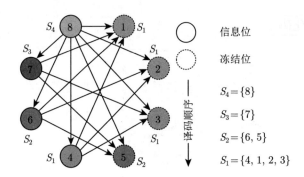

图 10-49　同步集合的划分

下面提出同步确定策略：定义新的译码层数 i 属于 $\{1, 2, \cdots, K\}$，译码流程仅经过信息位，仍然为逆序。定义欧氏距离可以被同步确定的比特集合为同步集合。将位于第 i 个译码层数的同步集合表示为 $\mathcal{S}_i$，其中，$1 \leqslant i \leqslant K$。例如，在图 10-49 中，有

$$\mathcal{S}_4 = \{8\}, \quad \mathcal{S}_3 = \{7\}, \quad \mathcal{S}_2 = \{6, 5\}, \quad \mathcal{S}_1 = \{4, 3, 2, 1\} \tag{10-57}$$

2. 基于同步确定策略的 ESD 和 EMSD 算法与实现

将 U 存储当前的译码路径。设 $U_k (1 \leqslant k \leqslant N)$ 为 U 的第 k 个比特（全部初始化为 0）。将 Ub 存储在译码过程中出现的欧氏距离最小的路径。算法 10.6 显示了提出的高效 SD（efficient SD，ESD）。在初始化结束之后，关键的函数是算法 10.7 所示的 DFS($K, 0, U$) 函数。

令 i、r 分别为当前的译码层数和译码半径。令 flag 表示当前译码器是否找到一个输出。在提出的译码方法中，信息位集合 $\mathcal{A}$ 的选取采用 Tal-Vardy 构造算法[91]。假设 $\mathcal{A}$ 中的元素已经从小到大排好序了。令 $\mathcal{A}[i]$ 来表示 $\mathcal{A}$ 中的第 i 个元素。基于同步确定策略，提出了一种逐个集合译码的流程。令 d_1、d_2 表示在同步集合 $\mathcal{S}_i$ 中的信息位选择 0 和 1 取值下的当前计算的欧氏距离，这些欧氏距离会在 DFS($K, 0, U$) 函数中的第 9 至 15 行的循环中被累加。如果在一次迭代后 d_1 和 d_2 比当前的译码半径 r_0 大，那么可以跳出当前的循环，因为当前的路径已经超出了译码球空间。令 mark 的取值为当前路径的有效性。如果 d_1 或者 d_2 加上 Ub_{i-1} 的值小于 r_0，那么 r_0 被该值刷新。在 DFS(i, r, U) 函数中第 16 至 26 行，在更深的递归层用更新后的译码半径和欧氏距离调用 DFS 函数。如果 $i < 1$，那么一条可能的路径就被存储在 Ub 里。译码半径 r_0 也被更新并继续接下来的译码，直到 DFS 函数结束，最优的路径为 Ub。

算法 10.6 极化码 ESD 算法

Input: y_1^N, K

Output: $\hat{u}_1^N$

1: 预计算 $p_{(t,i)}$ $(t \in \{0,1\}, 1 \leqslant i \leqslant N)$;

2: 预计算 $\mathcal{S}_j$ $(1 \leqslant j \leqslant K)$;

3: $r_0 \leftarrow \infty$;

4: DFS$(K, 0, U)$;

5: **return** Ub;

算法 10.7 DFS 函数

1: **if** $r > r_0$ **then**

2:    **return** ;

3: **end if**

4: **if** $i < 1$ **then**

5:    $r_0 \leftarrow r$, flag $\leftarrow 1$, Ub $\leftarrow U$;

6:    **return** ;

7: **end if**

8: $U_{\mathcal{A}[i]} \leftarrow 0$, $d_1 \leftarrow d_2 \leftarrow 0$, mark $\leftarrow 0$;

9: **for** $h \in \mathcal{S}_i$ **do**

10:    $t \leftarrow \underset{g(k,h)=1}{\oplus} U_k$ $(h \leqslant k \leqslant N)$;

11:    $d_1 \leftarrow d_1 + p_{(t,h)}$, $d_2 \leftarrow d_2 + p_{(t\oplus 1,h)}$;

12:    **if** $d_1 > r_0$ **and** $d_2 > r_0$ **then**

13:       mark $\leftarrow 1$, **break**;

14:    **end if**

15: **end for**

16: **if** mark=0 **then**

17:    **if** $d_2 < d_1$ **then**

18:       用 $d_2 + \text{Ub}_{i-1}$ 的值刷新 r_0;

19:       $U_{\mathcal{A}[i]} \leftarrow 1$, DFS$(i-1, d_2, U)$;

20:       $U_{\mathcal{A}[i]} \leftarrow 0$, DFS$(i-1, d_1, U)$;

21:    **else**

22:       用 $d_1 + \text{UB}_{i-1}$ 的值刷新 r_0;

23:       $U_{\mathcal{A}[i]} \leftarrow 0$, DFS$(i-1, d_1, U)$;

24:       $U_{\mathcal{A}[i]} \leftarrow 1$, DFS$(i-1, d_2, U)$;

25:    **end if**

26: **end if**

接下来提出高效 MSD（efficient MSD，EMSD）算法，即 MSD 算法上使用同步确定策略的译码算法。EMSD 算法（算法 10.8）使用与之前相同的核心函数 DFS(i, r, U)。EMSD 算法与 ESD 算法的区别仅在于，一开始将 r_0 设置成 0，并且在之后的每次迭代中使其以一个参数 α 逐次增加，直到最终的输出被找到。

考虑该算法的计算复杂度的度量为 $\overset{N}{\underset{j=i}{\oplus}}(g_{(j,i)}U_j)$ 的计算次数。复杂度度量的选取依据如下：当译码器在码树上搜索进入一个分支的时候，尽管在每个分支有

算法 10.8　极化码 EMSD 算法

Input: y_1^N, K, α
Output: $\hat{u}_1^N$

1: 预计算 $p_{(t,i)}$ $(t \in \{0,1\}, 1 \leqslant i \leqslant N)$;
2: 预计算 $\mathcal{S}_j$ $(1 \leqslant j \leqslant K)$;
3: $r_0 \leftarrow 0$, flag $\leftarrow 0$;
4: **while** flag $= 0$ **do**
5: 　　$r_0 \leftarrow r_0 + \alpha$, flag $\leftarrow 0$;
6: 　　DFS$(K, 0, U)$;
7: **end while**
8: **return**　Ub;

两个访问节点,但是只需要一次 $\overset{N}{\underset{j=i}{\oplus}}(g_{(j,i)}U_j)$ 的计算。计算了分支中的第一个节点的欧氏距离,另一个节点的欧氏距离可以通过一次 XOR 运算得到,而不用花费额外的复杂度。图 10-50 展示了 MSD 算法在码树上的搜索过程 $(\alpha = 1)$。本节给出了 PC(8,4) 的例子,其中信息位集合为 $\mathcal{A} = \{4,6,7,8\}$。算法的搜索路径用灰色实线表示,额外的访问路径用灰色虚线表示。当前的欧氏距离作为节点对应的度量也在码树搜索中给出。MSD 花费了 7 个复杂度到达第 2 层欧氏距离为 2.75 的节点。由于当前的欧氏距离已经超出了球形译码空间,MSD 回溯到第 6 层并且开始解欧氏距离为 0.65 的节点。通过复杂度为 5 的过程,MSD 找到了最优的路径,最终的 ED 为 0.65。那么在该例子中 MSD 的总共复杂度为 12。

因为同步确定策略应用在新提出的算法中,所有的冻结位被填进对应信息位所在的同步集合内。在这个例子中,冻结位 5 与比特 6 进行了合并。比特 1、2、3 与比特 4 进行了合并。总译码层数从 8 减少到了 4。提出的 EMSD 通过搜索过程 0—0—0.65—0.65 得到了一个总共复杂度为 8 的结果,如图 10-51 所示。这个例子表明同步确定策略让每一个译码层数对于路径好坏的评判变得更为精确,并且降低了复杂度。

3. 性能与复杂度分析

图 10-52 给出了 SC 译码算法[92]、SCL-32 译码算法[93,94]、SD 算法[82]、MSD 算法[83] 和提出的两种算法 ESD 和 EMSD 在 PC(64,16) 下的性能比较。SD[82]、MSD[83]、ESD 和 EMSD 拥有基本相同的译码性能,均为 ML 限。与 SC 译码算法对比,本节提出的 ESD 算法和 EMSD 算法在 PC(64,16) 下拥有更好的性能。图 10-53 给出了,上述译码算法在 PC(64,57) 下的性能比较。SD[82]、

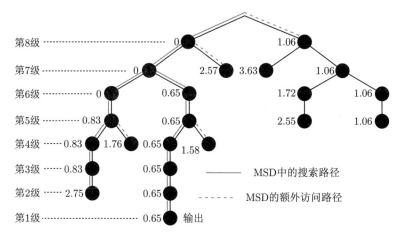

图 10-50　MSD 算法在 PC$(8,4)$ 和 $\mathcal{A} = \{4,6,7,8\}$ 条件下的译码树搜索过程
版权来源：© [2021] IEEE. Reprinted, with permission, from Ref. [90]

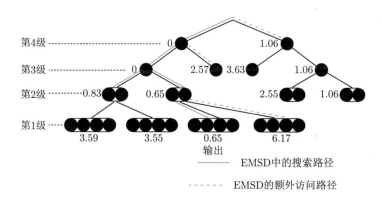

图 10-51　EMSD 算法在 PC$(8,4)$ 和 $\mathcal{A} = \{4,6,7,8\}$ 条件下的译码树搜索过程
版权来源：© [2021] IEEE. Reprinted, with permission, from Ref. [90]

MSD [83]、ESD 和 EMSD 拥有基本相同的 ML 性能。与 SC 译码算法对比，本节提出的 ESD 算法和 EMSD 算法在 PC$(64,57)$ 下拥有 0.5 dB 的性能增益。

本节中，复杂度定义为基础操作的总操作次数，基础操作包含加法、乘法和异或。在 SD 体系下的译码器，异或操作来自 $\overset{N}{\underset{j=i}{\oplus}}(g_{(j,i)}u_j)$。而在 SC 和 SCL 译码器中，考虑每个左节点（F 函数）的基础操作次数和每个右节点（G 函数）的基础操作次数分别为 3 和 2 [93]。而部分和的异或运算次数也应在 SC 和 SCL 译码器中得到考虑。

图 10-54 展示了在一个低码率例子 PC$(64,16)$ 下的复杂度对比。结果显示，

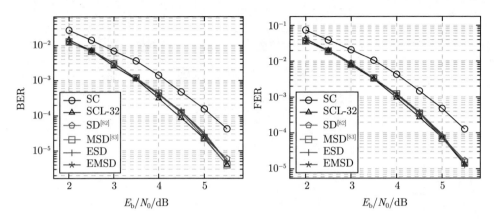

图 10-52 SC、SCL-32、SD、MSD、ESD 和 EMSD 在 PC(64, 16) 条件下的 BER、FER 性
能对比

版权来源: © [2021] IEEE. Reprinted, with permission, from Ref. [90]

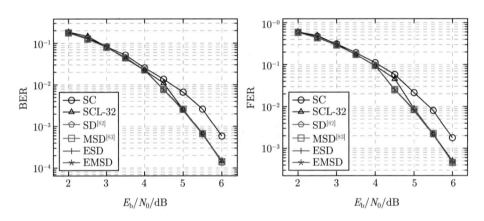

图 10-53 SC、SCL-32、SD、MSD、ESD 和 EMSD 在 PC(64, 57) 条件下的 BER、FER 性
能对比

版权来源: © [2021] IEEE. Reprinted, with permission, from Ref. [90]

ESD 算法好于 SD 算法,而 EMSD 算法好于 MSD 算法。如果 E_b/N_0 小于 2.5 dB,
提出的 ESD 算法拥有最低的复杂度(SD 体系中);否则,提出的 EMSD 算法则
是最好的(SD 体系中)。这是因为正确的译码序列拥有一个较小的 ED,在高信
噪比下多重搜索可以在最初的几轮搜索中找到正确字。相比于 SD 算法 [82],提
出的 ESD 算法在 $E_b/N_0 = 2$ dB 下减少了 66.6% 的复杂度。与 MSD 算法 [83] 相
比,提出的 EMSD 算法在 $E_b/N_0 = 7$ dB 下减少了 37.5% 的复杂度。与 SCL-32
算法相比,提出的 EMSD 算法在 $E_b/N_0 = 7$ dB 下减少了 57.6% 的复杂度。在低
码率的极化码下,复杂度的降低来源于同步确定策略,也就是依赖冻结位的个数。

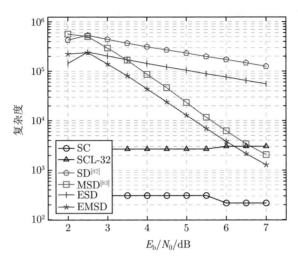

图 10-54　SC、SCL-32、SD、MSD、ESD 和 EMSD 在 PC(64, 16) 条件下的复杂度对比

版权来源：© [2021] IEEE. Reprinted, with permission, from Ref. [90]

　　在低信噪比和高信噪比下 ($N = 64$, $E_b/N_0 = 2$ dB 和 $E_b/N_0 = 7$ dB)，复杂度与码率的关系如图 10-55 所示。在低信噪比区域，如果码率比 0.35 小，提出的 ESD 算法拥有最低的复杂度（SD 体系中）；否则，提出的 EMSD 算法是在 SD 体系中最好的。在高信噪比区域，提出的 EMSD 算法拥有 SD 体系中最低的复杂度。如果码率高于 0.22，提出的 EMSD 算法比 SCL-32 拥有更低的复杂度。可以发现，在低码率情况下，冻结位的个数多，同步确定的效果是显著的，提出的 EMSD 算法拥有最小的复杂度。因为正确译码序列拥有一个较小的 ED，所以多重搜索在高信噪比下是非常有效的。

表 10-6　PC(64, 16) 下 SCL-32、SD、ESD、MSD 和 EMSD 的时延结果

E_b/N_0/dB	时延/μs				
	SCL-32	SD [82]	ESD	MSD [83]	EMSD
2	28	1774	382	2267	721
7	31	634	137	13	6

版权来源：© [2021] IEEE. Reprinted, with permission, from Ref. [90]

　　基于通用处理器的译码器 SCL-32 [93]、SD [82]、MSD [83] 和提出的 ESD 和 EMSD 在 Visual Studio 2017 C++ *O*3 优化下编译，平台为 Intel i5-4200H x64 CPU 2.80 GHz。对于给定的 PC(N, K) 和 $\mathcal{A}$，同步集合的计算可以通过预处理仅计算一次。同步确定策略简化了译码流程并且降低了时延。表 10-6 显示了 PC(64, 16) 下 SCL-32、SD、ESD、MSD 和 EMSD 的时延。ESD 算法相比于 SD

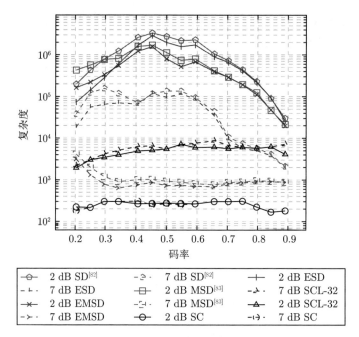

图 10-55　SC、SCL-32、SD、MSD、ESD 和 EMSD 在 $N = 64$ 条件下的复杂度对比
（见彩图）

算法有更低的时延，提出的 EMSD 相比于 MSD 有更低的时延。在 $E_b/N_0 = 2$ dB 时，提出的 ESD 算法在 SD 体系中拥有最低的时延，但是仍然不足以与 SCL-32 算法相比。在 $E_b/N_0 = 7$ dB 时，提出的 EMSD 算法相比于 MSD 减少了 53.8% 的时延并且比 SCL-32 [93] 在相同的平台下有更低的时延。

本节提出的 ESD 算法和 EMSD 算法降低了 SD 算法和 MSD 算法的计算复杂度。通过应用同步确定策略，一种新的逐集合的译码流程被提出，同时保证性能保持不变。实现结果展示了在 $E_b/N_0 = 2$ dB 和 PC(64,16) 下，与 SD 算法 [82] 相比，提出的 ESD 算法减少了 66.6% 的复杂度。提出的 EMSD 算法在 $R = 0.59375$、$E_b/N_0 = 7$ dB、$N = 64$ 下相比于 MSD 算法 [83] 减少了 37.5% 的复杂度，且比 SCL-32 算法的时延更低。

利用码长的优先性降低 ML 译码复杂度的方法除了 SD 以外还包括分阶统计译码（ordered statistic decoding, OSD）[95]、随机加性噪声猜测译码（guessing random additive noise decoding）[96] 等。OSD 也是一种基于高斯消去的译码方案，当级联 CRC 码时，3 阶 OSD 在纠错性能方面可以优于列表大小为 32 的 CA-SCL 译码 [97]。文献 [98] 提出了自适应 OSD 以降低译码复杂度，文献 [99]

提出只选取部分 CRC 码位用于 OSD，以保证 5G 系统要求的误检率。仅当码长较短时，OSD 和 SD 才能发挥出优异的纠错性能，且码率越高性能越好。如果在中低码率达到 ML 性能，OSD 和 SD 需要遍历极大的码字搜索范围，为了降低 OSD 或 SD 单一译码单元的复杂度，可以采用混合译码方案。文献 [100] 提出了 CA-SCL 和 SD 级联的译码方案，文献 [99] 提出了 CA-SCL 和 OSD 级联的译码方案，文献 [101] 提出了 BPL 和 OSD 级联的译码方案。相关理论和实现细节，感兴趣的读者可以参考对应文献。

10.5 本 章 小 结

本章介绍了若干极化码新兴研究课题，包括基于机器学习优化的极化码译码、基于随机计算的极化码译码、基于自动生成器的极化码硬件设计以及极化码 SD 译码算法与优化。受篇幅所限，本章无法将所有相关前沿研究课题全部涵盖。感兴趣的读者可以参阅文献 [102] ～ [105]，获取更多内容。第 11 章将对未来值得关注的相关研究课题进行进一步展望，感兴趣的读者可以移步参考。

参 考 文 献

[1] Cammerer S, Gruber T, Hoydis J, et al. Scaling deep learning-based decoding of polar codes via partitioning//Proceedings of IEEE Global Communications Conference, Singapore, 2017: 1-6.

[2] Doan N, Hashemi A S, Gross W J. Neural successive cancellation decoding of polar codes//Proceedings of IEEE International Workshop on Signal Processing Advances in Wireless Communications, Kalamata, 2018: 1-5.

[3] Arıkan E. Channel polarization: A method for constructing capacity-achieving codes for symmetric binary-input memoryless channels. IEEE Transactions on Information Theory, 2009, 55(7): 3051-3073.

[4] Yuan B, Parhi K K. Architecture optimizations for BP polar decoders//Proceedings of IEEE International Conference on Acoustics, Speech and Signal Processing, Vancouver, 2013: 2654-2658.

[5] Yuan B, Parhi K K. Early stopping criteria for energy-efficient low-latency belief-propagation polar code decoders. IEEE Transactions on Signal Processing, 2014, 62(24): 6496-6506.

[6] Chen J, Dholakia A, Eleftheriou E, et al. Reduced-complexity decoding of LDPC codes. IEEE Transactions on Communications, 2005, 53(8): 1288-1299.

[7] Xu W H, Wu Z Z, Ueng Y L, et al. Improved polar decoder based on deep learning//Proceedings of IEEE International Workshop on Signal Processing Systems, Lorient, 2017: 1-6.

[8]　Xu J, Che T, Choi G. XJ-BP: Express journey belief propagation decoding for polar codes//Proceedings of IEEE Global Communications Conference, San Diego, 2015: 1-6.

[9]　Xu W H, Tan X S, Be'ery Y, et al. Deep learning-aided belief propagation decoder for polar codes. IEEE Journal on Emerging and Selected Topics in Circuits and Systems, 2020, 10(2): 189-203.

[10]　Wang X B, Zhang H Z, Li R, et al. Learning to flip successive cancellation decoding of polar codes with LSTM networks//Proceedings of Annual International Symposium on Personal, Indoor and Mobile Radio Communications, Istanbul, 2019: 1-5.

[11]　Teng C F, Ho K S, Wu C H, et al. Convolutional neural network-aided bit-flipping for belief propagation decoding of polar codes. ArXiv preprint arXiv:1911.01704, 2019.

[12]　Sun Y T, Shen Y E, Song W Q, et al. LSTM network-assisted belief propagation flip polar decoder// Proceedings of IEEE Asilomar Conference on Signals, Systems and Computers, Pacific Grove, 2020: 979-983.

[13]　Carpi F, Häger C, Martalò M, et al. Reinforcement learning for channel coding: Learned bit-flipping decoding//Proceedings of IEEE Annual Allerton Conference on Communication, Control, and Computing, Monticello, 2019: 922-929.

[14]　Doan N, Hashemi S A, Ercan F, et al. Fast SC-flip decoding of polar codes with reinforcement learning//Proceedings of IEEE International Conference on Communications, Montreal, 2021: 1-6.

[15]　He B, Wu S H, Deng Y J, et al. A machine learning based multi-flips successive cancellation decoding scheme of polar codes//Proceedings of IEEE Vehicular Technology Conference, Antwerp, 2020: 1-5.

[16]　Chen Y O, Chen J N, Yu X, et al. Belief propagation decoding of polar codes using intelligent post-processing. Journal of Signal Processing Systems, 2020, 92(5): 487-497.

[17]　Shen Y F, Song W Q, Ren Y Q, et al. Enhanced belief propagation decoder for 5G polar codes with bit-flipping. IEEE Transactions on Circuits and Systems II: Express Briefs, 2020, 67(5): 901-905.

[18]　Gross W J, Doan N, Ngomseu Mambou E, et al. Deep learning techniques for decoding polar codes//Machine Learning for Future Wireless Communications, Piscataway: Wiley-IEEE Press, 2020: 287-301.

[19]　Elkelesh A, Ebada M, Cammerer S, et al. Decoder-tailored polar code design using the genetic algorithm. IEEE Transactions on Communications, 2019, 67(7): 4521-4534.

[20]　Ebada M, Cammerer S, Elkelesh A, et al. Deep learning-based polar code design// Proceedings of IEEE Annual Allerton Conference on Communication, Control, and Computing, Monticello, 2019: 177-183.

[21]　Liao Y, Hashemi S A, Cioffi J, et al. Construction of polar codes with reinforcement learning//Proceedings of IEEE Global Communications Conference, Taipei, 2020: 1-6.

[22]　Gruber T, Cammerer S, Hoydis J, et al. On deep learning-based channel decoding// Proceedings of IEEE Annual Conference on Information Sciences and Systems, Baltimore, 2017: 1-6.

[23]　Lyu W, Zhang Z Y, Jiao C X, et al. Performance evaluation of channel decoding with deep neural networks//Proceedings of IEEE International Conference on Communications, Kansas City, 2018: 1-6.

[24]　Zhu H F, Cao Z W, Zhao Y P, et al. Learning to denoise and decode: A novel residual neural network decoder for polar codes. IEEE Transactions on Vehicular Technology, 2020, 69(8): 8725-8738.

[25]　Teng C F, Wu A Y. A7.8‐13.6 pJ/b ultra-low latency and reconfigurable neural network assisted polar decoder with multi-code length support. IEEE Transactions on Circuits and Systems I: Regular Papers, 2021, 68(5): 1956-1965.

[26]　Doan N, Hashemi S A, Mambou E N, et al. Neural belief propagation decoding of CRC polar concatenated codes//Proceedings of IEEE International Conference on Communications, Shanghai, 2019: 1-6.

[27]　Gao J, Niu K, Dong C. Learning to decode polar codes with one-bit quantizer. IEEE Access, 2020, 8: 27210-27217.

[28]　Liu X J, Wu S H, Wang Y, et al. Exploiting error-correction-CRC for polar SCL decoding: A deep learning-based approach. IEEE Transactions on Cognitive Communications and Networking, 2019, 6(2): 817-828.

[29]　Song W Q, Fu Y X, Chen Q Y , et al. ANN based adaptive successive cancellation list decoder for polar codes//Proceedings of IEEE International Conference on ASIC, Chongqing, 2019: 1-4.

[30]　Chen C H, Teng C F, Wu A Y. Low-complexity LSTM-assisted bit-flipping algorithm for successive cancellation list polar decoder//Proceedings of IEEE International Conference on Acoustics, Speech and Signal Processing, Barcelona, 2020: 1708-1712.

[31]　Teng C F, Wu A Y A. Convolutional neural network-aided tree-based bit-flipping framework for polar decoder using imitation learning. IEEE Transactions on Signal Processing, 2021, 69: 300-313.

[32]　Doan N, Hashemi S A, Ercan F, et al. Neural successive cancellation flip decoding of polar codes. Journal of Signal Processing Systems, 2021, 93(6): 631-642.

[33]　You X H, Wang C X, Huang J, et al. Towards 6G wireless communication networks: Vision, enabling technologies, and new paradigm shifts. Science China Information Sciences, 2020, 64(1): 1-74.

[34]　Liu W Q, Qian L Y, Wang C H, et al. Design of approximate radix-4 booth multipliers for error-tolerant computing. IEEE Transactions on Computers, 2017, 66(8): 1435-1441.

[35]　Liu W Q, Lombardi F, Shulte M. A retrospective and prospective view of approximate computing. Proceedings of the IEEE, 2020, 108(3): 394-399.

[36]　徐允昊. 数字通信系统中的低复杂度电路设计研究. 南京: 东南大学, 2020.

[37] Xu M H, Qian W K, Zhang Z C, et al. A data structure-based approximate belief propagation decoder for polar codes//Proceedings of IEEE International Workshop on Signal Processing Systems, Nanjing, 2019: 37-42.

[38] Gaines B R. Stochastic computing systems//Advances in Information Systems Science, Boston: Springer, 1969: 37-172.

[39] Qian W K, Li X, Riedel M D, et al. An architecture for fault-tolerant computation with stochastic logic. IEEE Transactions on Computers, 2011, 60(1): 93-105.

[40] Qian W K, Wang C, Li P, et al. An efficient implementation of numerical integration using logical computation on stochastic bit streams//Proceedings of IEEE/ACM International Conference on Computer-Aided Design, San Jose, 2012: 156-162.

[41] Ren A, Li Z, Ding C, et al. SC-DCNN: Highly-scalable deep convolutional neural network using stochastic computing. ACM SIGPLAN Notices, 2017, 52(4): 405-418.

[42] Li Z, Li J, Ren A, et al. HEIF: Highly efficient stochastic computing-based inference framework for deep neural networks. IEEE Transactions on Computer-Aided Design of Integrated Circuits and Systems, 2019, 38(8): 1543-1556.

[43] Ardakani A, Leduc-Primeau F, Onizawa N, et al. VLSI implementation of deep neural network using integral stochastic computing. IEEE Transactions on Very Large Scale Integration Systems, 2017, 25(10): 2688-2699.

[44] Yuan B, Parhi K K. Successive cancellation decoding of polar codes using stochastic computing//Proceedings of IEEE International Symposium on Circuits and Systems, Lisbon, 2015: 3040-3043.

[45] Liang X, Wang H Z, Shen Y F, et al. Efficient stochastic successive cancellation list decoder for polar codes. Science China Information Sciences, 2020, 63(10): 1-19.

[46] Yuan B, Parhi K K. Belief propagation decoding of polar codes using stochastic computing// Proceedings of IEEE International Symposium on Circuits and Systems, Montreal, 2016: 157-160.

[47] Han K N, Wang J C, Gross W J, et al. Stochastic bit-wise iterative decoding of polar codes. IEEE Transactions on Signal Processing, 2019, 67(5): 1138-1151.

[48] Bakulin M, Kreyndelin V, Rog A, et al. MMSE based K-best algorithm for efficient MIMO detection//Proceedings of IEEE International Congress on Ultra Modern Telecommunications and Control Systems and Workshops, Munich, 2017: 258-263.

[49] Tal I, Vardy A. List decoding of polar codes. IEEE Transactions on Information Theory, 2015, 61(5): 2213-2226.

[50] Chen K, Niu K, Lin J. List successive cancellation decoding of polar codes. Electronics Letters, 2012, 48(9): 500-502.

[51] Liang X, Zhang C, Xu M H, et al. Efficient stochastic list successive cancellation decoder for polar codes//Proceedings of IEEE International System-on-Chip Conference, Beijing, 2015: 421-426.

[52] Liang X, Zhang C, Zhang S Q, et al. Hardware-efficient folded SC polar decoder based on k-segment decomposition//Proceedings of IEEE Asia Pacific Conference on Circuits and Systems, Jeju, 2016.

[53] Zhang C, Parhi K K. Low-latency sequential and overlapped architectures for successive cancellation polar decoder. IEEE Transactions on Signal Processing, 2013, 61(10): 2429-2441.

[54] Arıkan E. Polar codes: A pipelined implementation//Proceedings of IEEE International Symposium on Broadband Communication, Melaka, 2010: 11-14.

[55] Xu M H, Liang X, Zhang C, et al. Stochastic BP polar decoding and architecture with efficient re-randomization and directive register//Proceedings of IEEE International Workshop on Signal Processing Systems, Dallas, 2016: 315-320.

[56] Xu M H, Liang X, Yuan B, et al. Stochastic belief propagation polar decoding with efficient re-randomization. IEEE Transactions on Vehicular Technology, 2020, 69(6): 6771-6776.

[57] Parhi K K. VLSI Digital Signal Processing Systems: Design and Implementation. New York: John Wiley & Sons, 2007.

[58] Zhang C, Yang J M, You X H, et al. Pipelined implementations of polar encoder and feedback part for SC polar decoder//Proceedings of IEEE International Symposium on Circuits and Systems, Lisbon, 2015: 3032-3035.

[59] Sarkis G, Tal I, Giard P, et al. Flexible and low-complexity encoding and decoding of systematic polar codes. IEEE Transactions on Communications, 2016, 64(7): 2732-2745.

[60] Yoo H, Park I C. Partially parallel encoder architecture for long polar codes. IEEE Transactions on Circuits and Systems II: Express Briefs, 2015, 62(3): 306-310.

[61] Song W, Shen Y F, Li L P, et al. A general construction and encoder implementation of polar codes. IEEE Transactions on Very Large Scale Integration Systems, 2020, 28(7): 1690-1702.

[62] Nordin G, Milder P A, Hoe J C, et al. Automatic generation of customized discrete Fourier transform IPs//Proceedings of ACM Annual Design Automation Conference, Anaheim, 2005: 471-474.

[63] Milder P, Franchetti F, Hoe J C, et al. Computer generation of hardware for linear digital signal processing transforms. ACM Transactions on Design Automation of Electronic Systems, 2012, 17(2): 1-33.

[64] Zuluaga M, Milder P, Püschel M. Streaming sorting networks. ACM Transactions on Design Automation of Electronic Systems, 2016, 21(4): 1-30.

[65] Serre F, Püschel M. A DSL-based FFT hardware generator in scala//Proceedings of IEEE International Conference on Field Programmable Logic and Applications, Dublin, 2018: 315-317.

[66]　Zhong Z W, You X H, Zhang C. Auto-generation of pipelined hardware designs for polar encoder//Proceedings of IEEE China Semiconductor Technology International Conference, Shanghai, 2018: 1-4.

[67]　Zhong Z, Gross W J, Zhang Z, et al. Polar compiler: Auto-generator of hardware architectures for polar encoders. IEEE Transactions on Circuits and Systems I: Regular Papers, 2020, 67(6): 2091-2102.

[68]　Ji C, Shen Y, Zhang Z, et al. Autogeneration of pipelined belief propagation polar decoders. IEEE Transactions on Very Large Scale Integration Systems, 2020, 28(7): 1703-1716.

[69]　Arıkan E. A performance comparison of polar codes and Reed-Muller codes. IEEE Communications Letters, 2008, 12(6): 447-449.

[70]　Pamuk A. An FPGA implementation architecture for decoding of polar codes// Proceedings of IEEE International Symposium on Wireless Communication Systems, Aachen, 2011: 437-441.

[71]　Yang J M, Zhang C, Zhou H Y, et al. Pipelined belief propagation polar decoders// Proceedings of IEEE International Symposium on Circuits and Systems, Montreal, 2016: 413-416.

[72]　Park Y S. Energy-Efficient Decoders of Near-Capacity Channel Codes. Ann Arbor: The University of Michigan, 2014.

[73]　Chen Y T, Sun W C, Cheng C C, et al. An integrated message-passing detector and decoder for polar-coded massive MU-MIMO systems. IEEE Transactions on Circuits and Systems I: Regular Papers, 2019, 66(3): 1205-1218.

[74]　Milder P A, Franchetti F, Hoe J C, et al. Discrete Fourier transform compiler: From mathematical representation to efficient hardware. Center Silicon Syst. Implementation, Carnegie Mellon Univ., Tech. Rep. CSSI, 2007.

[75]　Yuan B, Parhi K K. Architectures for polar BP decoders using folding//Proceedings of IEEE International Symposium on Circuits and Systems, Melbourne, 2014: 205-208.

[76]　Yoon H Y, Kim T H. Efficient successive-cancellation polar decoder based on redundant LLR representation. IEEE Transactions on Circuits and Systems II: Express Briefs, 2018, 65(12): 1944-1948.

[77]　Shrestha R, Sahoo A. High-speed and hardware-efficient successive cancellation polar-decoder. IEEE Transactions on Circuits and Systems II: Express Briefs, 2019, 66(7): 1144-1148.

[78]　Abbas S M, Fan Y Z, Chen J, et al. High-throughput and energy-efficient belief propagation polar code decoder. IEEE Transactions on Very Large Scale Integration Systems, 2017, 25(3): 1098-1111.

[79]　Piao J N, Dai J C, Niu K. CRC-aided sphere decoding for short polar codes. IEEE Communications Letters, 2019, 23(2): 210-213.

[80] Kahraman S, Çelebi M E. Code based efficient maximum-likelihood decoding of short polar codes//Proceedings of IEEE International Symposium on Information Theory, Cambridge, 2012: 1967-1971.

[81] Niu K, Chen K, Lin J. Low-complexity sphere decoding of polar codes based on optimum path metric. IEEE Communications Letters, 2014, 18(2): 332-335.

[82] Guo J, Guillén i Fàbregas A. Efficient sphere decoding of polar codes//Proceedings of IEEE International Symposium on Information Theory, Hong Kong, 2015: 236-240.

[83] Husmann C, Nikolaou P C, Nikitopoulos K. Reduced latency ML polar decoding via multiple sphere-decoding tree searches. IEEE Transactions on Vehicular Technology, 2018, 67(2): 1835-1839.

[84] Hashemi S A, Condo C, Gross W J. List sphere decoding of polar codes//Proceedings of IEEE Asilomar Conference on Signals, Systems and Computers, Pacific Grove, 2015: 1346-1350.

[85] Zhou H Y, Fu Y X, Zhang Z C, et al. An efficient software list sphere decoder for polar codes. Journal of Signal Processing Systems, 2020, 92(5): 517-528.

[86] Hashemi S A, Condo C, Gross W J. Matrix reordering for efficient list sphere decoding of polar codes//Proceedings of IEEE International Symposium on Circuits and Systems, Montreal, 2016: 1730-1733.

[87] Zhou H Y, Gross W J, Zhang Z C, et al. A linear-complexity channel-independent code construction method for list sphere polar decoder. Journal of Signal Processing Systems, 2020, 92(7): 763-774.

[88] Zhou H Y, Song W Q, Gross W J, et al. An efficient software stack sphere decoder for polar codes. IEEE Transactions on Vehicular Technology, 2020, 69(2): 1257-1266.

[89] Zhou H Y, Tan X S, Gross W J, et al. An improved software list sphere polar decoder with synchronous determination. IEEE Transactions on Vehicular Technology, 2019, 68(6): 5236-5245.

[90] Zhou H Y, Gross W J, Zhang Z C, et al. Efficient sphere polar decoding via synchronous determination. IEEE Transactions on Vehicular Technology, 2020, 69(6): 6777-6781.

[91] Tal I, Vardy A. How to construct polar codes. IEEE Transactions on Information Theory, 2013, 59(10): 6562-6582.

[92] Arıkan E, Telatar E. On the rate of channel polarization//Proceedings of IEEE International Symposium on Information Theory, Seoul, 2009: 1493-1495.

[93] Hashemi S A, Condo C, Gross W J. Fast and flexible successive-cancellation list decoders for polar codes. IEEE Transactions on Signal Processing, 2017, 65(21): 5756-5769.

[94] Shen Y F, Zhang C, Yang J M, et al. Low-latency software successive cancellation list polar decoder using stage-located copy//Proceedings of IEEE International Conference on Digital Signal Processing, Beijing, 2016: 84-88.

[95]　Wu D L, Li Y, Guo X D, et al. Ordered statistic decoding for short polar codes. IEEE Communications Letters, 2016, 20(6): 1064-1067.

[96]　Duffy K R, Solomon A, Konwar K M, et al. 5G NR CA-polar maximum likelihood decoding by GRAND//Proceedings of IEEE Annual Conference on Information Sciences and Systems, Princeton, 2020: 1-5.

[97]　Xu M Z, Chen P Y, Bai B M, et al. Distance spectrum and optimized design of concatenated polar codes//Proceedings of IEEE International Conference on Wireless Communications and Signal Processing, Nanjing, 2017: 1-6.

[98]　Qin K J, Zhang Z Y. Low-latency adaptive ordered statistic decoding of polar codes. IEEE Access, 2019, 7: 134226-134235.

[99]　Jiang M, Li Z Y, Yang X, et al. Partial CRC-aided decoding of 5G-NR short codes using reliability information. Science China Information Sciences, 2019, 62(8): 1-9.

[100]　Piao J N, Niu K, Dai J C, et al. Approaching the normal approximation of the finite blocklength capacity within 0.025 dB by short polar codes. IEEE Wireless Communications Letters, 2020, 9(7): 1089-1092.

[101]　Mogilevsky G, Burshtein D. Belief propagation list ordered statistics decoding of polar codes. ArXiv preprint arXiv:2102.07994, 2021.

[102]　徐炜鸿. 神经网络在基带信号处理中的应用及其高效实现. 南京: 东南大学, 2020.

[103]　徐孟晖. 基于近似计算和随机计算的极化码置信传播译码器的高效实现研究. 南京: 东南大学, 2020.

[104]　周华羿. 面向下一代移动通信系统的高效极化码解码算法设计. 南京: 东南大学, 2020.

[105]　钟志伟. 面向 5G 编译码的硬件设计研究. 南京: 东南大学, 2020.

第 11 章　总结与展望

11.1　本书内容总结

本书专注于介绍 5G 无线通信系统中的信道编译码。在此对全书相关内容进行总结，方便读者理解本书的写作思路，同时能够更有效地用好此书。如书名所示，本书力图在 5G 无线通信的应用大背景下，介绍信道编译码的相关内容。因此，本书的内容强调两个重点。第一，本书介绍了与信道编译码相关的 5G 标准细节。希望所介绍的信道编译码内容适用于 5G 无线通信系统的应用场景，能够助力相关产业。第二，希望所介绍的相关内容不仅适用于 5G 应用，也具有普适性和一般性，可以应用于其他场景。例如，不仅适用于 5G，也能为 B5G、6G 所用；不仅适用于移动通信系统，也能满足其他领域对信道编译码的需求，如存储系统 [1]、深空通信 [2]、有线通信 [3] 等。

本书的介绍分为两个层面。第一个层面是，信道编译码的应用层面。书中给出了符合 5G 标准的相关介绍，针对应用场景，给出了可平衡译码性能、译码时延、数据吞吐率、硬件面积、功耗等因素的信道编译码设计方案。第二个层面是，信道编译码的研究层面。需要认识到，信道编译码的生命力保持和长期发展需要依靠创新性作为内核，而创新性来源于研究层面的不断推进。因此，本书相当部分内容立足于研究层面，希望帮助读者厘清移动通信系统信道编译码的研究思路、研究方向，客观对比不同研究成果的优缺点，总结最新的研究方案与成果，并凝练、阐明未来的研究方向。不难看出，应用层面为研究层面提供研究需求，检验研究成果的合理性、有效性、可行性。而研究层面从基础理论为应用层面提供坚实的基础和方向指引，并合理优化应用层面的设计方法论。两者相辅相成、缺一不可。如何合理平衡上述两个层面，也是本书力图达到的目的。

本书所涉及的信道编码涵盖两类编码。一类是被 3GPP 选为 eMBB 场景数据信道编码的 LDPC 码，相关标准细节可以参考第 2 章，此处不再赘述。另一类是被 3GPP 选为 eMBB 场景控制信道编码的极化码，相关标准细节可以参考第 4 章。作为发明和应用历史相对更长的 LDPC 码，相应的研究成果较为丰硕，应用方案也较为成熟。因此，如果读者需要了解 LDPC 码通用性的算法和实现细节，有较多的文献可供参考。而在本书中，LDPC 码部分更多侧重于介绍读者更为关心的 5G 标准相关内容，以及面向 5G 标准应用的算法改进和实现思路、方案和细节。而对于极化码，其发明和应用历史都较短，读者也希望能够更多、更深入地了解极化码编码构造、译码算法的演进思路，了解编码器和译码器硬件实现的方法和步骤，了解不同算法和实现方案的优缺点，了解极化码未来发展、演进的重要方向等。因此，本书较多篇幅用于介绍上述相关内容，希望这样的安排能够更为精准地切合读者的需求。因此，本书关于 LDPC 码和极化码的部分也相对独立。对不同部分感兴趣的读者，可以直接阅读对应章节，而不用严格遵循章节次序。

本书努力做到理论和实践并重。因此无论是对于 LDPC 码还是极化码，都会介绍两个步骤。第一个步骤与理论相关——译码算法。第二个步骤与实践相关——硬件实现。译码算法和硬件实现两者并重，在书名中也重点体现了。对于极化码，本书还将译码算法分为 SC 大类译码算法和 BP 大类译码算法。因此，对应的硬件实现部分也分为 SC 大类译码的硬件实现和 BP 人类译码的硬件实现。对于特定内容感兴趣的读者，也可以直接阅读对应章节。尽管如此，仍然建议读者可以将同一大类的译码算法和硬件实现两部分内容一起阅读。因为，了解硬件实现细节的算法研究者，可以设计出更便于实现的译码算法。而了解译码算法细节的实现研究者，可以设计出能更好地平衡算法性能和硬件复杂度的编译码电路。译码算法与硬件实现两者的关系可以参考图 1-4 及相关阐述。

11.2   相关研究展望

11.1 节从不同方面总结了本书的内容。本节将展望移动通信系统中信道编译码这一领域，指出未来的研究方向和所面临的挑战，供读者参考。

11.2.1   标准相关的算法与实现

未来，信道编译码需要关注的第一个研究方向是：标准相关的算法与实现。通常，信道编译码的研究会针对特定的算法与相关的实现进行优化，尽量在算法性能和实现复杂度等相关指标间达成合理的平衡。但是，在实际的应用中，尤其在工业界的应用中，我们需要完成符合标准的信道编译码算法和实现。上述约束给相关设计提出了新的挑战。

第一，eMBB 场景中数据信道和控制信道的信道编码分别是 LDPC 码和极化码。当然可以在同一个系统中分别设计一套 LDPC 码和极化码系统。但是，也可以考虑只设计一套硬件系统，通过实现可配置性，分时复用地完成 LDPC 码和极化码的相关功能 [4,5]。也可以考虑将两者级联，获得更好的译码性能 [6-9]。第二，对于给定的标准，无论是 LDPC 码还是极化码，都需要考虑标准的约束。首先是速率匹配的实现问题。例如，对于 5G 标准，如第 4 章所述，极化码的速率匹配需要实现三个子操作：子块交织、循环缓冲和信道交织。而这在我们设计单个译码器时通常是不会考虑的。类似的还有盲检问题 [10]。第三，还需要探索符合标准规定、译码性能优异、实现效率较高的译码算法。在标准约束的前提下，设计出能被实际系统所采纳的译码算法，是一个有意义的研究选题。譬如，针对 5G 标准，研究者需要考虑如何设计出满足不同标准场景需求（包括 eMBB、mMTC 和 URLLC）的译码器。第四，面向未来的通信标准（B5G 和 6G），需要结合新的应用场景，研究新的编码构造方法、译码方法以及实现方式。其中，新的编码构造方法包括 noise-centric 算法 [11]、PAC（polarization-adjusted convolutional）码 [12,13]、遗传算法编码方式 [14] 等。而译码方法既可以是与编码构造方式适配的算法 [15,16]，也可以是已有译码方式的改进或者结合 [17,18]。由此可见，尽管前期研究者在理论层面输出了大量有意义的成果，如何将上述成果赋予更重要的现实意义，研究标准相关的算法与实现就显得尤为重要。

11.2.2 以译码为核心的联合基带处理算法

随着无线通信的代际演进，基带系统变得日益复杂。尽管信道编译码是基带系统的核心模块，其他模块，如 MIMO 检测 [19-22]、信道估计、NOMA 译码等 [23-25]，也同样重要 [26]。因此，研究者不仅需要关注信道译码模块的算法性能和实现效率，还需要站在系统层面来重新审视和评估信道译码的地位和作用。

对于实际应用，我们最终看重的是整体系统的算法性能和实现代价，而并非某一个模块的孤立表现。因此，整体系统的优化并不仅仅取决于单个模块的优劣，而是取决于整体系统、多个模块的协同工作效率。换言之，尽管单个模块可以被极致优化，但其他模块的不佳表现仍然可以导致系统整体性能的不理想。另外，如果单个模块的性能因为某些原因未达到最佳，但其余模块能以较好的状态工作，则系统整体性能仍可达到合理水平。因此，不仅需要考虑信道译码模块的单独性能优化，而且其与相关模块的联合优化同样重要，甚至更为重要 [27]。

现有 5G 无线基带系统，大多将包括信道译码在内的各个基带功能模块割裂开来、区别看待、独自优化。而且，在基带信号处理过程中，各模块并无合理信息交互，对应的信号处理结果并不能充分挖掘对应算法的真实性能潜力。因此，需要更进一步挖掘各个基带模块处理的同质化特性，研究以译码为核心的联合基带处理算法，合理平衡性能与复杂度，实现基带处理的最优检测与估计。目前，常见的联合处理研究主要考虑极化码与 MIMO 的联合处理 [28,29]、极化码与 NOMA 的联合处理 [23,30] 等。信道译码模块与更多基带模块的联合处理和实现仍然有待后续研究进一步探索。

11.2.3 以译码为核心的基带统一实现架构

一个算法是否能够发挥较好的价值，一个重要因素是：可否有较为高效的硬件实现和较好的应用场景。理论研究和实现结果表明：合理的算法是高效硬件设计与实现的前提，但是不合理的实现思路会导致合理算法的实现效率低下。基于以译码为核心的联合基带处理算法，以译码为核心的基带统一实现架构也是重要的研究方向。

可以看到，已有的基带算法的硬件实现，包括信道译码实现，不仅相对割裂地考虑各个模块的算法功能，也缺少对算法本质特性的深入思考和匹配设计；不仅较难充分挖掘算法能力，也较难设计出高效的基带硬件架构，以较低的复杂度实现 B5G 及 6G 无线互联网基带算法的潜在增益。同时，现有实现架构在很大程度上不具有合理的可配置性。然而，B5G 及 6G 无线互联网要求：对应的硬件架构能够匹配其在性能、复杂度以及处理尺度上的多重要求。针对该问题，研究者首先可以从联合基带信号处理算法出发，以译码模块为核心，根据超大规模集成电路（very large scale integration, VLSI）-数字信号处理（digital signal processing, DSP）设计方法学 [31]，给出固定的处理节点硬件架构，使其具有高效实现译码功能的能力，同时能有效兼容不同的基带算法。然后，通过合理配置、优化网络互连和迭代时序，使其能够平稳处理整个基带的数据流，给出基带信号处理的统一实现架构。最终，通过重定时、折叠、展开等 VLSI-DSP 设计技巧赋予该统一实现架构以可配置性 [32]。

11.2.4　信道译码的自动、智能化设计与实现

5G 移动通信系统具备"大带宽、大连接、高可靠与低时延"等技术能力，正与工业互联网、车联网等垂直行业应用深度融合，具备向各行各业深度渗透的巨大潜力，已成为国家新型基础设施的核心组成部分。各种垂直行业应用场景丰富、应用需求千差万别。为了突破难以深度贴合客户需求、技术复杂的困境，信道译码的系统定制化显得尤为重要。然而，作为基带电路的核心部分，传统的信道译码设计与实现需要大量具有丰富设计经验的工程师，技术门槛高、研发投入大、周期长，难以实现"随手可及"的客户定制化需求。因此，对应的自动、智能化设计与实现是备受关注的研究方向。

研究者可以重点关注针对 5G 垂直行业应用定制化的 EDA 工具。根据 5G 客户在技术指标、成本和功耗等方面的关键需求，自动生成客户所需的信道译码电路，从而快速、敏捷地实现芯片的定制化研发。自动生成贴合客户需求的算法、设计与实现，充分提高设计效率。另外，在面向实际应用的信道译码设计中，始终存在大量不可求解和无法建模的问题 [33]，如补偿参数的设定、量化精度的选取、迭代周期的选择、非线性函数的近似等。基于此，需要在自动生成的基础上，结合 AI 等新兴手段，实现参数优化和设计空间寻优，进一步提升信道译码的设计与实现效率。在 AI 应用时，研究者需要考虑如何合理地平衡如下关系：模型驱动和数据驱动、数据有效性问题、数据分享与数据安全、离线训练与在线训练、单

模块学习与多模块学习、物理层学习与跨层学习，以及软件辅助的学习与硬件辅助的学习等。相关综述，可参考文献 [34]。

11.2.5 基于新计算范式的信道译码设计与实现

20 世纪 40 年代，具有划时代意义的双极性晶体管以及香农定律的提出，分别催生了集成电路技术与无线通信技术，昭示了人类社会由此迈入信息时代。自此以后，信息技术的飞速发展与进步为人类社会的不断前行提供了源源不断的强大推动力。当今信息技术的发展具有两个显著趋势：一个是信息技术硬件载体的高度集成化；另一个是信息技术数据容量的增长指数化。前一个趋势遵从摩尔定律（Moore's Law）[35]，后一个趋势则遵从希尔伯特-洛佩兹定律（Hilbert-López's Law）[36]。

随着摩尔定律的不断演进，研究者一方面寻求将传统的平面晶体管技术扩展到三维层面，克服新特征节点对应的物理极限难题；另一方面也在努力寻找可靠的非半导体电路替代技术，作为"后摩尔时代"（more Moore）的备选技术。而随着希尔伯特-洛佩兹定律的不断演进，数据维度的爆炸式增长（大数据）以及相关系统的空前复杂性（大系统）已让传统的数据挖掘算法以及计算架构无论是从性能还是从复杂度上均逐渐不能满足实际需求。因此，及早寻求适用于未来大数据和大系统的创新运算处理系统模式，是信息化进步的自然要求。而基于新器件和新计算范式的信道译码设计与实现研究显得尤为重要。具体而言，基于 DNA 计算 [37-40]、量子计算 [41,42]、近似计算 [43,44]、随机计算 [45-48]、存算一体 [49-51] 的新计算范式对信道译码的算法和实现提出了新的要求。

11.3　本 章 小 结

本章首先从四个方面对本书的内容进行了总结和回顾。然后，展望了移动通信系统中信道编译码的未来研究方向，包括标准相关的算法与实现，以译码为核心的联合基带处理算法，以译码为核心的基带统一实现架构，信道译码的自动、智能化设计与实现，以及基于新计算范式的信道译码设计与实现。至此，本书内容全部完结。希望本书介绍的内容能够给予对 5G 信道编译码感兴趣的读者，尤其是对相关算法与实现感兴趣的读者帮助和启发。

参 考 文 献

[1] Song H C, Fu J C, Zeng S J, et al. Polar-coded forward error correction for MLC NAND flash memory. Science China Information Science, 2018, 61(10): 1-16.

[2] Papaharalabos S, Papaleo M, Mathiopoulos P T, et al. DVB-S2 LDPC decoding using robust check node update approximations. IEEE Transactions on Broadcasting, 2008, 54(1): 120-126.

[3] Fang J F, Bi M H, Xiao S L, et al. Polar-coded MIMO FSO communication system over Gamma-Gamma turbulence channel with spatially correlated fading. IEEE Journal of Optical Communications and Networking, 2018, 10(11): 915-923.

[4] Yang N Y, Jing S S, Yu A L, et al. Reconfigurable decoder for LDPC and polar codes// Proceedings of IEEE International Symposium on Circuits and Systems, Florence, 2018: 1-5.

[5] Cao S, Lin T, Zhang S Q, et al. A reconfigurable and pipelined architecture for standard-compatible LDPC and polar decoding. IEEE Transactions on Vehicular Technology, 2021, 70(6): 543-544.

[6] Liu J A, Jing S S, You X H, et al. A merged BP decoding algorithm for polar-LDPC concatenated codes//Proceedings of IEEE International Conference Digital Signal Processing, London, 2017: 1-5.

[7] Meng Y, Fang Y, Zhang C, et al. LLR processing of polar codes in concatenation systems. China Communications, 2019, 16(9): 201-208.

[8] Xu W H, Tan X, Be'ery Y S, et al. Deep learning-aided belief propagation decoder for polar codes. IEEE Journal on Emerging and Selected Topics in Circuits and Systems, 2020, 10(2): 189-203.

[9] Meng Y, Li L P, Zhang C. A correlation-breaking interleaving of polar codes in concatenated systems. Science China Information Sciences, 2021, 64: 209-304.

[10] Ren Y Q, Shu F, Li L P, et al. A novel D-metric for blind detection of polar codes// Proceedings of IEEE International Workshop on Signal Processing Systems, Cape Town, 2018: 106-111.

[11] Duffy K R, Médard M. Guessing random additive noise decoding with soft detection symbol reliability information - SGRAND//Proceedings of IEEE International Symposium on Information Theory, Paris, 2019: 480-484.

[12] Arıkan E. From sequential decoding to channel polarization and back again. ArXiv preprint arXiv:1908.09594, 2019.

[13] Tonnellier T, Gross W J. On systematic polarization-adjusted convolutional (PAC) codes. IEEE Communications Letters, 2021, 25(7): 2128-2132.

[14] Zhou H Y, Gross W J, Zhang Z C, et al. Low-complexity construction of polar codes based on genetic algorithm. IEEE Communications Letters, 2021, 25(10): 3175-3179.

[15] Rowshan M, Viterbo E. List Viterbi decoding of PAC codes. IEEE Transactions on Vehicular Technology, 2021, 70(3): 2428-2435.

[16] Rowshan M, Burg A, Viterbo E. Polarization-adjusted convolutional (PAC) codes: Sequential decoding vs list decoding. IEEE Transactions on Vehicular Technology, 2021, 70(2): 1434-1447.

[17] Liang X, Zhou H Y, Zhang Z C, et al. Joint list polar decoder with successive cancellation and sphere decoding//Proceedings of IEEE International Conference on Acoustics, Speech and Signal Processing, Calgary, 2018: 1164-1168.

[18] Zhou X F, Shen Y F, Tan X S, et al. An adjustable hybrid SC-BP polar decoder//Proceedings of IEEE Asia Pacific Conference on Circuits Systems, Chengdu, 2018: 211-214.

[19] Wu Z Z, Zhang C, Xue Y, et al. Efficient architecture for soft-output massive MIMO detection with Gauss-Seidel method//Proceedings of IEEE International Symposium on Circuits and Systems, Montreal, 2016: 1886-1889.

[20] Yang J M, Song W Q, Zhang S Q, et al. Low-complexity belief propagation detection for correlated large-scale MIMO systems. Journal on Signal Processing Systems, 2018, 90(4): 585-599.

[21] Zhang C, Wu Z Z, Studer C, et al. Efficient soft-output Gauss-Seidel data detector for massive MIMO systems. IEEE Transactions on Circuits and Systems I: Regular Papers, 2018, (99): 1-12.

[22] Tan X S, Ueng Y L, Zhang Z C, et al. A low-complexity massive MIMO detection based on approximate expectation propagation. IEEE Transactions on Vehicular Technology, 2019, 68(8): 7260-7272.

[23] Deng X Y, Sha J, Zhou X T, et al. Joint detection and decoding of polar-coded OFDM IDMA Systems. IEEE Transactions on Circuits and Systems I: Regular Papers, 2019, 66(10): 4005-4017.

[24] Zhang C, Yang C, Pang X, et al. Efficient sparse code multiple access decoder based on deterministic message passing algorithm. IEEE Transactions on Vehicular Technology, 2020, 69(4): 3562-3574.

[25] Pang X, Song W Q, Shen Y F, et al. Efficient row-layered decoder for sparse code multiple access. IEEE Transactions on Circuits and Systems I: Regular Papers, 2021, 68(8): 3495-3507.

[26] Zhang C, Huang Y H, Sheikh F, et al. Advanced baseband processing algorithms, circuits, and implementations for 5G communication. IEEE Transactions on Emerging and Selected Topics in Circuits and Systems, 2017, 7(4): 477-490.

[27] 张川, 景树森, 尤肖虎. 一种 5G 通信系统接收端基带信号联合处理方法: CN201710382422.3. [2017-12-01].

[28] Yang J M, Zhang C, Song W Q, et al. Joint detection and decoding for MIMO systems with polar codes//Proceedings of IEEE International Symposium on Circuits and Systems, Montreal, 2016: 161-164.

[29] Shen Y F, Yang J M, Zhou X F, et al. Joint detection and decoding for polar coded MIMO systems//Proceedings of IEEE Global Communications Conference, Singapore, 2017: 1-6.

[30]　Jing S S, Yang C, Yang J M, et al. Joint detection and decoding of polar-coded SCMA systems// Proceedings of IEEE International Conference Wireless Communications Signal Processing, Nanjing, 2017: 1-6.

[31]　Parhi K K. VLSI Digital Signal Processing Systems: Design and Implementation. New York: John Wiley & Sons, 1999.

[32]　张川，景树森，尤肖虎. 基于折叠的 5G 通信系统接收端设计方法: CN201711083293.4. [2020-01-17].

[33]　You X, Zhang C, Tan X, et al. AI for 5G: Research directions and paradigms. Science China Information Science, 2019, 62(2): 1-13.

[34]　Zhang C, Ueng Y L, Studer C, et al. Artificial intelligence for 5G and beyond 5G: Implementations, algorithms, and optimizations. IEEE Transactions on Emerging and Selected Topics in Circuits and Systems, 2020, 10(2): 149-163.

[35]　Moore G E. Cramming more components onto integrated circuits. Proceedings of the IEEE, 1998, 86(1): 82-85.

[36]　Hilbert M, López P. The world's technological capacity to store, communicate, and compute information. Science, 2011, 332(6025): 60-65.

[37]　Zhong Z W, Ge L L, Zhang Z C, et al. Molecular polar belief propagation decoder and successive cancellation decoder//Proceedings of IEEE International Workshop on Signal Processing Systems, Nanjing, 2019: 236-241.

[38]　Zhang C, Ge L, Zhuang Y, et al. DNA computing for combinational logic. Science China Information Science, 2019, 62(6): 1-16.

[39]　Zhang C, Ge L L, Zhang X C, et al. A uniform molecular low-density parity check decoder. ACS Synthetic Biology, 2019, 8(1): 82-90.

[40]　Zhang C. DNA computing and circuits. DNA-and RNA-Based Computing Systems, 2021: 31-43.

[41]　Wilde M M, Guha S. Polar codes for classical-quantum channels. IEEE Transactions on Information Theory, 2013, 59(2): 1175-1187.

[42]　Tillich J P, Zémor G. Quantum LDPC codes with positive rate and minimum distance proportional to the square root of the blocklength. IEEE Transactions on Information Theory, 2014, 60(2): 1193-1202.

[43]　Xu M H, Jing S S, Lin J, et al. Approximate belief propagation decoder for polar codes// Proceedings of IEEE International Conference on Acoustics, Speech Signal Processing, Calgary, 2018: 1169-1173.

[44]　Xu M H, Qian W K, Zhang Z C, et al. A data structure-based approximate belief propagation decoder for polar codes//Proceedings of IEEE International Workshop on Signal Processing Systems, Nanjing, 2019: 37-42.

[45]　Liang X, Zhang C, Xu M, et al. Efficient stochastic list successive cancellation decoder for polar codes//Proceedings of IEEE International System-on-Chip Conference, Beijing, 2015: 421-426.

[46] Xu M H, Liang X, Zhang C, et al. Stochastic BP polar decoding and architecture with efficient re-randomization and directive register//Proceedings of IEEE International Workshop on Signal Processing Systems, Dallas, 2016: 315-320.

[47] Xu M H, Liang X, Yuan B, et al. Stochastic belief propagation polar decoding with efficient re-randomization. IEEE Transactions on Vehicular Technology, 2020, 69(6): 6771-6776.

[48] Liang X, Wang H Z, Shen Y F, et al. Efficient stochastic successive cancellation list decoder for polar codes. Science China Information Science, 2020, 63(10): 1-19.

[49] Sun X H, Zhang T, Cheng C D, et al. A memristor-based in-memory computing network for hamming code error correction. IEEE Electron Device Letters, 2019, 40(7): 1080-1083.

[50] Tang K T, Wei W C, Yeh Z W, et al. Considerations of integrating computing-in-memory and processing-in-sensor into convolutional neural network accelerators for low-power edge devices//Proceedings of IEEE Symposium on VLSI Technology, Kyoto, 2019: T166-T167.

[51] Münch C, Sayed N, Bishnoi R, et al. A novel oscillation-based reconfigurable in-memory computing scheme with error correction. IEEE Transactions on Magnetics, 2021, 57(2): 1-10.

索　引

彩　　图

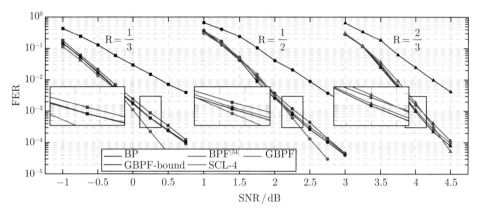

图 6-9　GBPF 译码算法与其他译码算法的误帧率性能比较

版权来源：© [2021] IEEE. Reprinted, with permission, from Ref.[6]

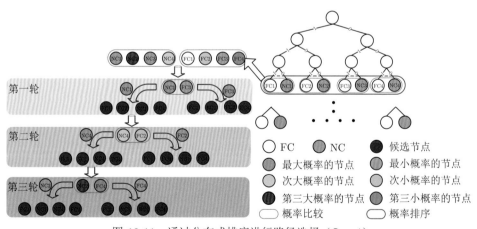

图 10-11　通过分布式排序进行路径选择（$L = 4$）

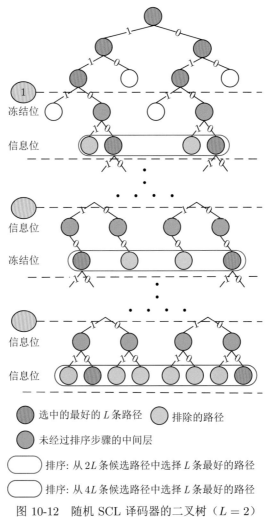

冻结位

信息位

信息位

冻结位

信息位

信息位

⬤ 选中的最好的 L 条路径　　◯ 排除的路径

⬤ 未经过排序步骤的中间层

⬭ 排序: 从 $2L$ 条候选路径中选择 L 条最好的路径

⬭ 排序: 从 $4L$ 条候选路径中选择 L 条最好的路径

图 10-12　随机 SCL 译码器的二叉树（$L=2$）

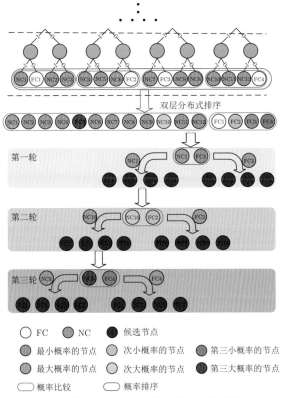

图 10-13　双层极化码 SCL 译码器中候选路径的选择（$L = 4$）

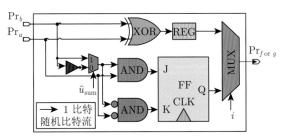

图 10-15　混合节点 I 的架构

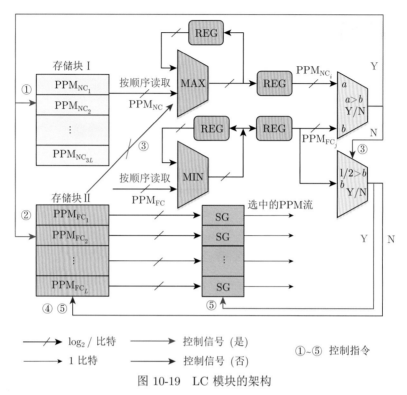

图 10-19 LC 模块的架构

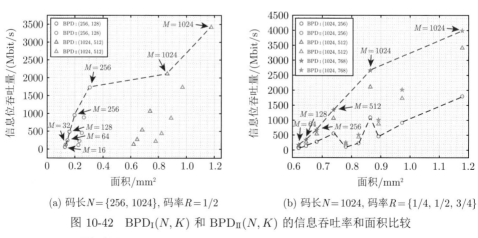

(a) 码长 $N = \{256, 1024\}$, 码率 $R = 1/2$ (b) 码长 $N = 1024$, 码率 $R = \{1/4, 1/2, 3/4\}$

图 10-42 $\mathrm{BPD_I}(N, K)$ 和 $\mathrm{BPD_{II}}(N, K)$ 的信息吞吐率和面积比较

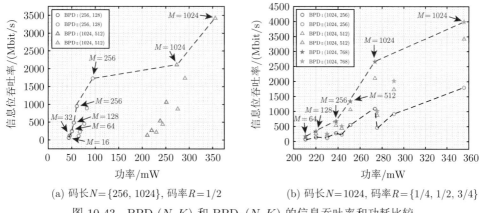

(a) 码长 $N=\{256, 1024\}$，码率 $R=1/2$ (b) 码长 $N=1024$，码率 $R=\{1/4, 1/2, 3/4\}$

图 10-43 $\mathrm{BPD_I}(N, K)$ 和 $\mathrm{BPD_{II}}(N, K)$ 的信息吞吐率和功耗比较

版权来源：© [2021] IEEE. Reprinted, with permission, from Ref. [68]

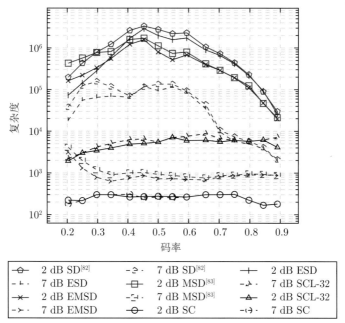

⟶⊘⟶	2 dB SD[82]	⟶⊝⟶	7 dB SD[82]	⟶＋⟶	2 dB ESD
⟶⊢⟶	7 dB ESD	⊟	2 dB MSD[83]	⟶⊿⟶	7 dB SCL-32
⟶✕⟶	2 dB EMSD	⟶⊡⟶	7 dB MSD[83]	△	2 dB SCL-32
⟶➤⟶	7 dB EMSD	○	2 dB SC	⟶⊖⟶	7 dB SC

图 10-55   SC、SCL-32、SD、MSD、ESD 和 EMSD 在 $N=64$ 条件下的复杂度对比

版权来源：© [2021] IEEE. Reprinted, with permission, from Ref. [90]